国家出版基金项目
NATIONAL PUBLICATION FOUNDATION

"十三五"国家重点图书出版物出版规划项目

—— 面向未来的交通出版工程·交通大数据系列 ——

基于移动通信数据的居民空间行为分析技术

王　璞／编著

U0334441

同济大学 出版社
TONGJI UNIVERSITY PRESS

图书在版编目（CIP）数据

基于移动通信数据的居民空间行为分析技术 / 王璞
编著. —上海：同济大学出版社，2022.1
"十三五"国家重点图书出版物出版规划项目　面向
未来的交通出版工程. 交通大数据系列
ISBN 978-7-5765-0100-1

Ⅰ. ①基… Ⅱ. ①王… Ⅲ. ①移动数据通信－应用－
居住环境－研究－中国 Ⅳ. ①X21

中国版本图书馆 CIP 数据核字(2021)第 277043 号

"十三五"国家重点图书出版物出版规划项目
国家出版基金资助
上海市新闻出版专项资金资助
面向未来的交通出版工程·交通大数据系列

基于移动通信数据的居民空间行为分析技术

王　璞　编著

丛书策划：　高晓辉
责任编辑：　陆克丽霞
责任校对：　徐春莲
封面设计：　王　翔

出版发行　　同济大学出版社　www.tongjipress.com.cn
　　　　　　（地址：上海市四平路1239号　邮编：200092　电话：021‐65985622）
经　　销　　全国各地新华书店、建筑书店、网络书店
排版制作　　南京文脉图文设计制作有限公司
印　　刷　　上海安枫印务有限公司
开　　本　　787mm×1092mm　1/16
印　　张　　12.5
字　　数　　312 000
版　　次　　2022 年 1 月第 1 版　　2022 年 1 月第 1 次印刷
书　　号　　ISBN 978-7-5765-0100-1
定　　价　　78.00 元

内 容 提 要

在移动通信数据出现以前，尚没有数据能够长时间、大范围地记录居民的空间位置信息和出行轨迹信息。移动通信数据的出现为研究居民空间行为提供了前所未有的机遇。近年来，居民空间行为研究领域涌现了大量借助移动通信数据开展的高水平原创研究工作，其中一些引领性的研究成果发表在 *Nature*、*Science* 等国际顶级期刊上。本书较为系统地介绍了一些有趣的、普适的居民空间行为规律和特征，一些典型的居民空间行为模型，许多行之有效的移动通信数据挖掘方法和技术，以及移动通信数据在交通研究中的应用方法。

本书第 1 章介绍了移动通信数据的类型、特点，居民空间行为研究的发展，以及移动通信数据与居民空间行为研究之间的密切联系。第 2 章介绍了移动通信数据的分析挖掘技术，包括移动通信数据的数据结构，手机用户标识的识别技术，移动通信数据的处理、分析、清洗、修正、存储技术等。第 3 章介绍了居民空间行为的统计分析方法，居民空间行为的可预测性、典型模体，居民职住地点判别方法，基于向量场的居民空间行为分析方法，以及居民空间行为分析在多领域的应用等。第 4 章介绍了多种居民空间行为模型，如连续时间随机游走模型、探索与优先回归模型、辐射模型、人口加权机会模型、个体和群体空间移动通用模型等。第 5 章介绍了基于手机通话详单数据和手机信令数据的交通需求估计方法，基于移动通信数据和交通数据融合的交通需求估计方法，以及基于移动通信数据的交通方式划分方法。第 6 章介绍了基于移动通信数据的交通拥堵源分析方法，以及交通拥堵源信息驱动的交通限行、路网优化、路径诱导和交通管控方法。第 7 章介绍了基于手机通话详单数据和手机信令数据的居民空间分布感知方法，以及基于复杂网络和信息论方法融合的人群聚集预警模型等。

本书既介绍了一些具体落地技术，又介绍了一些前沿理论进展，读者可能只对某些章节的内容感兴趣。如果移动通信数据的处理、挖掘是您关注的重点，请阅读本书的第 2 章；如果您想了解移动通信数据在交通领域的应用情况，请关注第 5 章、第 6 章和第 7 章的内容；如果您对大数据驱动的居民空间行为研究更感兴趣，请把重点放在第 3 章和第 4 章。

本书可作为高等院校交通大数据教学、科研的参考书，也适合从事移动通信数据分析应用、智能交通、交通规划领域的工作者阅读。

作 者 简 介

王璞，中南大学交通运输工程学院教授、博士生导师，轨道交通大数据湖南省重点实验室主任、*IEEE Transactions on Intelligent Transportation Systems* 副主编、湖南省城乡规划学会城市综合交通规划专委会委员。入选湖南省"湖湘青年英才"支持计划、获 2016 年度霍英东青年教师奖三等奖，曾任中南大学学术委员会委员、*IEEE/CAA Journal of Automatica Sinica* 副主编等学术职务。近年来，主要从事交通大数据分析、居民空间行为分析建模、复杂网络科学方面的研究，主持国家自然科学基金 3 项，在 *Science*，*Nature Physics*，*Nature Communications*，*Nature Computational Science*，*Transportation Research Part B/Part C*，*IEEE Transactions on Intelligent Transportation Systems* 等国际权威期刊发表论文 30 余篇，获国家发明专利授权 20 余项，国际专利授权 3 项。研究成果入选 *Science* 研究动向、*Nature Physics* 研究亮点与新闻动态。

"面向未来的交通出版工程·交通大数据系列"
丛书编委会

总 序
FOREWORD

　　城市交通领域正在发生一系列深刻的变化。在管理体制变革、相关技术领域创新以及社会发展目标调整的背景下,城市交通战略、规划对策与技术支持系统务必要作出相应的调整。如何将与交通相关的大数据资源转变为决策支持,进而提升相关的行动效果,正是在此背景下提出的重要课题。

　　当前正值交通规划与战略决策体系变革的热潮,我非常高兴地看到"面向未来的交通出版工程·交通大数据系列"丛书的编写稿。这套丛书涵盖了基础分析理论、实践经验总结、平台构建实操以及领域场景应用思考等各个环节,为城市交通规划、设计和管理领域大数据技术的应用推广提供了宝贵的理论依据和实践范例。丛书的作者们长期致力于交通大数据分析领域的研究与实践,字里行间蕴藏了他们不懈努力探索和实践的成果。

　　在生态文明的前提下,强调以人为本的城市交通发展,是一个要通过技术与政策解决社会问题的巨大挑战,是一个需要体系化作战才能取得成功的战场,也是一个存在诸多未知和不确定性的领域。经过多年努力,尽管我们已经在交通网络连接方面取得了巨大的成功,在构建健康社会和经济空间结构方面不断取得进展,却依然面临社会治理模式、城市生活模式和经济发展模式转型的挑战。因此,突破原有经验和理论的束缚,通过创新决策方式、创新服务模式、创新对策方法,探寻城市交通可持续发展的路径,显得尤为重要。

　　交通大数据技术所展现出的应用前景,对于城市交通复杂系统的可持续发展具有重要的意义。它能够帮助管理者和研究人员更加及时准确地认识城市交通自身属性,乃至所关联的社会经济环境所发生的变化,更快地掌握演化进程中的各种规律,更好地适时响应外界环境变化对城市交通系统生存发展的调控需求。交通大数据已经成为科学决策不可或缺的基础资源与技术支持手段。

　　对于处在变革和创新时代的城市交通来说,交通大数据技术绝非信息技术的简单应用,而是推动管理和决策模式变革的一种技术手段。正因如此,对于应用场景的深入理解,对于管理和决策科学的融会贯通,是交通大数据研究的精髓,也是这套丛书的独到之处。在领略大数据应用逻辑的基础上研究数据处理方法,是这套丛书向读者传递的重要学术内容。

　　尽管我们在交通大数据技术研究和应用方面已经取得了可喜的进展,但距离真正进入"自由王国"还需付出极大的努力。希望丛书的出版,能够帮助更多人进入这一富有挑战和希望的领域,从而更好地推动城市交通领域的技术进步。

（全永燊）

2021 年 11 月

前 言

　　进入大数据时代,国家拥有大数据的规模、质量以及对于数据的采集、分析和运用能力是国家竞争力的一个重要体现,大数据已经成为世界各国新的科技力量竞争点。大数据的采集、分析和应用技术目前已全面渗透工程、管理、经济、医疗、环境等多个关系到国家社会经济发展和人民生活水平提高的重要领域。当然,交通领域也不例外,交通大数据已经在很多城市得到了广泛应用。

　　"交通大数据"是本套丛书的"主题"。随着各类交通设施的快速建设以及各类交通传感器的大量安装,越来越多的交通大数据得以采集、应用。近年来,交通大数据的分析、应用方法和技术发展非常迅速。交通大数据的种类繁多,每种交通大数据的采集模式、数据结构、数据特征、时空精度等都具有其特点。一些交通大数据直接服务于交通分析与交通管理,如断面交通流量数据、出租车 GPS 数据、公交地铁智能卡刷卡数据、视频监控数据等。交通大数据也可以外延到一些本来并不是服务于交通分析和交通管理的数据,如移动通信数据、签到数据、社交媒体数据等。由于这些数据中同样蕴含了居民空间行为信息和交通状态信息,因此,近年来这些数据也常被应用于交通分析与实践。本书介绍的"移动通信数据"就属于这类非交通专用数据。

　　在移动通信数据出现以前,尚没有数据能够长时间、大范围地记录居民的空间位置信息和出行轨迹信息。因此,移动通信数据的出现为研究居民空间行为提供了前所未有的机遇。近年来,居民空间行为研究领域涌现了大量借助移动通信数据开展的高水平原创研究工作,其中一些引领性的创新研究成果已经发表在 *Nature*,*Science* 等国际顶级期刊上。事实上,移动通信数据分析和居民空间行为研究之间存在密切的相互促进关系:正是移动通信数据的出现,掀起了居民空间行为研究的热潮;正是居民空间行为理论的发展,促进了移动通信数据在交通领域的广泛应用。考虑到"移动通信数据"和"居民空间行为分析"之间的密切联系,本书将"基于移动通信数据的居民空间行为分析技术"作为书名。移动通信数据的应用以及居民空间

1

行为领域的发展离不开大数据技术的发展和支撑,可以说,基于移动通信数据的居民空间行为研究是大数据时代的产物。

本书为"十三五"国家重点图书出版物出版规划项目"面向未来的交通出版工程·交通大数据系列"丛书中的一个分册。本书详细介绍了移动通信数据的处理、分析和应用技术,以及移动通信数据在居民空间行为和交通研究领域中的应用。希望本书能够使读者了解一些基本的、常用的有关移动通信数据分析与应用的方法、技术及算法,同时,能够帮助读者梳理居民空间行为研究领域的基本发展脉络,成为读者探索这个活跃、前沿领域的"敲门砖"。

全书分为 7 章,读者可以根据自己的关注点选择性阅读。第 1 章介绍了移动通信数据的类型、特点,居民空间行为研究的发展,以及移动通信数据与居民空间行为研究之间的密切联系。第 2 章介绍了移动通信数据的处理、分析、应用技术,如果移动通信数据的分析和应用是您关注的重点,请阅读本章内容。第 3 章和第 4 章介绍了居民空间行为的统计分析方法和多种典型的居民空间行为模型,如果您对大数据驱动的居民空间行为研究更感兴趣,请把时间重点放在这两个章节。第 5~7 章介绍了基于移动通信数据的交通需求估计方法、交通拥堵源分析和应用技术、以及居民空间分布感知方法,如果您是一位从事交通研究的学者或工程技术人员,希望了解移动通信数据在交通领域的应用情况,请关注这三个章节的内容。

移动通信数据分析挖掘技术的与时俱进离不开科学研究和工程应用领域学者及工程师的共同努力。近年来,居民空间行为研究领域虽蓬勃发展,但仍任重道远,需要我们继续深入研究、探索发现。由于编者水平有限,本书难免有错误、疏漏之处,恳请读者批评指正。

编　者

2022 年 1 月于长沙

目 录
CONTENTS

1 | 绪　　论

1.1 移动通信数据简介

进入 21 世纪,随着传感器技术、高性能计算技术、移动通信技术和数据存储技术的快速发展,各种类型的大数据不断涌现。世界各国对于大数据的采集、分析、应用都非常重视,且都投入了大量资源与经费予以支持。美国投资了 2 亿美元启动"大数据研究与发展计划",日本出台了重点关注大数据领域的研究计划,欧盟对科学数据基础设施的投资超过 1 亿欧元。2015 年,党的十八届五中全会"十三五"规划建议中正式提出"实施国家大数据战略,推进数据资源开放共享",我国已将大数据战略上升为国家战略,发挥大数据在推动经济发展、完善社会治理、提升政府服务和监管能力等方面的独特作用。2018 年 5 月,习近平总书记向 2018 中国国际大数据产业博览会致贺信,并强调:"我们秉持创新、协调、绿色、开放、共享的发展理念,围绕建设网络强国、数字中国、智慧社会,全面实施国家大数据战略,助力中国经济从高速增长转向高质量发展。"[1]。大数据时代,一个国家拥有的大数据的规模和质量以及对于数据的采集、分析和运用能力是国家竞争力的重要体现。大数据已经成为世界各国新的科技力量的竞争点。

大数据的采集、分析和应用技术已全面渗透工程、管理、经济、医疗、环境等诸多关系到国家社会经济发展和人民生活水平提高的重要领域。例如,出租车 GPS 数据已被广泛应用于道路交通状态评价和交通管控策略制订[2-3];社交媒体数据已经在民众情感分析和经济走势预测中得到充分利用[4-5];居民消费数据被用于商品个性化推荐与网络营销策略制订[6-8];医疗病例数据被用于医疗方案制订和新型药物研发[9-10];空气指标数据被用于雾霾污染预报和环境保护[11];移动通信数据被用于社会经济指数评估[12]和财富地理分布分析[13]等。总之,在很多领域,研究创新和产业升级都越来越需要大数据以及大数据分析技术的支持。我们可以将大数据看作一种新型"生产资料",通过把大数据及其相关技术与传统产业、行业相结合,有望大幅提高传统产业、行业的"生产力"。

"交通大数据"是本套丛书的主题。随着各类固定交通设施的快速建设,以及各类交通传感器的大量安装,越来越多的交通大数据得以采集、应用,交通大数据的分析、应用方法和技术近年来也发展得非常迅速。交通大数据种类繁多,每种交通大数据的采集模式、数据结构、数据特征、时空精度都有其特点。一些交通大数据直接服务于交通分析和交通管理,如交通地理信息(交通网络)数据、断面交通流量数据、出租车 GPS 数据、网约车 GPS 数据、公交地铁智能卡(IC 卡)数据、无线射频识别(Radio Frequency Identification,RFID)数据、视频监控数据等。在我国,很多城市已经形成了较为成熟的采集、分析交通大数据的技术体系。交通大数据也可以外延到一些本来并非用于交通分析和交通管理的数据,如移动通信数据、社交媒体数据、土地利用数据、兴趣点签到数据等。由于这些数据中蕴含了居民的空间行为信息或交通状态信息,因此近年来这些数据也被交通领域的学者和工程技术人员逐渐应用于交通研究和交通实践,有些数据甚至已经被投入实际交通应用。本书所探讨的"移动通信数据"就属于这类非交通专用数据。目前,移动通信数据被认为是获取交通需求信息的最佳数据之一,是传统交通调查数据的有力补充。在本书后续章节中,笔者不仅详细介绍了移动通信数据本身的数据特征和处理技术,还将重点介绍移动通信数据在居民空间行为研究领域和交通领域中的应用方法。

移动通信数据一般可分为手机通话详单数据(call detail record data)和手机信令数据(mobile signaling data)两类。

手机通话详单数据一般简称为 CDR 数据。移动运营商采集 CDR 数据的主要目的是对手机用户的通信服务进行计费。各移动运营商都采集、存储了大量的 CDR 数据。对于移动运营商而言,虽然 CDR 数据的主要用途在于对手机用户收取通信服务费用,但是 CDR 数据的潜在用途实则非常广泛,从城市管理到交通治堵,从社会经济评估到土地利用分析,从人群聚集预警到灾后救援重建,从疫情传播预测到建筑物能耗估计,等等。这些都已成为 CDR 数据大显身手的舞台(详见本书后续章节)。近年来,很多移动运营商也意识到了 CDR 数据的巨大价值,并开启了数据服务业务。例如,中国联通联合京东数字科技集团和西班牙电信创立了智慧足迹数据科技有限公司(Smart Steps)。智慧足迹数据科技有限公司通过对中国联通的运营数据进行聚合、脱敏和扩样,以提供基于手机用户位置信息的有价值的洞察服务;相关产品已经应用于城市管理、交通规划、政府治理、金融、旅游、公共安全、地产、零售、商业咨询和宏观数据统计等领域[14]。

手机通话详单(CDR)数据与手机信令数据最主要的区别在于:移动运营商在采集 CDR 数据时,仅当手机用户通话或接发短信时才会记录时间和手机用户的空间位置信息。由于 CDR 数据记录的采集取决于人们是否使用手机进行通信,而人们的通信行为在时间上又具有突发性和不规律性[15],因此,CDR 数据在时间上也具有稀疏和不规律的特点。在分析 CDR 数据时,我们会发现手机用户的空间位置存在很多"盲点"。尽管如此,由于大部分 CDR 数据集的记录时间较长,因此,CDR 数据仍然能够提供给我们很多有价值的居民空间行为信息。另外,由于 CDR 数据较为常见且较易获取,很多科研团队都利用 CDR 数据开展居民空间行为研究,相应地就出现了一些用于预测 CDR 数据中缺失的手机用户的空间位置信息的方法。

在本书中,手机信令(mobile signaling)数据被简记为 MS 数据。在采集 MS 数据时,移动运营商每隔一段固定的时间(一般为 1 小时左右)会记录一次手机用户的空间位置信息。因此,MS 数据的记录频率较高且记录频率固定,其数据质量要比 CDR 数据好得多。MS 数据的记录特点(时间上的分布规律)使其在某些应用中与 CDR 数据的处理方式会有所不同。例如,在利用移动通信数据估计交通需求 OD 矩阵时,可以直接通过统计 MS 数据中每个手机用户在相邻时间窗的位移来获取动态交通需求信息;然而,对于 CDR 数据,则一般首先从长期数据记录中提取出行分布信息,再通过扩样、校正等处理步骤来获取某个时间窗的日均交通需求信息。从这个例子可以看出，MS 数据的记录更加精确，使用起来更加方便，应用范围也更加广泛。然而，MS 数据与 CDR 数据相比，并不是没有缺点的。由于 MS 数据占用的存储空间非常大（大城市 1 天就能产生数十吉字节的 MS 数据），因此 MS 数据的采集成本比 CDR 数据的采集成本高很多。现有的 MS 数据在记录时间上一般持续较短，且较为少见。为了解决 MS 数据稀缺的问题，本书第 5.5 节介绍了一种融合 MS 数据和常规交通数据的方法，这种方法可以在一定程度上解决这个问题。

尽管 CDR 数据和 MS 数据在数据记录频率和数据记录方式上存在很大差异，但两种数据在空间信息的记录方式上并没有差异。无论是 CDR 数据还是 MS 数据，其空间位置信息的记录方式一般可以分为两类：一类是以服务手机用户通信活动的移动通信基站作为手机用户空间位置的记录单位（一般具有数百米至上千米的定位误差）；另一类则直接根据移动通信基站的信号强度来估计手机用户的坐标（一般具有百米级别的定位误差）。需要特别注意的是，上述两种空间位置信息的记录方式都不能准确地定位手机用户的真实位置，但这并不影响移动通信数据在居民空间行为研究中的广泛应用，这种空间位置信息的不准确性甚至在某种程度上保护了手机用户的空间位置隐私。本书第 2.7 节将简要介绍手机用户位置隐私保护的重要性和相关方法技术。

近年来，随着智能手机性能的不断提升，以及 4G/5G 技术的快速发展，智能手机快速普及，地图、导航、打车类 App 几乎成为每个智能手机的必备安装软件。当手机用户使用地图、导航、打车等位置服务类 App 时，这类手机软件通常会持续采集手机用户的 GPS 轨迹数据。软件运营商通过对大量手机用户采集的 GPS 数据进行整合分析，为手机用户提供兴趣点查询、拥堵查询、路径规划、打车叫车等空间位置服务。这类由位置服务 App 通过调用智能手机 GPS 接收器所采集的手机用户 GPS 轨迹数据一般被称为"手机 GPS 数据"。在时间精度方面，手机 GPS 数据的采集频率非常高，位置服务 App 一般每隔 1～2 s 就采集 1 次手机用户的 GPS 坐标，这个采集频率远高于出租车 GPS 数据和公交车 GPS 数据（约 20 s 一个车辆 GPS 坐标点）。在空间精度方面，手机 GPS 数据的空间精度与出租车 GPS 数据、公交车 GPS 数据的空间精度相当，但远高于 CDR 数据、MS 数据的空间精度。近年来，以高德地图数据、滴滴出行数据为代表的手机 GPS 数据已经在交通状态感知、交通需求预测、交通信号配时、网约车乘客司机匹配等领域大量应用。虽然，手机 GPS 数据由手机用户的智能手机终端采集，并通过移动通信网络传输，但由于其数据特征与车辆 GPS 数据（如出租车 GPS 数据）更为相近，故不将其作为移动通信数据在本书中讨论。

1.2　移动通信数据与居民空间行为研究

移动通信数据常被称为"手机数据"，是近年来出现的一类可用于交通分析、交通规划以及交通管理的大数据。与其他交通大数据相比,移动通信数据具有很多独特的优点,这些优点能够有效弥补非公共交通方式出行数据的匮乏,具体如下:

(1)以通信服务计费为主要目的,移动运营商在提供移动通信服务时自动采集移动通信数据,因而获取移动通信数据不需要额外建设或维护相关设备;

(2)世界各国移动运营商采集的移动通信数据在数据结构上非常相似,使用某个移动通信数据集开发的方法、技术和软件很容易在其他国家、地区推广;

(3)无论在发达国家还是在发展中国家,手机用户在人口中的渗透率都已经很高,并且还在不断提高,因此移动通信数据是覆盖人口最广泛的大数据;

(4)移动通信数据可以被长时间持续采集,数据记录时间长,一些移动通信数据集的数据记录在时间上的跨度长达 5 年;

(5)利用移动通信数据能够长期、连续地分析单一个体(手机用户)的空间行为特征,这将有利于研究居民空间行为在城市环境或交通环境发生改变时的演化规律和演化机理;

(6)移动通信数据能够记录各类交通方式(如小汽车、公交车、地铁、自行车、步行等)的居民出行,不会丢失部分交通方式的出行信息。

移动通信数据在人口中渗透率高、在空间上覆盖范围广,并且能够对单一手机用户的空间行为进行长期记录。移动通信数据的这些特有的优点使其在居民空间行为研究领域具有得天独厚的优势。自 2008 年美国东北大学复杂网络中心主任 A. L. Barabasi 教授带领研究团队率先使用移动通信数据开展大规模居民空间移动行为研究以来,居民空间移动行为特征分析[16]、居民空间移动行为的可预测性[17]、居民空间移动行为建模[18]、城市人群分布热点分析[19]、交通需求估计[20]、突发事件感知预警[21]等研究方向涌现出大量借助移动通信数据开展的高水平原创研究工作,其中一些引领性的创新研究成果已经发表在 *Nature*,*Science*,*PNAS*,*Nature Communications* 等国际顶级期刊上。同时,移动通信数据在城市规划和交通运输领域也得到了越来越多的关注和应用。移动通信数据已经被广泛地认为是获取交通需求 OD 信息的最佳数据源之一。

移动通信数据的出现还为很多学科领域提供了方法创新的原动力,在很多学科领域都有基于移动通信数据的新方法与新思路被提出。一个与本丛书内容密切相关的例子就是交通调查。过去,交通需求信息的获取主要依靠"面对面"或"问卷式"的交通调查。通常,交通调查耗时耗力,且费用还很高。而且,交通调查中所获得的居民出行信息依赖于受访者的记忆和对调查的负责程度。然而,移动通信数据的出现为交通需求估计提供了崭新的途径。利用移动通信数据不仅可以得到客观的居民职住分布信息,还可以实现交通需求信息的时常更新,从而解决了传统交通调查数据信息时效性不强的问题。更重要的是,我们只需利用移动运营商已经采集到的手机通话详单数据就可以完成交通需求估计,而无须任何额外的数据采集费用,这便能为交通规划部门和交通管理部门节省大量的交通调查费用。

移动通信数据与其他各类交通大数据相比,也有其局限性,具体如下:

(1) 移动通信数据的采集频率较低,仅仅利用移动通信数据来识别居民出行交通方式或捕捉实时交通状态信息是比较困难的,对此目前尚没有很好的解决方法,这是由移动通信数据自身的数据特点决定的。

(2) 移动通信数据的空间精度较低,数据中记录的位置只是手机用户的"大概"位置,很难利用移动通信数据来分析居民的短距离出行(如手机用户在移动通信基站服务区内的短距离出行),移动通信数据有时也存在夸大出行距离的情况(如短时间内手机用户在不同的移动通信基站之间跳跃,即"乒乓效应")。

(3) 移动通信数据中包含了大量手机用户的空间位置隐私信息,移动运营商出于保护手机用户隐私的考虑,很少与科研机构或数据应用下游企业共享数据,因而移动通信数据较难获取。

(4) 各移动运营商的数据一般不共享,由于某个移动运营商采集的移动通信数据只能覆盖部分人口,因此通常需要对移动通信数据进行扩样处理。

(5) 一些手机用户一人拥有多个手机号码,当分析移动通信数据时,会重复统计这些手机用户的空间移动;另外,智能电表等一些智能设备有时也会使用手机 SIM 卡,在移动通信数据中这些智能设备成了"假"用户,对此就需要利用适当的算法对这些智能设备产生的数据进行过滤。

(6) 很多老人、儿童不使用手机,手机渗透率在各地也有所不同,移动通信数据的采样率在不同年龄段、不同区域的居民中存在差异。

由于移动通信数据具有上述局限性,我们在应用移动通信数据时,往往需要进行很多数据的预处理工作。移动通信数据的局限性有时也并不会影响到数据的应用。例如,在利用移动通信数据研究中等尺度(小区)或大尺度(城市)范围的居民空间行为统计特性时,上述移动通信数据的局限性并不会对问题的研究结果造成很大影响。当我们研究居民空间行为的时变特性时,移动通信数据也可以发挥其"提供全局出行参照"的作用,在本书 5.5 节中,笔者会介绍一个通过融合历史静态 MS 数据和实时动态交通数据(出租车 GPS 数据、地铁智能卡刷卡数据)来估计时变交通需求的案例。

1.3 一个解决移动通信数据隐私问题的提议

移动通信数据具有很多优点,并在很多领域有着广泛的应用前景。然而,移动通信数据中通常包含了手机用户的大量隐私信息(如用户手机号码、手机用户的空间位置和轨迹等),因此,安全管理和使用移动通信数据至关重要。尽管很多研究团队所使用的移动通信数据中的手机号码是经过加密处理的,但 Y. A. de Montjoye 等[22]的研究指出:只要知道手机用户的 4 个空间位置记录点及相应时间,就有很大的可能性可以辨别出该手机用户。另外,更加严重的问题是,从手机用户的空间位置信息中还可以推测出用户的其他个人敏感信息,如工作单位、家庭住址、行为习惯、兴趣爱好、健康状况、宗教信仰、经常去的场所等。鉴于移动通信数据记录了大量手机用户的个人敏感信息,各移动运营商都非常重视移动通信数据的安全管理。目前,互联网上出现了不少共享交通网络数据、共享出租车 GPS 数据和共享断面交通流量数据的情况,但从来没有出现过共享记录手机用户空间行为信息的 CDR 数据或 MS 数据的情况,只有一些通过移动通信数据计算的统计数据在互联网上共享。

　　移动通信数据中包含的大量手机用户隐私信息是移动通信数据实现广泛应用、发挥更大价值过程中的最大障碍。目前,没有任何一家机构公开共享原始移动通信数据,个别被公开共享的移动通信数据也仅包含手机用户相关特征的统计信息(如手机用户在交通小区之间的出行量)。如果使用这些手机用户的统计信息,一般需要向数据所有方申请数据使用授权,并签订数据使用合同。少量获得移动通信数据的科研团队都与移动运营商签订了非常严格的数据隐私保密协议和数据安全保障协议。出于手机用户隐私保护方面的考虑,移动运营商提供给科研团队的移动通信数据大多为几年前的历史数据,因而数据的时效性较差,在数据使用前,一般需要做相关的数据校准工作。但是,在很多情况下,即使对移动通信数据进行了校准,也不能保证数据中记录的历史居民空间行为信息能够准确描述当前的居民空间行为状态,由此便导致移动通信数据的应用效果大打折扣。例如,在交通领域,由于科研团队获得的移动通信数据是历史数据,因此就无法利用这些数据进行实时交通状态分析或进行实时交通管控优化,这可能就是移动通信数据目前仅大量应用在交通需求估计方面的一个主要原因。事实上,移动通信数据的用武之地远不止在交通需求估计方面。

　　移动通信数据的采集、分析和应用一般涉及三类部门:移动运营商、应用单位和科研机构。

　　(1)移动运营商采集、管理移动通信数据。在移动运营商内部,移动通信数据一般仅用于对手机用户进行通信计费或辅助移动通信基站布点,但近年来也有一些移动运营商(如智慧足迹)开始为其他领域提供数据服务。

　　(2)应用单位使用基于移动通信数据开发的各类应用系统。移动通信数据的应用单位包括城市规划部门、交通运输管理部门和各类企业,而移动运营商也是应用单位之一。

　　(3)科研机构研发各类由移动通信数据驱动的应用系统,一般由应用单位提供研发经费支持,由移动运营商提供移动通信数据支持。通常情况下,移动运营商出于手机用户隐私保护和数据安全的考虑,并不会与应用单位或科研机构共享移动通信数据,这便导致移动通信数据中蕴含的巨大价值无法被充分发掘。换句话说,移动通信数据不能进一步产生社会经济效益,服务于社会经济的发展和人民生活水平的提高。因此,如何高效、及时、充分地发挥移动通信数据中蕴含的巨大价值是一个亟须解决的问题。笔者在此提出一个既能解决移动通信数据隐私保护问题、又能充分挖掘移动通信数据应用潜力的提议。

这个提议具体如下:应用单位提出实际应用需求;科研机构研发相关方法、模型和系统;移动运营商提供系统的运行平台。移动运营商在平台上处理、分析移动通信数据(保障数据安全),运行科研机构开发的模型系统,计算相关结果,并将之发送给应用单位。应用单位为科研机构提供一定的经费支持,向移动运营商支付一定的数据使用费,并与移动运营商协商系统运行平台的建设维护费用以及场地租用费用。通过建立上述三方合作关系,既可以保障移动通信数据的安全,保护手机用户的隐私,又可以使移动通信数据在更多领域创造出更大的价值,产生良好的社会经济效益,实现产学研一体化。通过移动运营商、应用单位和科研机构三方合作,可以实现过去无法实现的对于实时移动通信数据的分析、挖掘和应用。以交通需求估计为例,应用单位是交通管理部门,如果交通管理部门希望获取实时交通需求 OD 信息,就可以委托科研机构开发基于移动通信数据的交通需求估计系统,同时委托移动运营商搭建系统运行平台,从而将实时采集到的移动通信数据输入交通需求估计系统(运行在运营商本地平台);移动运营商将系统计算出来的时效性很高的交通需求 OD 信息及时发送给交通管理部门,交通管理部门则将实时交通需求 OD 信息输入城市交通管控系统,从而实现对城市交通的智慧化管理。

为了保障上述三方合作模式的顺利开展,移动运营商、应用单位和科研机构的技术人员都要对移动通信数据的分析处理技术和应用方法有一定的了解,那么,在建设应用系统、运行应用系统的过程中,技术人员便能够及时对系统进行调整优化或处理一些需要协调的实际问题。本书将详细介绍移动通信数据的挖掘与应用方法及技术,并把一些常用的算法代码列出供相关部门技术人员参考,以期使移动通信数据应用部门和管理部门的技术人员都能够快速掌握一些基本、常用的有关移动通信数据分析和应用的方法、技术及算法。这是笔者撰写本书的主要目的之一。

1.4 本书章节安排

在本节中,笔者把后续章节的内容梗概列出,以便读者开展选择性阅读。

第 2 章介绍移动通信数据的分析挖掘技术,主要内容包括:移动通信数据的数据结构特点介绍;手机用户标识的识别方法与技术;面向居民空间行为分析的移动通信数据高效存储结构;移动通信数据中空间位置信息的处理技术;"乒乓效应"的处理方法;错误、异常数据的甄别与剔出;数据缺失处理方法;手机用户位置隐私的保护方法。

第 3 章介绍基于移动通信数据的居民空间移动行为特征分析方法,主要内容包括:居民空间移动行为的统计分析方法;居民出行的探索与优先回归行为;居民空间移动的信息熵与可预测性;居民空间移动的典型模体;居民职住地点判别;基于向量场模型的居民空间移动行为分析;居民集群行为分析;居民空间移动行为分析的多领域应用。

第 4 章介绍居民空间移动行为的建模方法，主要内容包括：连续时间随机游走（CTRW）模型简介；探索与优先回归模型；基于人类空间普适行为统计概率的居民空间位置预测；重力模型与辐射模型；人口加权机会（PWO）模型；个体和群体空间移动行为通用模型；基于主成分分析法的居民空间位置预测；TimeGeo 模型和基于 n-gram 模型的个体出行预测模型等。

第 5 章介绍基于移动通信数据的交通需求估计方法，主要内容包括：交通需求估计方法简介；基于 CDR 数据的交通需求估计；基于 CDR 数据与视频监控数据融合的交通需求估计；基于 MS 数据的交通需求估计；基于 MS 数据和交通数据融合的交通需求估计；基于 CDR 数据的交通方式划分。

第 6 章介绍基于移动通信数据的拥堵溯源方法，主要内容包括：基于二分网络模型的交通拥堵溯源方法；交通拥堵源的时空特征分析；基于交通拥堵源信息的交通限行策略；基于交通拥堵源信息的交通网络优化方法；基于交通拥堵源信息的路径诱导策略；基于交通拥堵源信息的交通管控策略等。

第 7 章介绍基于移动通信数据的居民空间分布感知方法，主要内容包括：传统居民空间分布感知方法；基于互联网查询数据的居民空间分布感知；基于 CDR 数据的居民空间分布感知；基于 MS 数据和交通数据融合的居民空间分布感知；基于复杂网络和信息论方法融合的人群聚集预警等。

综上所述，本书既介绍了一些具体的落地技术，又介绍了一些前沿理论进展。读者可能只对某些章节的内容感兴趣。如果移动通信数据的处理、挖掘技术是您关注的重点，请阅读本书的第 2 章；如果您是一位交通领域的学者或技术人员，想了解移动通信数据在交通领域的应用情况，请关注本书第 5 章、第 6 章和第 7 章的内容；如果您对大数据驱动的居民空间行为研究更感兴趣，请把关注的重点放在本书第 3 章和第 4 章。虽然本书的内容涉及移动通信数据、居民空间行为、交通大数据等多个方面，但本书第 1 章—第 7 章的内容在底层逻辑上是密切关联、逐层递进的。正是移动通信数据的出现，才掀起了居民空间行为研究的热潮；正是居民空间行为理论的发展，才促进了移动通信数据在交通领域和其他相关领域的广泛应用。

参考文献

[1] 中华人民共和国国防部. 围绕建设网络强国、数字中国、智慧社会，全面实施国家大数据战略，助力中国经济从高速增长转向高质量发展[EB/OL]. [2018-05-26]. http://www.mod.gov.cn/shouye/2018-05/26/content_4815246.htm.

[2] LIU W, ZHENG Y, CHAWLA S, et al. Discovering spatio-temporal causal interactions in traffic data streams [C]//Proceedings of the 17th ACM SIGKDD International Conference on Knowledge Discovery and Data Mining. San Diego ACM, 2011: 1010-1018.

[3] CHAWLA S, ZHENG Y, HU J. Inferring the root cause in road traffic anomalies [C]//

2012 IEEE 12th International Conference on Data Mining. Brussels：IEEE Computer Society，2012：141－150.

［4］ O'CONNOR B，BALASUBRAMANYAN R，ROUTLEDGE B R，et al. From tweets to polls：linking text sentiment to public opinion time series ［C］//Proceedings of the Fourth International AAAI Conference on Weblogs and Social Media. Washington：AAAI，2010：122-129.

［5］ CHOI H，VARIAN H. Predicting the present with Google Trends［J］. Economic Record，2012，88(s1)：2－9.

［6］ LINDEN G，SMITH B，YORK J. Amazon. com recommendations：item-to-item collaborative filtering ［J］. IEEE Internet Computing，2003，7(1)：76－80.

［7］ DAS A S，DATAR M，GARG A，et al. Google news personalization：scalable online collaborative filtering ［C］//Proceedings of the 16th International Conference on World Wide Web. ACM，2007：271－280.

［8］ LIU J，DOLAN P，PEDERSEN E R. Personalized news recommendation based on click behavior ［C］//Proceedings of the 15th International Conference on Intelligent User Interfaces. Hong Kong：ACM，2010：31－40.

［9］ ESTEVA A，KUPREL B，NOVOA R A，et al. Dermatologist-level classification of skin cancer with deep neural networks ［J］. Nature，2017，542(7639)：115－118.

［10］ RAMSUNDAR B，KEARNES S，RILEY P，et al. Massively multitask networks for drug discovery ［J］. ArXiv，2015.

［11］ ZHENG Y，LIU F，HSIEH H P. U-Air：when urban air quality inference meets big data ［C］//Proceedings of the 19th ACM SIGKDD International Conference on Knowledge Discovery and Data Mining. Chicago：ACM，2013：1436－1444.

［12］ EAGLE N，MACY M，CLAXTON R. Network diversity and economic development［J］. Science，2010，328(5981)：1029－1031.

［13］ BLUMENSTOCK J，CADAMURO G，ON R. Predicting poverty and wealth from mobile phone metadata ［J］. Science，2015，350(6264)：1073－1076.

［14］ 智慧足迹［EB/OL］. http：//www. smartsteps. com/.

［15］ BARABASI A L. Bursts：the hidden patterns behind everything we do，from your e-mail to bloody crusades ［M］. London：Penguin，2010.

［16］ GONZALEZ M C，HIDALGO C A，BARABASI A L. Understanding individual human mobility patterns［J］. Nature，2008，453(7196)：779－782.

［17］ SONG C，QU Z，BLUMM N，et al. Limits of predictability in human mobility［J］. Science，2010，327(5968)：1018－1021.

［18］ SONG C，KOREN T，WANG P，et al. Modelling the scaling properties of human mobility［J］. Nature Physics，2010，6(10)：818－823.

［19］ DEVILLE P，LINARD C，MARTIN S，et al. Dynamic population mapping using mobile phone data［J］. Proceedings of the National Academy of Sciences of the United States of America，2014，111(45)：15888－15893.

［20］ WANG P，HUNTER T，BAYEN A M，et al. Understanding road usage patterns in urban areas ［J］. Scientific Reports，2012,2:1001.

［21］ CANDIA J，GONZALEZ M C，WANG P，et al. Uncovering individual and collective human dynamics from mobile phone records［J］. Journal of Physics A：Mathematical and Theoretical，2008，41(22)：224015.

［22］ DE MONTJOYE Y A，HIDALGO C A，VERLEYSEN M，et al. Unique in the crowd：The privacy bounds of human mobility［J］. Scientific Reports，2013，3(3)：1376.

2 | 移动通信数据的分析挖掘技术

2.1 引言

在本书第 1 章中,笔者初步介绍了移动通信数据的优点和局限性、移动通信数据在各个领域的应用前景,以及移动通信数据在居民空间行为研究热潮中的重要推动作用。同时,笔者还提出了一个既能解决移动通信数据隐私保护问题,又能充分挖掘移动通信数据应用潜力的提议。在本章中,笔者将系统介绍移动通信数据的数据结构特点、高效存储结构以及处理分析算法,最后笔者还将简要介绍一些保护手机用户空间位置隐私的方法和技术。

分析、挖掘、应用移动通信数据的难点在于:移动通信数据的数据量十分庞大、数据结构比较复杂、数据时空精确性较低、错误数据记录较多。为了充分、高效地利用移动通信数据,需要对原始移动通信数据进行数据清洗和结构优化,其中需要借助一些专门针对移动通信数据的数据处理技术。例如,移动通信数据中冗余数据与错误数据的剔除方法与技术、以大长度编码(字符串)标记的手机用户的识别技术、移动通信数据的存储结构优化方法、移动通信数据中的空间位置信息处理技术、移动通信数据中手机用户的隐私保护技术等。本章将对移动通信数据的处理流程和相关数据分析方法做详细介绍。

在本书第 1 章中已经提到,移动通信数据一般可以分为两类:手机通话详单数据(call detail record data)和手机信令数据(mobile signaling data)。CDR 数据和 MS 数据的主要区别在于数据的采集频率与模式。在 CDR 数据中,仅当手机用户通话或接发短信时才会有手机用户的空间位置记录产生,CDR 数据中的居民空间位置记录在时间上分布较为稀疏且无规律可循。在 MS 数据中,无论手机用户是否使用手机,每隔固定的一段时间(一般为 1 h),移动运营商就会对手机用户的空间位置进行定位。因此,MS 数据中的居民空间位置记录在时间上分布均匀,且数据质量要比 CDR 数据好得多,至少能够保证每个小时都有手机用户的空间位置信息(在 CDR 数据中会存在缺失数小时乃至数天居民空间位置信息的情况)。然而,MS 数据占用存储空间庞大、数据采集成本高、不直接服务于移动运营商的业务,因此,MS 数据的记录持续时间一般较短(1 周左右)且非常少见。与之相反的是,移动运营商采集 CDR 数据用于手机用户通信计费,因此,CDR 数据较为常见,并且数据的记录持续时间较长(可长达数年)。

虽然,CDR 数据和 MS 数据在数据记录频率和数据采集方式方面存在较大差异,但是在这两种移动通信数据中,手机用户的空间位置信息的记录方式并无差异,一般可以分为两类:① 以服务手机用户通信的移动通信基站作为空间位置记录单元,手机用户的空间位置信息以基站坐标的形式被记录、存储;② 通过手机用户附近的移动通信基站的信号强度来估计手机用户的坐标,将估计出的坐标作为手机用户的空间位置信息进行记录、存储。需要注意的是,上述两种空间位置信息的记录方式都不能完全精准地定位手机用户的真实空间位置,一般存在数百米乃至数千米的定位误差。在移动通信数据中,手机用户的空间位置定位精度在很大程度上取决于移动通信基站的布设密度。在城市中心区域,移动通信基站一般密集分布,手机用户的空间位置定位精度较高;在城市郊区或乡村,移动通信基站分布较为稀疏,手机用户的空间位置定位精度较低。在移动通信数据中,尽管记录的手机用户空间位置信息存在较大误差,但这并不影响移动通信数据在居民空间行为研究领域以及其他相关领域的广泛应用,移动通信数据较低的空间精度反而在某种程度上保护了手机用户的位置隐私。在本书 2.5 节中,笔者将介绍具有不同空间位置信息记录方式的移动通信数据的处理与分析方法。

为了平衡移动通信基站的负载,移动运营商通常会为手机用户动态分配移动通信基站提供服务,这就导致移动通信数据中常会出现"乒乓效应",即手机用户在各移动通信基站之间快速"跳动"(即手机用户的空间移动速度远大于正常合理值)。在大多数情况下,发生"乒乓效应"的手机用户并没有产生实际位移。"乒乓效应"是由移动通信基站平衡负载以及移动通信数据特有的空间位置信息采集方式造成的,它是我们利用移动通信数据分析、探索居民空间行为规律的巨大障碍。目前,无论是在科学领域还是在工程领域都尚未形成一套严格的、统一的处理(消除)"乒乓效应"的方法。当我们使用移动通信数据时,需要包容"乒乓效应"给我们带来的"麻烦"。随着 4G/5G 技术的快速发展和广泛应用,笔者相信不久的未来,移动通信数据无论在时间上还是在空间上的精度都会得到大幅提高,届时"乒乓效应"问题可能自然而然就解决了。虽然,目前尚没有处理"乒乓效应"的严格方法,但经过科研人员、工程人员的多年实践,已经形成了一套处理"乒乓效应"的经验性方法,在本章中也将做介绍。

以下是本章主要内容的概括:在 2.2 节中,笔者将介绍移动通信数据的数据结构特点;在 2.3 节中,笔者将介绍手机用户标识的识别方法与技术;在 2.4 节中,笔者将介绍面向居民空间行为分析的移动通信数据高效存储结构;在 2.5 节中,笔者将介绍移动通信数据中空间位置信息的处理技术,以及"乒乓效应"的处理方法;在 2.6 节中,笔者将介绍移动通信数据中异常、错误数据的甄别与处理技术;最后,在 2.7 节中,笔者将介绍移动通信数据中手机用户的隐私保护技术。本章的程序代码由黄智仁博士提供。

2.2 移动通信数据的数据结构特点

移动通信数据中蕴含的手机用户空间位置信息为研究居民空间行为提供了新的途径。移动通信数据覆盖人口数量大、覆盖地域面积广、数据采集时间跨度长,有时还记录了手机用户的社会经济属性等信息。在很多移动通信数据的分析和应用实例中,并不是采用抽样分析方法,而是对数据全体进行分析应用,即容忍数据的缺失和偏误,这便是大数据分析的一个鲜明特征[1]。造成移动通信数据缺失或偏误的原因多种多样,如移动通信设备出现数据传输问题、不同时期采集的移动通信数据的数据结构发生改变等。数据的缺失和偏误与数据体量庞大及包含信息复杂多样相叠加,导致分析挖掘移动通信数据并不容易。为了从移动通信数据中挖掘出有价值的居民空间行为信息,不仅需要对移动通信数据进行预处理,还需要优化移动通信数据的数据存储结构,以适应居民空间行为分析及其他相关应用的需要。本节首先通过实例来介绍移动通信数据的数据结构特点。在本章后续几节中,笔者将针对移动通信数据的数据结构特点,介绍多种移动通信数据的分析挖掘技术。

当手机用户的通信设备与移动通信基站产生数据传输交互时,手机用户的 ID、服务手机用户的移动通信基站编号(ID)、通信时间等信息将被移动运营商采集,并生成移动通信数据。由于每个移动通信基站都有各自的信号覆盖区域,因此可以利用移动通信基站的地理坐标来粗略估计手机用户的位置。也就是说,移动运营商在服务大量手机用户通信的同时也采集到大量手机用户的粗略空间位置信息,而手机用户空间位置信息的精度由移动通信基站的分布密度和信号覆盖范围决定。与 GPS 数据这类空间精度较高的数据相比,移动通信数据在居民空间行为分析方面具有以下优势:

(1) 无论在发达国家还是发展中国家,手机用户在人口中的渗透率普遍很高,通过移动通信数据能够获取大样本量的居民空间位置信息(GPS 数据仅能记录一小部分居民的出行);

(2) 移动通信数据的空间覆盖范围广,在城市几乎没有"死角",在乡村也能大范围覆盖(GPS 数据记录大多分布在中心城区);

(3) 如果使用移动通信数据来研究居民空间行为或开发相关应用系统,则充分利用了现有移动通信服务基础设施,数据采集成本较低,项目实施周期较短(采集 GPS 数据需要额外安装大量 GPS 信号接收设备、数据采集成本较高);

(4) 利用移动通信数据可以分析手机用户个体长期的空间位置轨迹,并可以和手机用户的社会经济属性信息结合起来分析,因此,移动通信数据非常适合于分析居民的空间行为规律(GPS 数据一般记录多人的空间位置轨迹,不能对单一个体进行长期观测)。

移动通信数据中记录的信息主要包括:① 匿名手机用户编号:在手机号码加密后,手机用户的唯一识别号;② 时间戳:匿名手机用户使用通信服务的时刻;③ 移动通信基站(小区)编号:承担通信服务的移动通信基站(小区)编号;④ 通信类型等。CDR 数据包含了主叫、被叫、发送短信、接收短信等通信类型,而 MS 数据还包含了周期扫描更新等通信类型。周期扫描是手机信令数据与手机通话详单数据最大的不同之处。有了周期扫描,移动运营商便可以每隔一段固定时间采集一次手机用户的空间位置信息。因此,手机信令数据中的空间位置记录在时间上是规律的、均匀分布的,而手机通话详单数据中的空间位置记录在时间上分布较为稀疏,且没有规律,因为只有手机用户使用通信服务时才会有记录。在本书中,MS 数据特指移动运营商通过周期扫描方式采集的手机用户空间位置信息数据。下面笔者通过实例详细介绍手机通话详单数据和手机信令数据的数据结构特点。

2.2.1 手机通话详单数据

在手机用户发生主叫、被叫、发送短信、接收短信等通信类型时,移动运营商会记录下手机用户的唯一编码、移动通信基站的编号或经纬度信息、通信服务的时间日期信息等,进而生成手机通话详单(CDR)数据。表 2-1 列出了美国波士顿地区某年 3 月的CDR 数据样例(非真实数据,按真实数据的格式随机生成),手机用户 ID 以大长度编码方式加密,手机用户的空间位置通过移动通信基站的坐标大体定位,通信时间在这个CDR 数据集中以文本形式记录。

表 2-1   **美国波士顿地区的 CDR 数据样例(按真实数据格式随机生成)**

手机用户 ID	基站经度	基站纬度	通信时间
cfae7749eb6c4866	−71.057 789	42.163 186	Wed Mar 10 16:36:28
74992cc3482b3501	−71.048 344	42.264 576	Wed Mar 10 16:37:43
3a649751efbca489	−71.054 193	42.122 393	Wed Mar 10 16:38:23
59499dd19b4bc0ee	−71.052 774	42.230 729	Wed Mar 10 16:38:54
7593543f2ad180d	−71.065 129	42.250 898	Wed Mar 10 16:45:10
7593543f2ad180d	−71.060 277	42.194 865	Wed Mar 10 16:50:10

1. CDR 数据记录的时间特性

从表 2-1 中我们可以看出,在美国波士顿地区的 CDR 数据中,通信时间信息采用了文本记录方式。在移动通信数据的预处理过程中,我们一般需要将文本格式的时间信息转换为时间戳格式,以便后续对时间信息进行统计运算。时间戳使用唯一的字符序列来表示某一刻的时间。通常情况下,时间戳被定义为:从格林尼治时间 1970 年01 月 01 日 00 时 00 分 00 秒(北京时间 1970 年 01 月 01 日 08 时 00 分 00 秒)起至数据被采集或记录的时刻所经历的秒数总和,一般以"秒"为单位。常见的时间戳为 10 位时间戳,单位为"秒",如 10 位时间戳 1540174100 表示时间 2018 - 10 - 22 10:08:20,另外还有 13 位时间戳,如 2018 - 10 - 22 10:08:20 的 13 位时间戳为 1540174100000,单位为"毫秒"。

在利用移动通信数据分析居民空间行为的规律特征时,"相对"时间戳往往更为适用。这是因为在大多情况下,移动通信数据中的记录持续数个星期至数个月,计算出某一时间在数据采集阶段的第几天,在某天的第几小时,在某小时的第几分钟,或在某天的第几秒往往更为实用,这样可以便于研究居民空间行为的周期性和规律性。而某一时刻距 1970 年 01 月 01 日 00 时 00 分 00 秒经历了多少秒并不是我们研究居民空间行为时关心的问题。程序代码 2-1 和程序代码 2-2 分别为将文本时间转化成相对时间戳格式和将相对时间戳格式转换为文本时间信息格式。

程序代码 2-1 文本时间格式转换为相对时间戳格式

```
/ *
输入:
time 为时间字符串,如 2017 - 06 - 24 22:01:10
输出:(通过按引用传递的方式输出多个返回值)
day 为返回的日期值,如 24
hour 为返回的小时值,如 22
minute 为返回的分钟值,如 01
second 为返回的秒数值,如 10
t 为该时间戳产生之前该天已经历的秒数总和,范围 0 - 86400
 * /
void get_time(string & time, int & day, int & hour, int & minute, int & second,
int & t)
{
    int y, m;
    sscanf(time.c_str(), "%d - %d - %d %d:%d:%d",
                        & y, & m, & day, & hour, & minute, & second);
    t = hour * 3600 + minute * 60 + second;
}
```

程序代码 2-1 对应的输入输出数据:

```
输入:
2017 - 06 - 24 22:01:10
输出:
day: 24
hour: 22
minute: 01
second: 10
t: 79270
```

程序代码 2-2 相对时间戳格式转换为文本时间信息格式

```
/ *
输入:
timer 为 time_t 类型的时间戳
```

输出：

s 为返回的时间字符串，如 2017 - 06 - 24 22:01:10

*/

```
string timetodate(time_t const timer)
{
    // localtime() 将时间戳转为当地时间,如中国为东八区(GMT+8)
    struct tm * l = localtime(& timer);
    char buf[128];
    snprintf(buf,sizeof(buf),"%04d-%02d-%02d %02d:%02d:%02d",l->
tm_year+1900,l->tm_mon+1,l->tm_day,l->tm_hour,l->tm_min,l->tm_sec);
    string s(buf);
    return s;
}
```

程序代码 2-2　对应的输入输出数据：

输入：

1498312870

输出：

2017 - 06 - 24 22:01:10

　　P. Wang 等[2]分析统计了美国波士顿地区的 CDR 数据,分析结果表明绝大部分手机用户的日均通信记录数(空间位置记录数)在 1000 次以内,手机用户的日均通信记录数呈现"幂律分布"特征(power-law),即大部分手机用户的日均通信次数很少,但是也存在个别手机用户的日均通信次数极高,如图 2-1 所示。在手机用户的通信时间分布特征方面:CDR 数据在凌晨到早上 6 点这一夜间时段的记录数要比日间时段的记录数

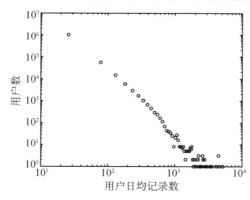

图 2-1　美国波士顿地区 CDR 数据中手机用户的日均通信记录数分布

少得多。这种数据记录在时间上的分布特征是由CDR数据的采集方式决定的,即仅当手机用户通信时,移动运营商才会采集手机用户的空间位置信息。在美国波士顿地区,CDR数据的记录数在傍晚18点前后达到峰值,这在一定程度上体现了当地居民的通信行为习惯。在后续介绍中,我们将看到CDR数据记录的时间分布特征与MS数据的时间分布特征有着明显的不同。

2. CDR数据记录的空间特性

在CDR数据中,手机用户的空间位置一般用服务手机用户的移动通信基站的坐标近似表示,因此,CDR数据中记录的手机用户的空间位置信息是相对模糊的。手机用户空间位置信息的精度由移动通信基站的空间分布密度决定。在社会经济活动比较密集的区域,通常会有较多的通信需求,移动运营商会在这些区域布设较多的移动通信基站。因此,当手机用户位于社会经济活动比较活跃的区域时,移动运营商就会采集到精度较高的手机用户空间位置信息。然而,城郊地区的社会经济活动相对较少,居民的通信需求较少,出于建设、维护成本方面的考虑,移动通信基站在城郊的分布密度就比较低。当手机用户位于城郊时,移动运营商采集到的手机用户空间位置信息的精度自然也会比较低。另外,移动通信基站在高速公路沿线的分布也较为密集。

在空间定位方面,移动通信数据是一类有趣且特殊的数据。在不同国家、不同地区使用GPS定位技术时,定位误差基本相同(约10 m),但移动通信数据的定位误差与研究区域的社会经济属性密切相关,并且定位误差还会随着社会、经济、技术的发展不断演化(社会经济的发展会促进新的移动通信基站建设,从而使移动通信数据的定位误差不断减小,例如,5G技术会使定位更加精确等)。移动通信基站的空间分布密度在不同国家和地区也会有所不同。一般而言,国家或地区的经济越发达,人口密度越大,移动通信基站在空间上的分布密度越高,手机用户空间位置信息的精度也就越高。由于移动通信数据中蕴含了大量的社会经济属性信息,所以,移动通信数据常被用于房地产评估和商业选址。

2.2.2　手机信令数据

手机信令(MS)数据与手机通话详单(CDR)数据最大的不同点在于:MS数据中记录了移动运营商通过周期扫描方式采集的手机用户空间位置信息。MS数据中记录的信息主要包括:匿名手机用户编号、手机信令发生的时间、移动通信基站编号(手机用户的空间位置由移动通信基站的经纬度坐标近似确定)以及通信类型等[3]。在本小节中,笔者以深圳市为例,介绍手机信令数据的数据特点。笔者在深圳市采集的手机信令数据样如表2-2所列(非真实数据,按真实数据的格式随机生成)。在这个手机信令数据样例中,手机用户的空间位置用移动通信基站的坐标近似表示。与本书2.2.1节中介绍的美国波士顿地区的CDR数据相似,手机用户ID以大长度编码方式加密;手机信令数据中的时间信息以13位时间戳格式存储。根据数据记录在时间上的分布情况和移动通信基站在空间上的分布情况,我们可以对手机信令数据的时间特性和空间特性进行系统性分析。

表 2-2 深圳市手机信令数据样例

手机用户 ID	时间戳	基站经度	基站纬度
88ff47d99845357c	1332479337069	114.212 97	22.607 39
1c978fe42e70e589	1332482121170	114.212 97	22.607 39
54f024bd9b882ee5	1332482352742	114.212 97	22.607 39
40cbc338806dc19c	1332481911861	114.212 97	22.607 39
602128ec4f3ae77b	1332482185663	114.212 97	22.607 39
94918d8432be2d9	1332479254638	114.212 97	22.607 39

1. 手机信令数据记录的时间特性

时间戳一般以 10 位数字的形式存储,时间戳精度为秒级。深圳市手机信令数据的时间戳以 13 位数字存储,时间戳精度达到了毫秒级。在移动通信数据的预处理过程中,为了方便对时间数据进行统计运算,一般都将时间转化为 10 位时间戳,同时,我们还经常需要把时间戳转换为对应的具体时间,如"日""时""分""秒"等。MS 数据和CDR 数据中的手机用户空间位置记录在时间上的分布极为不同。前文已提到,在美国波士顿地区的 CDR 数据中,手机用户的日均记录数服从幂律分布;而在深圳市的 MS数据中,绝大多数手机用户的日均记录数非常接近[图 2-2(a)]。MS 数据记录在时间上的分布如图 2-2(b)所示,从 0:00 到 24:00 手机用户的空间位置记录数基本处于比较稳定的状态,这与 CDR 数据记录在时间上的分布有明显差异。从图 2-2(b)中可以看到,手机用户的空间位置记录数在最后半小时突然下降,这可能是由于作为案例的深圳市 MS 数据仅采集了 1 天,且在最后半小时移动运营商没有全面采集(扫描)手机用户的空间位置信息所导致的。

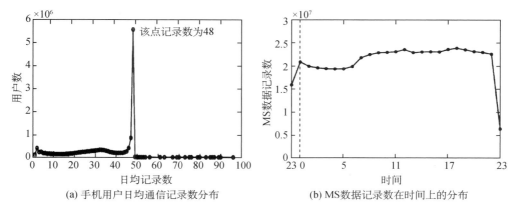

(a) 手机用户日均通信记录数分布   (b) MS数据记录数在时间上的分布

图 2-2 深圳市手机信令数据记录的时间特性

2. 手机信令数据记录的空间特性

在 MS 数据中，手机用户的空间位置一般也采用服务手机用户通信的移动通信基站的坐标近似，因此，MS 数据记录的空间特性与 CDR 数据的空间特性类似。移动通信基站在中心城区的分布比较密集，在城郊地区的分布密度明显下降。

2.3 手机用户标识的识别方法与技术

为了保护手机用户的隐私，移动运营商在向科研机构提供移动通信数据时，一般使用大长度编码（长字符串）对手机用户的电话号码（编号、ID）进行加密（表 2 - 1、表 2 - 2）。因此，当我们处理移动通信数据时，除需要对通信时间信息进行预处理以外，还需要对手机用户的大长度编码 ID 进行识别和替换。这样做的原因主要在于：如果反复使用大长度编码进行后续数据的分析操作，将会耗费大量的计算机运行时间和存储空间。对手机用户大长度编码的一般处理方法是：在移动通信数据预处理过程中，识别代表每个手机用户的大长度编码，并对所有手机用户以"整型"或"短整型"数字进行重新编号，从而获得每个手机用户的新 ID。通过这样的转换，不仅能减少手机用户 ID 数据信息占用的存储空间，还便于后续建立高效的移动通信数据存储结构（如为每个手机用户构建一个结构体，并使用手机用户的新 ID 标识其结构体），以提升计算机处理移动通信数据的速度。在本小节中，笔者将介绍两种相对便捷的手机用户识别算法，这两种算法分别基于 C++ 和 Python 两类主流的计算机语言编写。

2.3.1 基于 C++ 的手机用户识别算法

C 语言是国际上广泛流行的计算机高级语言，具有语言简洁紧凑、数据类型丰富、可移植性强等优点。通过对 C 语言的改进，C++ 由面向过程的编程语言转化为面向对象的编程语言，同时保留了面向过程程序设计的功能，也就是说，C++ 支持所有 C 语言的特性，并且 C 语言程序可以使用 C++ 编译器进行编译。与 C 语言相比，C++ 支持数据封装和数据隐藏，也支持继承、重用和多态，从而使程序更容易被修改和维护。因为 C++ 和 C 语言的运行效率高，所以科研技术人员经常选择 C 语言和 C++ 编写程序，以处理移动通信数据。

下面笔者介绍使用 C++ 编写的手机用户识别程序代码。由于移动通信数据中的每个手机用户均被一个特定的长字符串标识，因此，在 C++ 程序代码中需要使用键-值对容器，将每个特定的长字符串和手机用户的新编号一一对应。算法的具体流程如下：首先使用 C++ 以读取字符串的方式对移动通信数据进行按行读取，以逗号为分隔符（也可以使用其他分隔符）对移动通信数据中的每个字段进行分割，将表示手机用户 ID 的字符串和对应的新编号用键-值对容器存储起来。基于 C++ 的手机用户 ID 映射的程序代码如下：

程序代码 2 - 3　基于 C++ 的手机用户 ID 映射

```cpp
class Record {
public:
    string uid;
    double cell_lon;
    double cell_lat;
    int time;
}

map <string, vector<Record > > user_cdrs;
string uid;
Record r;
...
user_cdrs[uid].push_back(r);

string row, delims = "\t\r";
vector<string> strs;
ifstream input(filename);
while (getline(input, row, '\n'))
{
    strs = split(row, delims);
    if (strs.size() == 4)
    {
        Record r;
        int day; int hour; int minute; int second; int t;
        r.uid = strs[0];
        get_time(strs[1], day, hour, minute, second, t);
        r.time = t;
        r.cell_lon = stod(strs[2])
        r.cell_lon = stod(strs[3])
    }
}
```

2.3.2　基于 Python 的手机用户识别算法

Python 语言由 Guido van Rossum 于 20 世纪 90 年代开发，Python 语言作为一种

通用语言,可以完成脚本编写、网站开发、文本处理等多种功能任务。Python 程序易于理解和修改,特别是 Python 自带了丰富的库,便于使用者直接调用,因此,Python 语言近年来得到了非常广泛的应用。Python 语言非常适用于移动通信数据的预处理,在此笔者介绍两种使用 Python 语言编写程序识别手机用户的方法。

1. 使用字典存储手机用户长字符串标识和新编号的对应关系

在 Python 语言中,字典是一种存储键-值对的高效数据结构,作为一种可变容器模型,字典可用于存储任意类型的对象。字典的键有两个限制:① 字典中的键是唯一的,在同一个字典中,任意两个键-值对的键都是不同的;② 键-值对的存储位置由键计算得到,键不可变。根据上述两个限制,可以将手机用户的长字符串标识作为字典的键,将手机用户的新编号作为字典的值,从而将手机用户的长字符串标识和新编号"一对一"存储。算法的具体实施过程如下:首先逐行读取移动通信数据,每读取一行数据,就判断该行数据中用于标识手机用户的字符串是否已作为键存储于字典中。如果字符串已经存储在字典中,则访问该键对应的字典值,并用字典值替换掉标识手机用户的字符串;如果字符串还没有存储在字典中,新编号加 1,在字典中添加一组键-值对,其中键为发现的新字符串,字典值为手机用户的新编号,最后用新键-值对中的字典值替换掉标识手机用户的字符串。基于 Python 的手机用户 ID 映射的程序代码如下:

程序代码 2-4　基于 Python 的手机用户 ID 映射

```
＃定义字典存储字符编码和新编号
transform_id = {}
＃读取文件
f = open('user.csv','r')
f1 = open('user1.csv','w')
next(f)
i = 1
while True：
    chuan1 = f.readline()＃对文件中的数据记录进行逐行读取
    if not chuan1：break
    chuan = re.split(',',chuan1.strip())＃以逗号为分割符对每一行数据记录进行
分割
    if chuan[0] is in transform_id.keys()：＃假设每一行的第一列是手机用户 ID 的
字符串编码,判断该字符串编码是否已经存储于字典 transform_id
        chuan[0] = transform_id[chuan[0]]＃如果该字符串编码已存储于字典
transform_id,使用该键对应的字典值代替原表格中的字符串
```

```
f1.write(str(chuan[0]) + ',' + str(chuan[1]) + ',' + str(chuan[2]) + ',' + str
(chuan[3]) + '\n') #将更新的编号写入文件
else
    transform_id[chuan[0]] = i #如果该字符串编码还未存储于字典
transform_id,增加键-值对键为 chuan[0]/值为 i
    chuan[0] = i #使用新的字典值代替原表格中的字符串
f1.write(str(chuan[0]) + ',' + str(chuan[1]) + ',' + str(chuan[2]) + ',' + str
(chuan[3]) + '\n') #将更新的编号写入文件
    i = i + 1
f.close()
f1.close()
```

2. 使用 Pandas 存储手机用户长字符串标识和新编号的对应关系

Pandas 是 Python 的一个数据分析包,是基于 Python 科学计算模块 Numpy (Numerical Python)的一种工具。Pandas 纳入了大量的库,并包含了一些标准的数据模型和数据处理工具,是一个解决数据分析任务的"利器"。很多移动通信数据以表格形式存储,利用 Pandas 的单列操作功能可以将标识手机用户的字符串单列提取出来,并新建一个表格加入该列,在对该列进行去重操作后,从 1 开始按每次递增 1 的方式对手机用户重新编号,并将手机用户的长字符串标识和新编号的对应关系存储到新的表格中。算法的具体实施过程如下:首先使用 Pandas 下的 read_csv 函数读取.csv 文件,参数是.csv 文件的路径,这样可以快捷地将移动通信数据读入到表格。对表格中的每一列添加表头,这样就可以方便地对每一列进行单独操作。新建一个表格,将原表格中标识手机用户 ID 的一列筛选出来并加入新表格,对该列进行去重操作,使所有标识手机用户的字符串只保留一个。在新表格中增加一列,该列为手机用户的新编号,从 1 开始按每次递增 1 的方式直至手机用户总数,并与原字符串对应,进而得到手机用户新编号与原字符串标识的对应关系。最后,根据新表格中手机用户的新编号与原字符串标识的对应关系,在原表格中增加一列手机用户的新编号。基于 Pandas 的手机用户映射的程序代码如下:

程序代码 2-5　基于 Pandas 的手机用户 ID 映射

```
#引用 pandas 库
import pandas
from pandas import DataFrame
#读取原始文件,将原始文件存储到表格 form1,为表格增添表头便于后续操作
form1 = pandas.read_csv('user.csv',names = ['user_id','lon','lat','time'])
```

```
#新建一个表格 form2,用于存储
form2 = pandas.DataFrame(columns = ['original_id','new_id'])
#对 form1 进行去重操作,保留每个手机用户的唯一编码
IsDuplicated = form1['user_id'].duplicated()
#DataFrame 的 duplicated 方法返回一个布尔型 Series,表示各行是否为重复行
form2['user_id'] = form1['user_id'].drop_duplicates()
#将 form1 中的'user_id'这一列进行去重操作,储存在 form2['original_id']中
form2['new_id'] = DataFrame(range (1:len(form2['user_id']) + 1))
#统计去重后的 form2['original_id']的长度,即手机用户总数,增加一列从 1 到手机
用户总数的手机用户新编号与手机用户原始编码一一对应
form3 = pandas.merge(form1,form2,how = 'left', on = 'user_id')
#将两个表进行合并,以表 1 为基准,按'user_id'这一列进行合并
form3.to_csv('user1.csv', index = False)#将合并的表格导出到文件
```

2.4   面向居民空间行为分析的移动通信数据高效存储结构

在原始移动通信数据中,手机用户的空间位置记录有时是按时间顺序排列的,有时则是混乱排列的。如果需要获得某一个手机用户的空间位置变化信息,就需要在数十吉字节的原始移动通信数据中查询,这将耗费大量的查询时间,非常不利于研究居民空间行为的特征规律。因此,构建面向居民空间行为分析的移动通信数据高效数据存储结构至关重要。这就需要对原始移动通信数据的数据存储方式进行调整和优化,需要解决的问题包括:如何高效地存储移动通信基站的坐标;如何高效地存储手机用户的空间移动轨迹;如何高效地存储手机用户的社交网络等。本节将系统介绍移动通信数据的高效存储结构,为后续基于移动通信数据的居民空间行为分析奠定基础。

2.4.1   移动通信基站坐标信息的高效存储结构

移动通信数据中一般都附带了移动通信基站的地理坐标信息(通常以经、纬度表示)。在大多数的移动通信数据中,手机用户的空间位置用移动通信基站的编号进行记录,而并不以移动通信基站的经、纬度坐标记录,这样做的主要目的是节约数据存储空间:移动通信基站编号的数据类型一般是短整型(2 个字节),而经、纬度信息的存储至少需要两个浮点型数据的存储空间(8 个字节),有时甚至需要两个双精度浮点型数据的存储空间(16 个字节)。在移动通信数据中,手机用户的空间位置记录一般是数十亿条的级别,而移动通信基站的数量一般是几百个至几千个。在很多情况下,数十亿条手机用户空间位置记录就是这几百个到几千个移动通信基站编号的不断重复。使用基站编号记录手机用户的空间位置信息显然要比使用基站经、纬度坐标记录手机用户的空间位

置信息节省大量存储空间。当有些移动通信数据以基站经、纬度坐标形式存储手机用户的空间位置信息时,我们也通常会使用基站编号替代基站经、纬度坐标,生成一个新的移动通信数据以备后续分析使用,这样既可以节约数据存储空间,又可以加快数据读取速度。

在利用移动通信数据研究居民空间行为时,通常需要用到或制作一个可被称为"移动通信基站信息表"的文件。这个文件只占用很小的存储空间(一般几百至几千行,每一行记录基站的编号和经、纬度信息)。通过"移动通信基站信息表"可以查询基站对应的经、纬度坐标,通过基站的经、纬度坐标可以估计手机用户的大体空间位置。制作"移动通信基站信息表"并不难,与本书 2.3 节介绍的手机用户编号流程相似:我们可以把基站的经、纬度坐标作为标识基站的字符串,每次找到一个新的字符串(经、纬度坐标),就将当前编号作为经、纬度坐标对应基站的编号,并且将编号加 1(基站编号一般从 1 开始),如此往复,直至整个移动通信数据文件被读取一遍。"移动通信基站信息表"解决了基站空间位置信息的存储问题。我们还需要解决在计算机程序中调用基站空间位置信息的问题,下面笔者介绍一种移动通信基站信息的高效存储结构,这种存储结构使用"类"(class)来存储基站的编号和基站的经、纬度信息,具体程序代码如下:

程序代码 2-6　移动通信基站坐标信息的数据存储结构

```cpp
// 存储地理坐标
class Location
{
public:
    double lon; // 经度,这里用的是双精度浮点型
    double lat; // 纬度,这里用的是双精度浮点型

// 重载<运算符,用于 map 容器与 sort 函数
// 先按经度排序,后按纬度排序
    bool operator<(const Location & l) const
    {
        if (lon == l.lon)
            return lat < l.lat;
        return lon < l.lon;
    }
};
// 基站地理坐标与基站编号映射表
map <Location, int> cells;
```

2.4.2 手机用户空间移动轨迹的高效存储结构

我们还是以美国波士顿地区的 CDR 数据为例，阐述如何构建手机用户空间移动轨迹的高效存储结构。通过分析表 2-1 中的 CDR 数据样例可以发现：手机用户的 ID 是使用大长度字符串标识的，手机用户的空间位置信息是使用移动通信基站的经、纬度坐标标识的，通信时间是以文本形式记录的。因此，我们可以首先使用上文介绍的手机用户和移动通信基站的编号方法使 CDR 数据"瘦身"；其次，我们还可以利用上文介绍的文本时间信息处理方法得到"日"（在研究时段的第几天）、"星期几"和"小时"（当天的第几个小时）等更利于居民空间行为分析的时间信息，以进一步减少数据占用的存储空间。需要注意的是，由于表 2-1 中 CDR 数据记录的月份信息，分、秒信息在居民空间行为分析中应用较少，因此完全可以根据实际情况在数据预处理（中间生成数据）中省略。通过上述方法对 CDR 数据的存储结构进行调整优化，我们可以得到表 2-3 所示的移动通信数据的中间生成数据和"移动通信基站信息表"（表 2-4）。显然，与表 2-1 列出的数据相比，表 2-3 和表 2-4 中的数据更容易用于进一步分析处理（数据读入内存时占用的存储空间大量减少，程序运行速度也会大幅度提高）。

表 2-3 　　　　　　美国波士顿地区 CDR 数据的中间生成数据样例

手机用户 ID	基站 ID	通信日期	星期几	小时时间窗
1	1	10	3	16
2	2	10	3	16
3	3	10	3	16
4	4	10	3	16
5	5	10	3	16
5	6	10	3	16

表 2-4 　　　　　　　　移动通信基站信息表

基站 ID	基站经度	基站纬度
1	−71.057 789	42.163 186
2	−71.048 344	42.264 576
3	−71.054 193	42.122 393
4	−71.052 774	42.230 729
5	−71.065 129	42.250 898
6	−71.060 277	42.194 865

当把表 2-3 中的数据读入计算机内存时，还有一些节省内存的技巧。例如，移动通信基站 ID、通信日期、星期几、小时时间窗等都可以使用"短整型"变量或常量存储。在设定手机用户 ID 的数据类型时，要看移动通信数据中一共有多少个手机用户。如果手机用户的数量小于或等于 65 535，则可以使用 unsigned short 数据类型的变量或常量

存储手机用户 ID(这里以 C/C++ 语言为例,不同的计算机语言对于数据类型的定义有所不同);如果手机用户的数量大于 65 535,一般选择整型变量、常量存储手机用户 ID。不要小看这些优选数据类型的小技巧,当数据量非常庞大时(处理移动通信数据经常会占用数十吉字节的内存),数据类型的优化可能会帮你解决"内存外溢"问题或让你可以采用更加高效的算法,对此笔者深有体会。

通过将表 2-1 中的 CDR 数据转换为表 2-3 所示的中间生成数据,我们节省了大量的硬盘存储空间和数据读取时间,但问题还没有完全解决。我们可以看到,在表 2-3 中几个手机用户的空间位置记录是混杂在一起的。如果我们每次分析手机用户空间移动轨迹时,都需要在数十亿条移动通信数据记录中遍历查询,那将是一件非常耗时且非常无聊的事(当然没有人会那样做)。为了解决上述问题,我们通常会将"中间生成数据"转换为以某种顺序、规则排列的手机用户空间位置信息记录文件,笔者将这种文件称为"手机用户的空间位置记录表"。下面详细介绍生成"手机用户的空间位置记录表"的方法。

假设移动运营商采集了 100 万个手机用户 3 个月的手机通话详单(CDR)数据。如果每个手机用户平均每天有 5 个空间位置信息记录,那么,这个 CDR 数据集大概一共记录了 4.5 亿条手机用户空间位置信息。通过一次 CDR 数据集遍历,我们可以获取每个手机用户的空间位置记录总数,以及每次记录的时间和对应的移动通信基站 ID。在对 CDR 数据进行遍历的过程中,每当发现某手机用户的空间位置记录时,该手机用户的位置记录总数便加 1,并把这个位置记录用链表存储。用链表存储手机用户位置记录的好处在于可以为每个手机用户动态开辟存储空间,但查询链表中的数据时需要移动指针,查询速度较慢。因此,在下一步对手机用户的空间位置记录进行排序之前,我们可以先把每个手机用户的空间位置记录信息按表 2-5 的格式输出。在表 2-5 中,第一行信息是手机用户 1 的 ID 和 CDR 数据中手机用户 1 的空间位置记录总数(该例中是 20),然后是手机用户 1 的 20 行时间位置记录;再后面是手机用户 2 的 ID 和 CDR 数据中手机用户 2 的空间位置记录总数(该例中是 8),之后是手机用户 2 的 8 行时间位置记录。按照上述格式不断输出所有手机用户的时间位置记录,形成一个具有表 2-5 格式的中间文件。

表 2-5　　　　　　　　手机用户时间位置记录的中间文件

1(手机用户 ID) 10:10 a.m. 9:30 a.m. …	20(记录数) Tower A Tower B …
2(手机用户 ID) 10:30 a.m. 1:30 p.m. …	8(记录数) Tower C Tower D …

生成如表 2-5 所示的中间文件后,需要对每个手机用户的空间位置记录按时间排序。为方便起见,我们可以定义两个非常大的一维数组,以满足存储"超级"手机用户大量时间空间记录的需要,其中一个一维数组用于存储手机用户记录的时间信息,另一个一维数组用于存储手机用户记录的空间位置信息,这两个一维数组可以在对不同手机用户的空间位置记录排序时重复使用。接下来,我们只需应用排序算法对空间位置记录按时间排序就可以生成表 2-6 所示的"手机用户空间位置记录表"。利用"手机用户空间位置记录表",可以非常便捷地分析居民的空间行为。如果将移动通信基站按顺序连接起来,就可以获得手机用户的空间移动轨迹;比较相邻两条记录的移动通信基站 ID 就可以判断手机用户是否发生空间移动;分析各时间窗手机用户所在的移动通信基站小区就可以估计手机用户的职住地点。对于手机信令(MS)数据,我们也可以生成类似的手机用户空间位置记录表。当然,在某些移动通信数据中,手机用户空间位置记录本来就是按时间排序的,在这种情况下,排序这步操作就可以省略了。

表 2-6   某手机用户空间位置记录表

手机记录编号	通信时间	服务基站 ID
1	8:00 a.m.	Tower A
2	9:10 a.m.	Tower B
3	9:30 a.m.	Tower B
4	10:30 a.m.	Tower C

在使用 CDR 数据开展居民空间行为研究时,有时为了获得较为精确的居民空间行为信息,仅使用具有足够空间位置记录的这部分手机用户。当使用 MS 数据进行居民空间行为研究时,一般不筛选手机用户,因为每个手机用户的空间位置信息都比较丰富。

2.4.3　单线程手机用户空间位置记录表生成程序

在本书 2.4.1 节和 2.4.2 节中,笔者比较系统地介绍了"移动通信基站信息表"和"手机用户空间位置记录表"的构建方法。"移动通信基站信息表"和"手机用户空间位置记录表"都体现了移动通信数据的高效存储结构。下面笔者将介绍构建、处理"手机用户空间位置记录表"的程序代码(程序代码 2-7)。

在大多数情况下,移动通信数据的体量非常大。移动运营商(数据提供方)通常将原始移动通信数据划分成若干个数据文件(1 天中就可能包含多个数据文件),并将这些文件存储在一个通常以数据采集日期命名的文件夹下。为了分析居民的空间行为特征,需要将文件夹下的大量移动通信数据文件读入计算机内存。如果在程序代码中通过人工填写文件名称的方式对众多文件依次读取,将是一件非常费力的事,并且很容易出错。解决上述文件读取问题的办法是使程序能够依次自动读取文件。程序代码2-7中的list_dir函数是列出文件夹下所有文件的函数,当我们使用list_dir函数获得所有文件的文件名后,即可将文件中的数据依次读入内存,其中name指定目标文件夹,filenames是存储文件名的vector,include_str指定必须包含的字符串。列出文件夹下面的文件需要调用头文件dirent.h,其作用是获取某文件夹的目录内容。如程序代码2-7所示,我们在C++中调用了头文件(♯include <dirent.h>)。

为了高效地分析居民的空间行为特征,需要将手机用户的空间位置记录按照时间顺序排序。C++的STL(Standard Template Library)提供了多种排序算法,其中sort函数能够对给定区间的所有元素进行排序。在使用sort函数时,需要指定比较函数,否则程序将使用默认比较函数(一般是less仿函数,元素将被从小到大排序)。除了sort函数,STL还提供了stable_sort函数。当待比较元素数值相等时,stable_sort函数可以保证待比较元素原本相对次序在排序后仍保持不变。将手机用户的空间位置记录按时间排序的程序代码如下:

程序代码2-7　移动通信数据的读取与解析

```cpp
♯include <dirent.h>
void cdr(string dirname)
{
    // dirname 指定数据存储的文件夹
    // filenames 列出存储在文件夹下的所有文件名
vector<string> filenames;

//调用 list_dir 递归式地列出文件夹下所有层级的文件
// "usrlocal"指定必须含有的关键字
list_dir(dirname, 0, filenames, "usrlocal");

int tid = 1;
//依次处理每个数据文件
    for (auto filename : filenames)
    {
        cout<<filename <<endl;
    // delims 为指定的分隔符
        string row, delims = "\t\r";
// delims 为指定的分隔符
        vector<string> strs;
```

```
ifstream input(filename);
while (getline(input, row, '\n'))
{
// split 函数按 delims 中含有的字符分隔字符串
    strs = split(row, delims);
    if (strs.size() == 4)
    {
        string uid = strs[0];
        const time_t time = stol(strs[1]) / 1000;
        struct tm * ptm = localtime(& time);
        Location location;
        location.lon = stod(strs[2]);
        location.lat = stod(strs[3]);
        if (cells.find(location) == cells.end())
            cells[location] = tid++;

        if (ptm->tm_mday == 23)
        {
            Record r;
            r.time = ptm->tm_hour * 3600 + ptm->tm_min * 60 +
ptm->tm_sec;
            r.cell_id = cells[location];
            user_cdrs[uid].push_back(r);
        }
    }
}

ofstream output("cell_id.csv");
output<<"id,lon,lat"<<endl;
output.precision(10);
for (auto p : cells)
    output<<p.second<<","<<p.first.lon<<","<<p.first.lat<<
endl;
output.close();
```

```
//对每一个手机用户的空间位置记录按时间排序
    for (map<string, vector<Record>>::iterator itr = user_cdrs.begin();
itr！= user_cdrs.end(); ++itr)
    {
        sort(itr->second.begin(), itr->second.end());
    }


//输出手机用户的空间位置记录表
    output.open("cdr.txt");
    for (auto p : user_cdrs)
    {
        output<<p.first<<":"<<p.second.size()<<endl;
        for (auto r : p.second)
            output<<r.time <<","<<r.cell_id<<endl;
    }
    output.close();
}
```

2.4.4　多线程手机用户空间位置记录表生成程序

移动通信数据的体量非常庞大,一般至少会占用数十吉字节的存储空间。随着移动通信数据的体量继续增加,单线程串行程序(程序代码2-7)的处理效率往往不尽如人意。下面笔者介绍一种并行编程模式,对"手机用户空间位置记录表"的单线程生成程序进行优化。

本节介绍的并行编程模式采用 OpenMP(Open Multi-Processing)实现[4],程序代码见程序代码2-8。OpenMP 的一个优势在于它可以动态调用 CPU 的计算资源,另外,OpenMP 也支持对线程进行精细化控制,包括查询计算环境的线程资源、设置程序使用的线程数量、锁操作等[4]。OpenMP 通过线程控制 API、编译指示和环境变量以实现并行控制。通过编译指示控制并行运算除了易用以外,还有一个优势在于:通过设置禁用 OpenMP,便可使程序以单线程串行方式运行,开放 OpenMP 选项便可再次开启并行计算,这点非常有助于代码调试。

程序代码2-8　基于 OpenMP 的多线程移动通信数据处理

```
vector< vector<Record> > records;
    for (map<string, vector<Record>>::iterator itr = user_cdrs.begin();
itr！= user_cdrs.end(); ++itr)
```

```
{
    vector<Record> & r = itr->second;
    records.push_back(r);
}

// 指定分核运行
#pragma omp parallel for
for(size_t i = 0; i < records.size(); ++i)
{
    sort(records[i].begin(), records[i].end());
}
```

编译指令:g++ - fopenmp cdr.cpp - o cdr

2.4.5　基于移动通信数据的居民社交网络构建

　　虽然手机信令(MS)数据在研究手机用户空间行为特征时更为实用(空间位置记录在时间上的分布规律),但是,手机通话详单(CDR)数据更适用于构建手机用户的社交网络。这是由于 CDR 数据除了记录手机用户的空间位置信息,也记录手机用户之间的通信行为信息。CDR 数据中记录的手机用户通信行为信息包括:主叫手机用户(也被称为 caller)的 ID、被叫手机用户(也被称为 callee)的 ID、通话时长、通信模式等,如表 2-7 所列(非真实数据,按真实数据格式随机生成)。这些信息可以用于研究手机用户之间的社交关系,构建手机用户的社交网络,从通话时间、通话时长等信息中甚至还可以推测出手机用户之间的具体社交关系(如家人、朋友、同事等)。近年来,在社会学领域,借助 CDR 数据研究居民社交行为的工作非常多,可以说,CDR 数据的大量出现革新了传统社会学的小样本研究模式,促进了新兴社会学分支——"计算社会学"(Computational Social Science)的诞生[5]。

表 2-7　　CDR 数据中的原始通信记录样例(按真实数据格式随机生成)

通话时间	主叫手机用户 (caller)	被叫手机用户 (callee)	通话时长/s
07:12:06	88ff47d99845357c	1c978fe42e70e589	45
08:37:39	88ff47d99845357c	54f024bd9b882ee5	167
…	…	…	…
22:56:00	54f024bd9b882ee5	1c978fe42e70e589	12
23:25:02	602128ec4f3ae77b	40cbc338806dc19c	457

居民的社交行为虽然并不是本书的核心内容,但笔者认为有必要向读者简要介绍这个"移动通信数据的另一重要应用领域"。实际上,居民的空间行为与居民的社交行为之间有着密切的联系。例如,朋友相约吃饭会使他们的空间行为产生关联性;父母送小孩上学会使他们的空间行为产生同步性。近年来,已有一些学者透过手机用户的社交关系来研究居民空间行为的关联性和同步性。

在大多数情况下,CDR 数据记录了通信双方的手机用户标识 ID、通话时间、通话时长等信息,这些信息可以反映手机用户之间的社交关系,并可用于构建手机用户的社交网络。下面笔者简要介绍基于移动通信数据的手机用户社交网络的构建方法,具体包括以下几个步骤:

(1) 定义手机用户社交网络中的节点:每一个手机用户为手机用户社交网络中的一个节点。

(2) 定义手机用户社交网络中的边:如果两个手机用户之间有通话或接发短信的记录,则认为这两个手机用户之间具有某种社交关系,在代表两个手机用户的节点之间搭建一条边。当边被设定为无向边时,构建的手机用户社交网络不考虑电话、短信的发起者、接收者,仅记录两个手机用户之间存在社交关系;当边被设定为有向边时,构建的手机用户社交网络不仅记录了手机用户之间的社交关系,还记录了社交关系的主、被动属性。一般地,居民社交网络中的有向边由 caller 节点指向 callee 节点(或由发送短信手机用户节点指向接收短信手机用户节点)。

(3) 计算手机用户社交网络中节点的权重:手机用户社交网络中节点的权重可以由多种方式定义。节点权重既可以是手机用户在数据采集期内的总通话次数,也可以是手机用户在数据采集期内的总通话时长、通信服务费用,还可以是手机用户节点所连接的边的数量(在复杂网络科学中被称为节点的度)。至于选择哪种节点权重参数需要根据所研究的问题来确定。例如,当研究手机用户的社交圈是否广泛时,手机用户节点的度经常被用来作为节点权重。在对手机用户的社交网络进行可视化时,通常通过设置不同的节点大小或节点颜色来表示节点权重。

(4) 计算手机用户社交网络中边的权重:手机用户社交网络中边的权重也可由多种方式定义。边权重一般用于表示两个手机用户之间社交关系的紧密程度。边权重既可以是两个手机用户的日均通话次数或日均通话记录时长,也可以是两个手机用户在特定时段的通话次数或通话时长。在对手机用户的社交网络进行可视化时,通常以不同粗细或不同颜色的线表示不同的边权重。

表 2-7 列出的 CDR 数据样例中记录了通话时间、主叫手机用户 ID、被叫手机用户 ID、通话时长等信息(非真实数据,按真实数据格式随机生成)。在构建手机用户的社交网络之前,需要对 CDR 原始通信记录数据进行预处理。首先使用上文介绍的手机用户编号算法将标识手机用户的长字符串替换成手机用户的新编号,如表 2-8 所列。注意,表 2-8 中列出的手机用户新编号是 1,2,3,4,5 这样的简单数字,这些数字并不一定

是手机用户的实际新编号,示例仅用于阐述手机用户 ID 的替换过程。

表 2-8 处理后的 CDR 数据中的通信记录

通话时间	主叫手机用户（caller）	被叫手机用户（callee）	通话时长/s
07:12:06	1	2	45
08:37:39	1	3	167
…	…	…	…
22:56:00	3	2	12
23:25:02	4	5	457

基于 CDR 数据构建的手机用户社交网络存储了手机用户的通信关系和社交关系信息。手机用户社交网络的主要存储结构有两种:一种是邻接矩阵,优点是易于实现,且数据查询速度快,不足之处是占用的存储空间较大;另一种是邻接表,优点是节省存储空间,缺点是数据查询速度慢,构建过程比较复杂。我们通常根据手机用户的数量和应用场景来决定选择哪种数据存储结构。当手机用户的数量较少或需要快速分析手机用户之间的社交关系时,一般倾向于使用邻接矩阵存储结构;当手机用户的数量很大或更加关注手机用户个体的通信行为时,一般倾向于使用邻接表存储结构。程序代码 2-9 展示了构建手机用户社交网络的简化程序代码:

程序代码 2-9 手机用户社交网络的邻接矩阵构建

```
const int NUM = 10000;
// 邻接矩阵
int phone_matrix[NUM][NUM] = 0;
// 邻接表
vector<vector<int>> phone_adjlist;
```

手机用户社交网络邻接表的构建方法与上文介绍的"手机用户空间位置记录表"的构建方法非常相似。在构建"手机用户空间位置记录表"时,我们不断地把手机用户的时间记录信息和位置记录信息存入邻接表中,并不断更新手机用户的记录总数;在构建手机用户社交网络邻接表时,我们则不断地把与手机用户通信的其他手机用户的 ID 存入邻接表,并不断更新手机用户的联系人总数。由于查询邻接表中的联系人信息时需要不断移动指针(比较耗时),所以邻接表适用于手机用户数量很大(数百万乃至数千万)但每个手机用户的联系人数量较少(几十至几百)的情况。移动通信数据在大多数情况下都属于这种情况(手机用户数量大,但用户联系人较少)。邻接矩阵存储结构则适用于手机用户数量较少的情况。当手机用户数量很大时,甚至无法在计算机程序中定义二维数组"phone_matrix[NUM][NUM]"(运行程序时会报错)。

在建立了手机用户社交网络之后,有大量成熟的复杂网络指标和复杂网络分析方法可被用于分析手机用户社交网络的拓扑结构特性,如度分布(degree distribution)、聚类系数(clustering coefficient)、平均路径距离(average path length)、同配性和异配性(assortativity and disassortativity)、互惠性(reciprocity)、中心性测量(centrality measure)、社团挖掘(community detection)等。也有大量成熟的复杂网络分析方法可被用于分析手机用户社交网络的动态演化特性,如针对动态网络(dynamic network)、时变网络(temporal network)、网络传播(network spreading)的大量分析方法。需要注意的是,利用移动通信数据构建的社交网络仅是居民真实社交网络的一个"子网络",这是由于只有使用同一移动运营商服务的手机用户才有可能在社交网络中(通过通信行为)搭建一条边。社交网络是复杂网络科学中的一个非常活跃的研究领域,有兴趣的读者可以拓展阅读相关书籍[6,7]。

2.5 移动通信数据中的空间位置信息处理

在分析居民空间行为的过程中,需要处理大量手机用户的空间位置信息。在本节中,笔者将系统介绍移动通信数据中空间位置信息的处理方法,主要包括以下几个部分:① 移动通信基站服务区的估计方法;② 基于移动通信数据的空间连通性分析;③ 手机用户空间位置跳动(乒乓效应)的处理方法;④ 基于移动通信基站信号强度的手机用户定位方法。

2.5.1 移动通信基站服务区的估计方法

移动通信数据中通常包含了研究区域移动通信基站的编号信息和坐标信息(以经度、纬度表示),但一般不提供移动通信基站的服务范围信息,这是因为移动通信基站的服务范围可能会根据通信服务需求负荷动态改变。利用移动通信数据,我们可以很容易地绘制出移动通信基站的地理空间分布,但我们无法直接获取移动通信基站的服务范围信息。然而,在很多研究领域,特别在居民空间行为研究领域,我们需要划分移动通信基站的服务区。这里需要注意的一点是:移动通信基站的服务区是虚拟划分的,可能会与移动通信基站的实际服务范围有所出入。划分的移动通信基站服务区主要用于对手机用户的空间位置大体定位。我们通常认为提供通信服务的移动通信基站是距离手机用户最近的移动通信基站,手机用户的空间位置大体位于基站的服务区内。

划分移动通信基站服务区的流程如下:首先获取移动通信基站的地理空间分布信息,然后通常使用基于点的平面剖分方法(如 Voronoi 图)将整个研究区域划分成多个小区,并确保每个小区中仅包含一个移动通信基站。Voronoi 图又被称为 Dirichlet 图或泰森多边形[8]。利用 Voronoi 图方法,可以根据平面上的离散点集将平面划分成多个泰森多边形,每个点是其所在泰森多边形的基点,每个泰森多边形中只包含一个基点。泰森多边形的边由连接相邻基点的直线的垂直平分线构成。因此,泰森多边形内的任何位置距其自身的基点最近,泰森多边形内的任何位置与其他基点的距离都大于与自身基点的距离。Voronoi 图的上述性质很适用于估计移动通信基站的服务区(我们假设服务每个手机用户的移动通信基站都是距其最近的基站)。我们可以利用 Voronoi 图方法和移动通信基站的地理空间分布信息(将所有移动通信基站看作一个点集)划分出每个移动通信基站的泰森多边形。如果移动通信数据中记录了某手机用户使用某移动通信基站进行通信,则认为手机用户位于移动通信基站对应的泰森多边形(服务区)内。泰森多边形的具体计算步骤如下:

(1)划分 Delaunay 三角网。按照移动通信基站的经、纬度坐标建立 Delaunay 三角网,对生成的 Delaunay 三角形进行编号,每个 Delaunay 三角形的 3 个顶点分别对应 3 个移动通信基站(坐标)。如图 2-3 所示,Delaunay 三角形 A 的三个顶点分别对应移动通信基站 a、基站 b 和基站 f。

(2)生成相邻 Delaunay 三角形集合。记录与每个移动通信基站相邻的 Delaunay 三角形编号,生成集合 ST。由于 Delaunay 三角形的顶点均由移动通信基站构成,所以,在 Delaunay 三角网中找出所有共享移动通信基站的 Delaunay 三角形即可。例如,图 2-3 中与移动通信基站 f 相邻的三角形集合 ST 包含 Delaunay 三角形 A,B,C,D 和 E。

(3)相邻 Delaunay 三角形排序。将与每个移动通信基站相邻的 Delaunay 三角形集 ST 中的三角形按顺时针或逆时针方向排序。下面以移动通信基站 f 为例,介绍 Delaunay 三角形的排序方法。首先,从与移动通信基站 f 相邻的三角形集合 ST 中选择 Delaunay 三角形 A,将三角形 A 的序号编为 1,并从三角形 A 的边 af 开始沿顺时针方向对 $Delaunay$ 三角形排序。由于三角形 B 和三角形 A 有公共边 bf,因此将三角形 B 的序号编为 2,以此类推。当对三角形 E 完成编号后,搜索与三角形 E 共边的三角形,即三角形 A。由于三角形 E 与三角形 A 的公共边 af 是起始边,至此排序结束。

(4)生成 Delaunay 三角形外接圆:找到每个 Delaunay 三角形的外接圆,并记录外接圆的圆心(见图 2-3 中的点)。

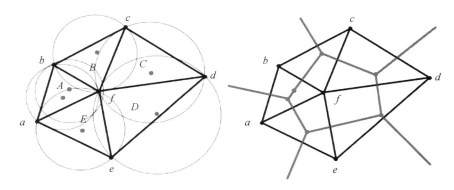

图 2-3　Delaunay 三角形与 Voronoi 多边形示意

（5）连接外接圆圆心：连接与每个移动通信基站相邻的 Delaunay 三角形的外接圆的圆心，生成 Voronoi 图。此时生成的 Voronoi 图在平面上是无限延伸的，如图 2 - 3（b）所示，一般需要添加适用于研究所需的外边框（如研究区域的地理轮廓线），并与外边框进行多边形布尔运算得到外边框以内的 Voronoi 图。由于 Voronoi 图中的边连接两个 Delaunay 三角形外接圆的圆心，因此，Voronoi 图的每条边都垂直于 Delaunay 三角形的边。

Voronoi 图（泰森多边形）在科学研究和工程实践中应用广泛，很多计算机语言和软件都提供了可以快捷生成泰森多边形的算法或功能。笔者在此介绍两种比较常用的生成 Voronoi 图（泰森多边形）的方法。

（1）基于 Boost 库生成 Voronoi 图（泰森多边形）。Boost 库由 Boost Community组织开发、维护。Boost 库为 C++ 语言标准库提供免费的、可移植的多种扩展程序库。Boost.Polygon 库是 Boots 库中对多边形进行运算的一种程序库。这个库可以完成多边形切割、多边形合并、多边形重叠、多边形覆盖等运算，因此可以使用 Boost.Polygon 库生成泰森多边形。需要注意的是，Boost.Polygon 仅支持整型数据类型的点输入，因此需要首先将移动通信基站的经度和纬度转为整型数据类型，再生成 Voronoi 多边形。

（2）基于 QGIS 软件生成 Voronoi（泰森）多边形。下面介绍使用 QGIS（Quantum GIS）软件生成 Voronoi 多边形的方法。使用 GIS 软件划分 Voronoi 多边形的优点是软件相应功能使用简单，不需要编程，但缺点是当处理大数据量时，软件的效率一般较低，出现错误时，难以分析错误原因。QGIS 是基于 C++ 开发的桌面地理信息系统，QGIS具有用户界面友好、开源和跨平台等诸多优点，在 Linux，Unix，Mac OS 和 Windows等主流平台上都能运行。近年来，随着软件的不断升级，QGIS 的功能不断完善，完全可以应对生成 Voronoi 多边形的任务。使用知名地理信息软件 ArcGIS 也可以完成Voronoi 多边形的生成任务，但 ArcGIS 软件并不是免费使用的，且价格比较昂贵。使用 QGIS 软件生成 Voronoi 多边形的具体步骤如下：在 QGIS 中打开移动通信基站的shapefile，选择 Vector → Geometry Tools → Voronoi polygons 创建 Voronoi 多边形。

① 首先添加一个矢量层，选择移动通信基站点集的.csv 文件，将移动通信基站的经、纬度坐标导入 QGIS。使用 Custom delimiters 可以指定分隔符（如制表符等）。使用 encoding 指定源文件的编码方式，有些中文文件需要指定 gbk，以避免乱码。

② 选择合适的坐标系，较常使用的坐标系是 WGS84 坐标系。生成移动通信基站的空间数据文件并添加到矢量层。

③ 点击"矢量"，向下滚动到"几何工具"，然后点击"Voronoi 多边形"。其中，Buffer region 指定边缘的缓冲区大小，buffer 值越大，边界的范围就越大。

④ 如果需要进行边界切割，进一步使用 Vector → Geoprocessing tools → Clips功能。

在获得 Voronoi 多边形后，可以进一步利用 QGIS 计算每个多边形的面积。面积计算非常重要,因为在研究居民空间行为时,经常需要计算驻留在每个 Voronoi 多边形内的手机用户密度。如果我们自己编程计算 Voronoi 多边形的面积将会十分耗时耗力,而利用地理信息软件(如 ArcGIS,QGIS)计算 Voronoi 多边形的面积则会非常方便。计算出的 Voronoi 多边形面积可以输入(读取)到 C++ 或 Python 等程序中继续参与后续运算。另外,地理信息软件一般支持矢量图格式输出(如.eps 格式或.ai 格式),我们可以利用 Adobe Illustrator 等图形处理软件对输出的矢量图做进一步处理,从而生成吸引人的可视化结果图片。

2.5.2　基于移动通信数据的空间连通性分析

在本小节中,笔者将介绍移动通信数据的又一个应用场景——居民个体的空间连通性,探究不同人群密度分布和不同连接强度对居民个体连接团簇结构的影响。对居民个体的空间连通性进行研究,能够使我们对病毒传播等实际场景有更深层次的理解。P. Wang 等[9] 使用的数据集是由移动运营商在一个月的时间内收集的 620 万匿名手机用户的完整移动通信记录。在这个移动通信数据集中,手机用户的 ID 采用大长度 hash 码标识,以保证手机用户的隐私不被泄露。手机用户每次拨打或接听电话、收发信息时,都会记录下为手机用户提供通信服务的移动通信基站的位置,数据集中共收集到了 11 亿条手机用户空间位置记录。该研究团队借助 Voronoi 图将地理空间划分为大小不一的不规则多边形作为移动通信基站的服务区。移动通信基站服务区的面积分布遵循幂律分布,意味着移动通信基站服务区的面积分布非常不均匀。每当手机用户进行通信活动时,移动通信基站的 ID 都会被记录下来。对于每个手机用户,计算了整个月中为手机用户提供通信服务次数最多的移动通信基站,并将该手机用户分配到该基站的服务区内。通过计算每个基站服务区的手机用户数量,P. Wang 等[9] 发现人口分布同样服从幂律分布,说明各个小区的人口密度分布同样十分不均。

P. Wang 等[9] 提出了两种手机用户空间位置分配方法,分别是 RGG(Random Geometric Graph)和 HGG(Hierarchical Geometric Graph)。RGG 的构建方法是:将每个手机用户随机放置在研究区域内的任意一处,如果两个手机用户之间的距离小于接触距离 r,就将二者连接起来。HGG 的构建方法是:将每个手机用户随机放置在其对应的移动通信基站服务小区内的任意一处,如果两个手机用户之间的距离小于接触距离 r,就将二者连接起来。该研究团队生成了具有不同接触距离 r 的 RGG 和 HGG。随着接触距离 r 不断增大,更多的手机用户被连接到一起,从而形成了一个巨大的簇。在实际应用场景中,接触距离 r 代表基于接触的病毒的感染距离等。随着接触距离 r 增大,病毒的传播速度加快,影响范围也越大。

P. Wang 等[9] 对于接触距离 r 和人口密度对手机用户连接团簇的影响进行了深入分析。研究发现,随着接触距离 r 从 10 m 增大到 50 m,手机用户巨大连接团簇会逐渐出现。该研究团队测量了最大的五个手机用户连接团簇的大小。在 HGG 中,当接触距

离 $r=30$ m 时,最大团簇包含的人口数已经占到总人口数的 5% 以上。虽然,巨大团簇具有相对较多的人口,但是其覆盖区域非常小。例如,当接触距离 $r=50$ m 时,最大团簇中的手机用户数量占手机用户总数的 7%,但是,最大团簇的覆盖范围却不到研究区域总面积的 0.06%。除了最大的五个团簇,该研究团队还对团簇的大小(团簇中包含的手机用户的数量)进行了研究。结果表明,在 HGG 中,随着接触距离 r 从 10 m 增大到 50 m,最大团簇的大小逐渐从 1 万增加到 50 万,表明小型孤立团簇在此过程中逐渐相互连接,成了巨大团簇。但是,在 RGG 中,当接触距离 $r=50$ m 时,最大团簇的大小仅为 9,这比 HGG 中接触距离 $r=10$ m 时的最大团簇还要小得多。该研究团队发现,有的移动通信基站服务区虽然面积很小,但人口密度却很高。因此,与 RGG 相比,HGG 中团簇的大小分布十分不均。

P. Wang 等[9]进一步分析了 RGG 和 HGG 中巨型团簇的出现条件。研究结果表明,在接触距离 $r<250$ m 时,RGG 的最大团簇中包含的手机用户数非常少,而 HGG 中最大团簇的大小则随着接触距离 r 的增大而缓慢增大。但当接触距离 $r\approx250$ m 时,RGG 的最大团簇中手机用户的数量陡增到全体手机用户数量的 80%,当接触距离 $r\approx$ 300 m 时,最大团簇涵盖了全体手机用户。相比之下,HGG 中最大团簇随接触距离的增长不会出现 RGG 中的渗流现象,而是呈现阶梯状的增长模式。

2.5.3 手机用户空间位置跳动(乒乓效应)的处理方法

为了平衡各区域的移动通信服务负荷,服务手机用户的移动通信基站可能在短时间内快速切换。在移动通信数据中,手机用户的空间位置用基站坐标近似或估计,移动通信基站的快速切换可能会造成手机用户在两个地点之间频繁跳动的假象,即"乒乓效应"。"乒乓效应"是开展居民空间行为研究面临的一大技术障碍。为了保证移动通信数据处理和居民空间行为分析的准确性,我们需要将"乒乓效应"产生的噪声数据剔除掉。根据不同的应用场景,可以采用不同的方法消除"乒乓效应"。笔者在此介绍几种科研人员、工程技术人员经过多年实践形成的处理"乒乓效应"的经验性方法。

手机用户的空间位置变化频率通常不会过高,因此可以根据手机用户的空间位置变化情况来识别移动通信数据中的"乒乓效应"。我们可以先划分时间窗,分析手机用户在每个时间窗的驻留位置,进一步分析手机用户的空间位置变化情况。在日常情况下,手机用户的空间移动轨迹是相对稳定的,在相邻时段一般不会出现高频连续移动;而当"乒乓效应"发生时,则会发现手机用户在连续时间段内出现高频往复移动。通过分析手机用户的空间位置变化率,可以检测"乒乓效应"是否发生。在利用这种方法处理"乒乓效应"时,首先找到空间位置变化率极高的少量手机用户,然后将与"乒乓效应"相关的数据记录删除。

C. M. Schneider 等[10]介绍了另一种消除"乒乓效应"的方法:如果连续不断地发现手机用户在两个相邻的移动通信基站之间来回跳跃超过 3 次,则将这些跳跃视为"乒乓效应"。他们处理"乒乓效应"的方法是随机选择其中一个移动通信基站作为手机用户的空间位置。例如,当在两个相邻移动通信基站 A 和 B 之间发现手机用户的连续跳跃记录 $A—B—A—B—A—B$ 时,将跳跃过程的起点作为手机用户的空间位置,即 $A—A—A—A—A—A$,这时我们假设手机用户并没有离开移动通信基站 A 的服务区。利用上述方法,Z. Huang 等[11]从 3 亿余条手机用户空间位置记录中发现了约 180 万条(0.61%)基站跳跃记录。

我们还可以根据手机用户的空间移动距离判别"乒乓效应"。居民一次出行的距离一般在 0.5 km 以上,而发生"乒乓效应"的移动通信基站之间的距离一般较小(一般小于 0.5 km)。因此,可以设定 0.5 km 为出行距离阈值,当手机用户的空间移动距离大于或等于 0.5 km 时,认为空间位置变化是一次正常出行;当手机用户的空间移动距离小于 0.5 km 时,则认为发生了"乒乓效应"。

需要注意的是,目前在科学研究和工程应用领域还尚未形成一套严格、统一的处理"乒乓效应"的方法,使用移动通信数据还需要包容"乒乓效应"造成的空间位置不确定性。随着 4G/5G 技术的发展,相信未来的移动通信数据无论在时间上还是在空间上都会具有更高的精度,"乒乓效应"问题到时可能就自然而然消失了。

2.5.4 基于移动通信基站信号强度的手机用户定位方法

通常,手机与移动通信基站之间的距离越远,手机信号就越弱。因此,移动通信基站的信号强弱可用于估计手机用户和移动通信基站之间的距离。手机会根据信号情况对周边的移动通信基站进行扫描,并自动从扫描到的基站中选择信号最好的基站进行连接注册。当手机用户的空间位置发生变化或当移动通信基站的信号发生波动时,已连接基站的信号强度将会发生改变。此时,手机将会重新扫描周边的移动通信基站,并挑选当前信号更好的基站进行连接注册。如果手机同时搜索到三个以上移动通信基站的信号,便可通过经典的三角定位算法对手机用户的空间位置进行估计。

基于三角定位的手机用户空间位置估计方法的基本原理如下:首先,移动运营商存储了移动通信基站的精确坐标,基站坐标将用于后续计算;其次,以用户手机最近连接注册的三个移动通信基站为圆心,以通过信号强度估计的距离为半径多次画圆;最后,三个圆交叉的区域即为手机用户的估计位置。由于移动通信信号容易受到干扰,基于三角定位的手机用户位置估计方法存在较大的不精确性,位置误差大约在 150 m。因此,无法使用三角定位方法支持导航等对定位精度要求较高的空间位置服务,但是,三角定位方法可用于估计手机用户的空间分布密度、手机用户的职住分布等信息。需要注意的是,三角定位方法的实施需要手机用户的手机处于 SIM 卡注册状态,且必须接收到至少三个移动通信基站的信号。三角定位方法有很多优点,如定位速度快、对室内室外均有较好的定位效果、不需要手机具有额外的传感器硬件(如 GPS 模块)等。

在很多移动运营商提供的移动通信数据中,手机用户的空间位置记录是通过三角定位方法估计的坐标(与移动通信基站 ID 或移动通信基站坐标不同)。虽然,通过三角定位方法能够更加精确地估计手机用户的空间位置,但这种空间位置的记录方式也会给我们带来一些麻烦。例如,如果利用三角定位方法估计并记录手机用户的空间位置,那么,我们会发现手机用户经常会在很小的空间范围内"震动"。这是由于只要移动通信基站的信号强度稍有改变,就会生成一个新的手机用户三角定位坐标,而这些"震动"显然不是手机用户的空间位移。解决上述问题的常用方法是:人工构造与实际移动通信基站数量相当的虚拟基站服务区(一般使用方格网络),将手机用户的三角定位坐标映射到虚拟基站服务区,再进行后续的居民空间行为分析。另一种常用的处理方法是:充分利用交通调查或人口普查中制作的交通小区,将这些交通小区作为虚拟基站服务区。我们只需要判断手机用户所在虚拟基站服务区是否发生改变,就可以判断手机用户是否出行。当然,这里需要特别注意的是那些位于虚拟基站服务区边界的三角定位坐标。当我们判断手机用户是否出行时,不仅需要考虑两个三角定位坐标是否在不同的虚拟基站服务区,还需要判断两个三角定位坐标之间的距离是否满足居民出行距离的最低阈值。

2.6 移动通信数据中异常、缺失数据的甄别与处理

在原始移动通信数据中,经常会出现数据异常或数据不完整的情况。异常噪声数据是移动通信数据挖掘和居民空间行为分析的另一个巨大障碍。为了获取高质量的居民空间行为信息,我们通常需要对错误数据和异常数据进行甄别、处理。在处理移动通信数据的过程中,我们常常会遇到下面的问题:个别手机用户的空间位置记录数过多,如果将这些"超级用户"的空间位置记录信息与普通用户的空间位置记录信息一同分析,容易造成居民空间行为特征的统计偏误。移动通信信号异常或移动通信基站异常也会造成手机用户空间位置信息记录的异常。在数据预处理中,需要剔除异常的空间位置记录,否则,这些异常数据将会带来与现实情况不符的居民空间行为信息。另外,在手机用户的移动通信设备与移动通信基站进行信息交互时,还会有数据丢失的现象。在本节中,笔者将针对常见的移动通信数据异常,介绍通信数据中异常、错误数据的识别与处理方法。

2.6.1 移动通信数据中异常数据的识别与处理

在手机通话详单(CDR)数据中,我们经常会发现有些手机用户的空间位置记录数非常多,一个原因可能是确实存在一小部分手机用户使用手机的频率很高;另一个原因可能是这些"超级用户"是能自动接发信息并进行简单通信的机器码号。如果把这部分"超级用户"的空间位置信息也用于居民空间行为分析,那么分析结果可能会与实际情况有较大偏差(获取的居民空间行为特征中过多地考虑了这些超级用户的空间位置信

息）。在移动通信数据的预处理中,我们通常将这部分"超级用户"直接剔除,下面是一种识别和剔除"超级用户"的简单方法:首先对所有手机用户的通信记录数进行统计分析,根据手机用户通信记录数的分布将"超级用户"剔除。以美国波士顿地区的 CDR 数据为例(图 2-1),只有极少部分的手机用户的日均记录数超过 1 000(显然这些手机用户并不是一般的手机用户),我们通常将这部分手机用户的空间位置记录剔除后再进行居民空间行为分析,以保证高质量的分析结果。

"超级用户"一般具有不同于大多数手机用户的通信和空间移动行为。"超级用户"的行为规律仅代表少数手机用户的行为规律,在开展居民空间行为研究时,大多数情况下需要识别并剔除"超级用户"。从某种程度上来说,"超级用户"的存在属于一种异常现象。对超级用户的检测也可以归纳为一种离群点检测[12]。常用的离群点检测方法有:统计学方法、监督学习方法、半监督学习方法和无监督学习方法。在无法确认"超级用户"的情况下,一般采用无监督学习方法。例如,可以使用基于邻近的方法、基于聚类的方法或统计学方法对异常点进行判别。由于移动通信数据中手机用户的日均记录数是一维数据,统计学方法可能更适用于识别"超级用户"。《数据挖掘概念与技术》一书中给出了两种简单实用的统计学检测方法[12]:① 当一个检测点离估计的分布均值超过 3 倍标准差时,认为这个检测点是一个离群点;② 构造直方图,如果检测点可以落入直方图的一个区域中,则认为检测点为正常数据点,否则认为检测点为离群点。

在移动通信数据中,与"超级用户"相对应的是"极不活跃用户"。"极不活跃用户"指的是那些空间位置记录很少的手机用户。例如,在 CDR 数据中,"极不活跃用户"在几个月的观测期内只有几个空间位置记录,原因有可能是手机用户很少使用通信服务,也有可能是在数据采集过程中发生了数据记录丢失。在 MS 数据中也有"极不活跃用户",原因一般是发生了数据记录丢失(因为无论手机用户是否使用手机,移动运营商都会通过定时扫描的方式采集手机用户的空间位置记录信息)。如果"极不活跃用户"的数据被用于分析居民空间行为特征,也会导致分析结果偏差。在移动通信数据中,"极不活跃用户"的空间位置记录很少,但这并不代表他们出行很少。如果仅分析移动通信数据记录,"极不活跃用户"的出行次数很可能被低估。对于"极不活跃用户"的处理方法一般也是直接剔除,但这里就涉及如何判定"极不活跃用户"的问题。如果我们认为一个月通信记录少于 5 次的手机用户为"极不活跃用户",那么,有 5 次通信记录的手机用户和有 4 次通信记录的手机用户真的存在本质区别吗?当然不是!但是为了统计居民的空间行为信息,有时我们必须人为地设定一个阈值。尽管如此,笔者在以往的研究中发现,阈值选择并不会对居民空间行为的分析结果产生影响,所以,只要设定的阈值在道理上能讲得通即可。当我们需要比较全面的居民空间位置信息时,就需要继续提高筛选手机用户的日均记录数阈值(如手机用户每 2 h 必须有 1 个空间位置记录),而这些阈值的选择也大多需要根据移动通信数据的丰富程度和以往经验,没有严格的准则。一个基本共识是:设定阈值对手机用户进行筛选后,还能有足够的手机用户样本。

还有一类特殊的"手机用户"需要被识别并剔除,它们便是智能电表等固定智能设备(也使用电话卡计费)。由于这类智能设备的位置固定,通过分析"手机用户"的空间位置变化情况,就可以比较有效地识别出这类设备,并将这类特殊"手机用户"的空间位置记录剔除,不用于居民空间行为分析。

移动通信设备故障有时会导致所记录的移动通信基站坐标或手机用户坐标位于研究区域之外。对于规则的图形,我们可以使用限定盒(bounding box)来判定坐标是否异常,即以研究区域的最大、最小经纬度为边界建立长方形区域,超出区域的坐标即为异常坐标。但是,这种方法只适用于长方形区域而不适用于不规则多边形区域。如果一些移动通信基站位于研究区域以外,就需要将这些移动通信基站的坐标点剔除,以免在后续运算中产生不必要的干扰。判断点是否在多边形内的方法包括叉乘判别法、面积判别法、交叉点数判别法和绕线法等。有专门的书籍对上述方法进行详细介绍,在此不再赘述。

2.6.2　移动通信数据中数据缺失的处理

在体量庞大的移动通信数据中,个别移动通信信号缺失或移动通信设备异常都有可能造成数据缺失。而移动通信数据中的数据缺失会给我们带来很大的麻烦,对此笔者深有体会。当处理移动通信数据时,笔者会首先编写适合移动通信数据格式的数据读入程序,但在笔者的记忆中,数据读入程序没有能一次顺利运行成功的情况。在大多数情况下,倒不是由于程序有语法错误,而是数据记录缺失导致的程序运行失败。例如,当某个字段出现数据空缺时,很容易导致下个字段的数据读入当前变量(数据类型不一致),进而发生数据溢出报错,导致程序中断。因此,笔者每次处理移动通信数据时,都要为程序打很多补丁,这样才能顺利地把体量庞大的移动通信数据完整读取一遍。当然,这个打补丁的过程也是对移动通信数据了解的过程。当我们充分了解了移动通信数据存在的问题并做适当处理后,数据才能用得放心。需要注意的是,有时就算程序能够顺利读取完移动通信数据,我们也需要仔细核查是否存在一些数据缺失的情况(可能会导致变量被错位赋值)。因此,当处理体量庞大的移动通信数据时,我们经常使用的一个技巧是:开始一定不要处理整个数据集,先处理数据集的一小部分,当对数据的错误、异常、缺失情况比较了解后再处理整个数据集。

移动通信数据的数据缺失情况一般分为三类:零值、空值和 null 值。在这三种数据缺失类型中,零值数据相对容易处理。与零值数据相比,空值的处理难度更大一些。为了处理空值数据,我们可以在记录移动通信数据的.csv 文件中首先以字符串方式读取文件,通过字符串长度判断是否有空值存在,或者使用 Python 中的 pandas_read.csv 读取文件,Pandas 中一般采用 isnull()对缺失值进行直接判断(见程序代码 2 - 10)。我们还可以使用 Pandas 中的函数直接对空值进行处理。例如,用其他数值代替空值或直接删去包含空值的行。当使用 Pandas 中的 DataFrame.fillna()函数时,在函数括号内输入需要代替的内容,DataFrame.fillna()函数就可以直接将空值进行替换;Pandas 中的 original_data.dropna()函数可以将有数据缺失的行删除。null 值与空值有所不同,空字符串的长度为 0,但是 null 值是有字符串长度的。一般在处理 null 值的时候,我们需要将其作为字符串进行判断,处理方法相对复杂。

程序代码 2-10　移动通信数据中数据缺失的处理

```
import pandas
from pandas import DataFrame
#读取文件
original_data = pandas.read_csv('user.csv')
original_data = original_data.dropna()#删除空值数据
original_data = original_data[original_data['user_ID']!='null']#删除有'null'值的行
new_data = original_data[original_data['user_ID']!='0']#删除有'0'值的行
new_data.to_csv('user1.csv')#将表格存入文件
```

在此,笔者以美国波士顿地区的 CDR 数据为例(表 2-9)分别介绍处理零值、空值和 null 值的方法。这里我们假设表 2-3 的第 2 行、第 4 行和第 6 行分别出现了上述类型数据缺失问题。当某行数据缺失手机用户的 ID 信息时,需要将该行数据识别出来并删除。我们可以首先用 Python 中的 pandas_read.csv 读取整个文件,然后依次判断表 2-9 中是否存在数据缺失的情况,并删除存在数据缺失的行。在删除存在数据缺失的行之后,不可避免地会丢失一些数据信息。这些存在手机用户标识、时间、位置信息缺失的数据行在大多数情况下不能为我们提供可信任的信息,删除这些数据行可能是最合适的做法。当然,在某些情况下,存在信息缺失的数据行也可以使用。例如,如果只需要统计一个手机用户在观测期内的空间位置分布,那么表 2-9 中的第 3 行数据也是可以使用的,因为并不需要关注手机用户位于某空间位置时的时间;再如,如果需要统计手机用户在一个月内打了多少通电话,那么表 2-9 中第 1 行、第 3 行、第 5 行的数据都是可以使用的。由此可见,当研究的问题不同时,移动通信数据可以有不同的使用方式。一个共识便是:在满足研究需求的基础上尽量使用更多的数据样本。

表 2-9　　　　　　　　　　美国波士顿地区的 CDR 数据样例

手机用户 ID	经度	纬度	通信时间
cfae7749eb6c4866	−71.057 789	42.163 186	Wed Mar 10 16:36:28
0	−71.048 344	null	Wed Mar 10 16:37:43
3a649751efbca489	−71.054 193	42.122 393	

（续表）

手机用户 ID	经度	纬度	通信时间
null	−71.052 774	42.230 729	Wed Mar 10 16:38:54
7593543f2ad180d	0	42.250 898	Wed Mar 10 16:45:10
	−71.060 277	42.194 865	Wed Mar 10 16:50:10

注:此表中的数据是按真实数据格式随机生成的,存在数据缺失的情况。

2.7 移动通信数据中手机用户的隐私保护

移动通信数据中记录了大量居民的空间位置及行为信息,这些信息蕴含的价值巨大,可用于很多科研和技术领域。在使用移动通信数据开展科学研究或工程应用时,需要保护手机用户的隐私信息,否则将会带来非常严重的后果。移动通信数据中所包含的手机用户隐私信息主要包括手机用户的空间位置、社交关系(联系人信息、与联系人的通话时间、频率和时长等),以及能通过手机用户的空间位置、社交关系推测出的职住地点、通勤作息规律、年龄段、性别、职业等隐私信息。

鉴于本书聚焦于居民的空间行为分析,笔者在本小节中着重介绍一些手机用户空间位置隐私的保护方法。手机用户的空间位置隐私指手机用户的敏感位置信息(如目的地)和从位置信息中可以推断出的其他个人敏感信息(如性别、年龄、经济状况等)。手机用户当前和历史曾经到达的空间位置均被记录在移动通信数据之中,如果恶意攻击者窃取了手机用户的空间位置信息,便可通过当前空间位置信息跟踪手机用户的活动去向,通过历史空间位置信息来推断手机用户的身份、居住地点、工作单位等敏感信息。因此,在手机用户空间位置隐私保护方面,不仅需要保护手机用户的敏感位置信息不被泄露,而且还要防止恶意攻击者通过手机用户的空间位置信息推测出其他个人敏感信息。下面笔者将介绍几种手机用户空间位置隐私的保护方法。

手机用户空间位置隐私的保护方法主要包括"位置模糊法"和"K 匿名法"[13]。位置模糊法通过对手机用户的空间位置进行模糊处理,以达到保护手机用户空间位置隐私的目的。最基础的位置模糊法是随机噪声法,这种方法通过随机产生的噪声对手机用户的空间位置添加扰动。模糊算子法也是一种位置模糊法,这种方法通过对手机用户的初始测量区域进行模糊算子处理,使处理后的手机用户空间位置与初始测量区域有一定偏差,从而达到保护手机用户空间位置隐私的目的。位置模糊法还包括不确定性法。不确定法是通过扩大手机用户所在空间范围来降低空间位置的精确性,进而保护手机用户的空间位置隐私。另外,K 匿名法也被广泛应用于保护手机用户的空间位置隐私。K 匿名法的基本原理是通过指定具有 K 个相似手机用户的隐形区域,使攻击者难以把某个手机用户与其他($K-1$)个手机用户区分开。下面笔者将具体介绍几种手机用户空间位置隐私保护方法。

1. 随机噪声法

1）Rand 算法和 N - Rand 算法

Rand 算法是随机噪声算法中最简单的一种，也是众多随机噪声算法的基础，其基本原理和实现方法如下[14]：以手机用户的空间位置点 p 为圆心，以 r 为半径画圆（r 指定了噪声的空间范围），选择圆内的一个点 p' 作为添加了噪声的手机用户空间位置。在圆内产生点 p' 可以通过两种方法实现。第一种方法在笛卡尔坐标系中实现，空间位置坐标的两个元素的噪声均由 Rand 函数单独生成，之后将生成的噪声分别添加到两个坐标元素中，判断这个新产生的点是否位于圆内，重复上述过程，直至找到一个点落在圆内。第二种方法在极坐标系中实现，在极坐标系中随机生成一个距离和一个角度，并将生成的点转换为笛卡尔坐标系中的点。使用第二种方法的好处在于不需要验证生成的点是否落在圆内。因为，在极坐标系中随机产生的距离为 $0 \sim r$ 之间的一个数，这样就确保了生成的点一定落在圆内。N - Rand 算法[14]是 Rand 算法的改进版，这种方法引入了一个新的参数 N，算法随机地在手机用户原始空间位置点附近产生 N 个点，并且使用最远的点作为添加了噪声的手机用户空间位置，这种方法能够显著地提升偏移点和手机用户实际空间位置之间的距离。

2）θ - Rand 算法

θ - Rand 算法[15]与 N - Rand 算法类似，需要指定参数 r_{max} 来规定空间位置点的最大偏移半径，以及参数 N 来规定候选位置偏移点的数量。算法的具体实现流程如下：

（1）随机生成一个角度 θ，并令 $\theta_f = \theta_i + \theta$，其中，$\theta_f$ 是扇形的终止角度，θ_i 是扇形的起始角度，θ 是扇形的弧度角；

（2）利用 θ_i、θ_f 和 r_{max} 生成一个扇形区域 s；

（3）在扇形区域 s 内随机生成 n 个位置点，每个随机生成的位置点与手机用户的原始空间位置点的距离在 r_{max} 之内，并且该随机生成的位置点在以原始空间位置点为原点，以 θ_i 为起始角度，以 θ_f 为终止角度的扇形区域内；

（4）选取距离原始空间位置点最远的一个随机位置点作为添加了噪声的手机用户空间位置。θ - Rand 算法的计算复杂度比 N - Rand 算法稍大。

3）PinWheel 算法

PinWheel 算法[16]是基于 θ - Rand 算法发展而来的另一种随机噪声算法。PinWheel 算法和 θ - Rand 算法都是在一个随机生成的扇形区域内产生噪声位置点，但与 θ - Rand 算法不同的是，PinWheel 算法并不为每个候选位置偏移点生成一个随机半径，而是为每个随机生成的角度指定一个半径。对于给定的角度 α，其半径计算公式如下：

$$r_\alpha = \frac{\alpha \bmod \varphi}{\varphi} \times r_{max} \qquad (2-1)$$

式中　φ ——预先设定的角度参数,可以影响 PinWheel 的几何形状[16];

　　$r_{\max}$ ——规定空间位置点的最大偏移半径。

$(\alpha \cdot \mathrm{mod}\ \varphi)/\ \varphi \cdot r_{\max}$ 是角度为 α 时的偏移半径,式中角度 α 是自变量,mod 是取余函数,$(\alpha \cdot \mathrm{mod}\ \varphi)$ 是角度 α 除以给定参数 φ 的余数。通过代入 $0°$ 到 $360°$ 的 α 值,便可计算出对应角度的 r_α 值。

PinWheel 算法的具体实现流程如下:

(1) 生成一个扇形区域。随机生成两个角度 θ_i 和 θ_f,θ_i 和 θ_f 分别确定了扇形区域的起始角度和终止角度;

(2) 在扇形区域 s 内随机生成 n 个角度 α,计算每个角度 α 对应的半径;

(3) 从生成的候选位置偏移点中选取一个距离原始空间位置点最远的点作为添加了噪声的手机用户空间位置。

2. 模糊算子法

上文介绍的几种随机噪声法通过生成手机用户空间位置的偏离位置点来实现对手机用户的空间位置隐私保护。下面介绍的手机用户空间位置隐私保护方法则是针对手机用户所处的区域(非确定位置)。现阶段各种定位技术都有一定的定位误差,可以认为手机用户的真实空间位置包含在一个以定位坐标为中心、具有一定半径的圆形置信区域内,这个区域被称为初始测量区域[17]。模糊算子法的核心是模糊算子。模糊算子通过对初始测量区域进行模糊处理,以达到保护手机用户空间位置隐私的目的。C. A. Ardagna 等[17]介绍了三种最基本的模糊算子:模糊算子 E(enlarge,放大)、模糊算子 R(reduce,缩小)和模糊算子 S(shift,移动)。

模糊算子 E 将初始测量区域的半径扩大一定比例,以实现对手机用户的空间位置隐私保护。随着半径扩大比例的增大,从模糊处理后的区域 A_f 中准确找出手机用户所处的真实区域 A_i 的概率就会越来越小,进而可以对手机用户的空间位置隐私有更好的保护效果。模糊算子 R 将初始测量区域的半径缩小一定比例,以实现手机用户空间位置隐私保护。由于手机用户的真实空间位置有可能位于区域 A_i 内的任意一点,因此,随着半径缩小比例的不断增大,从模糊处理后的区域 A_f 中准确找出手机用户所处的空间位置的概率会越来越大,但在缩小比例增至某个值之后,从区域 A_f 中找出手机用户的概率会突变为零。之后,无论如何缩小半径,都将无法获得手机用户的真实位置。模糊算子 S 将初始测量区域进行空间平移,以实现对手机用户的空间位置隐私保护。空间平移要考虑平移距离 d 和平移方向 θ 两个因素。平移方向 θ 是平移后的区域圆心和初始测量区域圆心间的连线与 x 轴间的夹角。随着平移距离的不断增大,手机用户的真实空间位置位于模糊处理后的区域 A_f 中的概率会越来越小,手机用户的空间位置隐私保护效果会逐渐提高。

上述三种基本模糊算子通过改变初始测量区域 A_i 的半径(模糊算子 E 和模糊算子 R)或通过改变初始测量区域 A_i 的中心位置(模糊算子 S)来实现对手机用户的空间位

置隐私保护。有时,两种类型的模糊变换(改变区域 A_i 的半径或中心位置)可以结合使用。

3. 不确定性法

J. H. Jafarian 等[18]提出的不确定性法与模糊算子法中的 E 模糊算子相似,通过扩大手机用户所在的空间范围来改变手机用户空间位置的精确性,从而达到保护手机用户空间位置隐私的目的。与模糊算子 E 不同的是,不确定性法通过区域和空间关系的组合来对手机用户的空间位置信息进行模糊化。区域可以指代任何空间位置区域,如住址小区、学校区域等;空间关系指手机用户的空间位置与区域之间的位置关系。如果手机用户与区域之间的位置关系是"位于",则手机用户的空间位置信息非常精确;如果手机用户与区域之间的位置关系是"附近",则手机用户的空间位置信息开始变得模糊,从而便可实现对手机用户空间位置隐私的保护。

4. K 匿名法

K 匿名法被广泛用于保护手机用户的空间位置隐私。K 匿名法的基本原理是通过指定具有 K 个相似手机用户的隐形区域来代替手机用户的真实空间位置,使攻击者难以把某个手机用户与其他($K-1$)个手机用户区分开[19]。通常,K 值越大,匿名效果越好,因此可以使用匿名集的大小来衡量手机用户空间位置隐私的保护力度。无论手机用户的密度是多少,都能通过降低空间位置数据的精度来保证同一水平的隐私保护力度。为了达到这个目标,在 K 匿名法中会选取一个足够大的隐形区域使之包含足够多的匿名个体,从而使隐形区域的隐私保护力度达到设定值。在手机用户密度较高的区域,隐形区域的面积较小;在手机用户密度较低的区域,隐形区域的面积较大。一般使用 k_{min} 表示设定的隐私保护力度,即可接受的匿名个体数量的最小值。

在本节中,笔者主要介绍了几种手机用户空间位置隐私的保护方法,各种方法各具特点,需要根据实际应用场景和隐私保护要求选用。保护手机用户空间位置隐私是使用移动通信数据开展居民空间行为研究的前提。保护手机用户的空间位置隐私能够使人们更加接受移动通信数据在居民空间行为研究中的应用。加强手机用户隐私保护技术的研发力度以及提高手机用户隐私保护技术的应用力度对于促进移动通信数据科研应用领域的健康发展至关重要,因此需要产学研各个部门都重视起来。

2.8　小结

为了充分、高效地利用移动通信数据,需要对原始移动通信数据进行数据清洗和结构优化。本章介绍的手机用户 ID 识别与编码技术、时间戳数据的转化技术、移动通信基站坐标数据的存储结构、手机用户空间位置数据的存储结构都是实现移动通信数据"瘦身"和结构优化的常用手段。另外,在处理大规模移动通信数据时,经常会遇到数据异常或数据缺失的情况。本章介绍的"超级用户"和"非活跃用户"的识别方法、异常空间位置坐标的处理方法、缺失数据的处理方法、"乒乓效应"的识别与处理方法都是应对移动通信数据质量缺陷的常用手段。移动通信数据分析挖掘经常是研究居民空间行为的前期工作,通过建立"手机用户空间位置记录表"可以方便我们分析居民空间行为规律。另外,本章介绍的应对海量数据并行计算方法、移动通信基站服务区的估计方法等也是处理移动通信数据的常用工具。

除了本章介绍的一些数据分析处理方法以外,其实还有很多实用的移动通信数据分析挖掘技术,由于篇幅有限,无法一一列出。除了具体方法的介绍,笔者在本章中还穿插介绍了移动通信数据分析挖掘问题的解决思路。笔者认为,这些思路与具体方法同等重要,因为不同的移动通信数据具有不同的数据结构和问题缺陷,我们需要遵循一定的数据挖掘思路为每一个移动通信数据集"量身定做"分析挖掘流程。随着 4G/5G技术的快速发展和广泛应用,笔者相信,未来的移动通信数据无论在时间上还是在空间上的精度都会大幅提高,而数据时空精度的提高很有可能引发数据分析挖掘方法与技术的革新,扩大移动通信数据的应用领域,同时也将对手机用户的空间位置隐私保护提出更高的要求。移动通信数据分析挖掘技术的与时俱进离不开科学研究和工程应用领域学者及工程师的共同努力,笔者亦相信,未来移动通信数据分析挖掘仍将是一个充满挑战的活跃研究领域。

参考文献

[1] 维克托·迈尔-舍恩伯格,肯尼思·库克耶.大数据时代:生活、工作与思维的大变革[M].杭州:浙江人民出版社,2013.

[2] WANG P,HUNTER T,BAYEN A M,et al. Understanding road usage patterns in urban areas [J]. Scientific Reports,2012,2:1001.

[3] 李祖芬,于雷,高永,等. 基于手机信令定位数据的居民出行时空分布特征提取方法[J]. 交通运输研究,2016,2(1):51-57.

[4] CHAPMAN B,JOST G,PAS R V D. Using OpenMP:portable shared memory parallel programming[M]. London:MIT press,2008.

[5] LAZER D,PENTLAND A,ADAMIC L,et al. Social science. Computational social science [J]. Science,2009,323(5915):721-723.

[6] BARABASI A L. Network Science [M]. Cambridge:Cambridge University Press,2016.

[7] CHEN G,WANG X,LI X. Introduction to complex networks:models,structures and dynamics [M]. Beijing:Higher Education Press,2012.

[8] AURENHAMMER F. Voronoi diagrams:a survey of a fundamental geometric data structure [J]. ACM Computing Surveys,1991,23(3):345-405.

[9] WANG P,GONZALEZ M C. Understanding spatial connectivity of individuals with non-uniform population density [J]. Philosophical Transactions of the Royal Society A:Mathematical,Physical and Engineering Sciences,2009,367(1901):3321-3329.

［10］ SCHNEIDER C M，BELIK V，COURONNE T，et al. Unravelling daily human mobility motifs ［J］. Journal of the Royal Society Interface，2013，10(84)：20130246.

［11］ HUANG Z，LING X，WANG P，et al. Modeling real-time human mobility based on mobile phone and transportation data fusion［J］. Transportation Research Part C：Emerging Technologies，2018，96：251－269.

［12］ HAN J，PEI J，KAMBER M. Data mining：concepts and techniques［M］. ［S. l.］：Elsevier，2011.

［13］ ZURBARAN M，GONZALEZ L，ROJAS P W，et al. A Survey on privacy in location-based services［J］. Ingenieria y Desarrollo，2014，32(2)：314－343.

［14］ WIGHTMAN P，CORONELL W，JABBA D，et al. Evaluation of Location Obfuscation techniques for privacy in location based information systems［C］//2011 IEEE Third Latin－American Conference on Communications.Belem：IEEE，2011：1-6.

［15］ WIGHTMAN P，ZURBARAN M，ZUREK E，et al. θ -Rand：Random noise-based location obfuscation based on circle sectors［C］//2013 IEEE Symposium on Industrial Electronics and Applications. Langkawi Island：IEEE，2013：100-104.

［16］ WIGHTMAN P，ZURBARAN M，SANTANDER E.High variability geographical obfuscation for location privacy［C］//2013 47th International Carnahan Conference on Security Technology. Medellin：IEEE，2013：1-6.

［17］ ARDAGNA C A，CREMONINI M，VIMERCATI S D C D，et al. An obfuscation-based approach for protecting location privacy［J］. IEEE Transactions on Dependable and Secure Computing，2011，8(1)：13－27.

［18］ JAFARIAN J H. A vagueness-based obfuscation technique for protecting location privacy［C］//2010 IEEE Second International Conference on Social Computing. Minneapolis：IEEE Computer Society，2010：865－872.

［19］ GRUTESER M，GRUNWALD D. Anonymous usage of location-based services through spatial and temporal cloaking［C］//Proceedings of the 1st International Conference on Mobile Systems，Applications，and Services. San Francisco：ACM，2003：31－42.

3 居民空间移动行为特征分析

3.1 引言

移动通信数据的出现为研究居民空间移动行为提供了前所未有的契机。在移动通信数据出现之前，没有数据能够长时间、大范围地记录居民的空间位置信息和出行轨迹信息。近年来，不断出现的移动通信数据记录了大量的手机用户空间位置信息。利用移动通信数据可以深入分析居民的驻留地点分布和出行行为规律。然而，移动通信数据（特别是 CDR 数据）的时间精度和空间精度较低，如何从时空精度较低的移动通信数据中挖掘出有意义、有价值的居民空间移动行为规律是一项具有挑战性的任务。尽管如此，科研人员近年来不断地在居民空间移动行为领域开展深入研究，发现了很多有趣的、普适的居民空间移动行为规律及特征，并在此过程中积累了许多行之有效的移动通信数据挖掘方法和技术。

居民的空间移动行为可以划分为"行"与"停"两个最本质的要素。"行"指的是居民发生空间位移，即发生空间位置变化，其度量指标主要包括：空间位移距离、位移发生时间、位移结束时间、位移频率、位移时间间隔、位移时间序列特征、可预测性等。"停"指的是居民在不同空间位置的驻留，其度量指标主要包括：驻留位置数量、在各个位置驻留的时间和时长等。"行"与"停"不仅是居民空间移动行为的两个本质元素，还是很多相关人类动力学过程的驱动力。深入研究、理解居民的空间移动行为对于很多研究相关人类动力学过程的内在机制和演化规律都有着非常重要的意义。例如，城市居民早晚高峰"行"的同步特性导致了城市早晚高峰的交通拥堵，而控制"行"的发生时间就可以实现错峰出行，缓解交通拥堵；利用居民在不同地点"停"的时间和时长信息可以判断居民的职住地点，而居民在各个地点"停"的频率则是商业选址和地价评估的重要依据；居民的"行"与"停"信息是预测疫情传播的重要基础输入数据；引发严重踩踏事故的高密度人群聚集也是由居民在空间中的"行"与"停"的异常行为所导致的。总之，与居民空间移动行为相关的人类动力学过程（及相关研究领域）非常多，在此就不一一列举了。

在本书 3.2 节中，笔者首先介绍基于移动通信数据的手机用户空间位移距离的统计分析方法，其次介绍基于力学概念提出的居民出行轨迹回转半径、质心和移动方向主轴，以及居民空间移动行为的普适规律。在 3.3 节中，笔者将介绍居民空间移动行为的探索与回归机制以及相应的居民空间移动行为规律。在 3.4 节中，笔者将介绍基于复杂网络的居民个体移动网络的构建方法（该方法可以把居民的空间移动行为特性与空间驻留特性有机结合），居民出行轨迹信息熵的计算方法，以及居民空间位置的可预测性。在 3.4 节中，笔者介绍的很多研究发现是第 4 章中居民个体空间移动行为建模的基础。在 3.5 节中，笔者将介绍常见的居民空间移动行为序列模式，即居民空间移动的典型模体。在 3.6 节中，笔者将介绍基于移动通信数据的居民职住地点判别方法和居民通勤特征分析方法。在 3.7 节中,笔者将介绍基于物理学中场论模型的居民通勤行为分析方法。

3.2 居民空间移动行为的统计分析方法

数据驱动的居民空间移动行为研究始于科学家对疫情传播模型的深层次思考。2004 年,L. Hufnagel,D. Brockmann,T. Geisel 研究团队[1]在美国科学院院刊(*Proceedings of the National Academy of Sciences of the United States of America*,PNAS)上发表了关于 SARS 病毒传播预测的研究成果。该研究团队建立了基于航空旅客运输网络的 SARS 病毒传播预测模型,模型的预测结果与实测数据非常吻合。由于研究团队仅考虑了由航空旅客运输导致的疫情传播,因此,他们提出的模型在更小的空间尺度上(如相邻城市之间)无法对疫情传播情况进行预测。此后,D. Brockmann 教授一直致力于寻找能够记录人类中短程出行信息的数据。终于,他在一次偶然的机会得知 wheresgeorge.com 拥有大量的美元钞票流通跟踪数据。这个美元钞票流通数据集是在一个钞票流通跟踪项目中采集的。在这个项目中,大量的钞票上被印刷了 wheresgeorge.com 网站的网址,项目发起方鼓励钞票持有者登录 wheresgeorge.com 网站输入钞票的标识号和钞票持有者当前所在地区号。这个项目得到了很多人的响应参与,几百万条的钞票"飞行轨迹"数据就这样产生了。钞票当然并不能"飞",它们是因持有者的空间移动被带到了各个地点,故钞票流通跟踪数据间接地记录了居民的空间移动行为。D. Brockmann等[2]借助这个钞票流通数据集开启了数据驱动的居民空间移动行为研究的大门。他们通过分析大量钞票流通数据发现:钞票的位移服从幂律衰减分布,钞票的扩散速度远低于具有相同幂指数的列维飞行(levy flight)的扩散速度。D. Brockmann等[2]的这个首创性研究工作于 2006 年在国际顶级期刊 *Nature* 发表。

虽然,D. Brockmann 等[2]利用美元钞票流通数据在居民空间移动行为研究领域取得了重大突破,但是,使用钞票流通数据研究居民空间移动行为存在较大的局限性,即一张钞票的流通并不是由一个人全程携带完成。因此,我们可以使用钞票流通数据研究居民群体的空间位移距离分布规律,然而,我们没有办法利用钞票流通数据研究居民个体的空间行为特征。幸运的是,移动通信数据及时出现了。移动通信数据可以长时间持续记录手机用户的空间位置信息,从而为居民空间移动行为研究的继续发展提供强有力的支持。

每当手机用户使用手机通信时,通信时间和服务通信活动的移动通信基站会被记录下来,因此,移动通信数据中蕴含了大量手机用户的时空信息。M. C. Gonzalez 等[3]利用 10 万手机用户长达 6 个月的手机通话账单(CDR)数据研究了手机用户的个体出行特征。在这项研究中,研究团队借鉴物理学度量提出了刻画居民空间移动行为特征的几个重要指标,并发现了居民空间移动行为的普适规律,研究成果同样也被发表在国

际顶级期刊 *Nature* 上。这项研究工作在 *Nature* 上发表后,不仅引发了居民空间移动行为研究的热潮,还展示了移动通信数据在居民空间移动行为研究领域的巨大潜力,可谓是基于移动通信数据的居民空间移动行为研究领域的奠基之作!

3.2.1 居民出行轨迹的质心

质心(center of mass)是物理学中的一个基础概念,使用非常广泛,物质系统的质量被认为集中在质心上。例如,我们通常把物体或天体抽象为一个点。M. C. Gonzalez 等[3]创新性地将这个物理学概念应用于居民空间移动行为研究。与物理学中的质心不同,一位居民的出行轨迹质心由该居民的空间驻留位置和在各空间位置驻留的频率共同决定。求解居民出行轨迹质心的具体方法如下:分析某位居民在某观测时间段内的出行轨迹,将该居民的空间驻留位置映射到二维平面坐标系,求解各个空间驻留位置的二维矢量坐标,通过式(3-1)计算居民出行轨迹的质心 r_{cm}:

$$r_{cm} = \frac{\sum_i n_i r_i}{N} \tag{3-1}$$

其中

$$N = \sum_{i \in L} n_i \tag{3-2}$$

式中 L ——在观测时间段内居民出行轨迹所覆盖的空间驻留位置集合;

i ——居民的第 i 个空间驻留位置;

r_i ——居民的第 i 个空间驻留位置的二维矢量坐标;

n_i ——居民在第 i 个空间位置驻留的次数;

N ——在观测时间段内居民的空间位置记录总数。

居民出行轨迹的"质心"可以被解释为居民空间位置的加权平均。出行轨迹质心可以大体地表示居民空间活动范围的中心,是刻画居民空间行为的一种重要统计度量。

3.2.2 居民出行轨迹的回转半径

在物理学中,回转半径是指物体微分质量的假设集中点到物体转动轴之间的距离,其值为该物体的转动惯量除以总质量后再开方。M. C. Gonzalez 等[3]将回转半径引入居民空间移动行为研究中,具体方法是:将居民出行轨迹的质心作为转动轴,将居民在不同空间位置的驻留频率作为各个质点的质量,从而可以计算居民在某观测时间段内出行轨迹的回转半径 r_g:

$$r_g = \sqrt{\frac{1}{N} \sum_{i \in L} n_i (r_i - r_{cm})^2} \tag{3-3}$$

式中 L ——在观测时间段内居民出行轨迹所覆盖的空间驻留位置集合;

r_i ——居民的第 i 个空间驻留位置的二维矢量坐标；

n_i ——居民在第 i 个空间位置驻留的次数；

N ——在观测时间段内居民的空间位置记录总数。

回转半径 r_g 本质上是居民空间驻留位置到居民出行轨迹质心距离的加权平均。目前,回转半径 r_g 已经成为研究居民空间移动行为特征的经典统计指标,通常用于度量居民出行活动所覆盖的空间范围。我们可以利用居民出行轨迹的回转半径将居民分为短距离出行者(回转半径 r_g <10 km)、中等距离出行者(回转半径 r_g 介于 10~100 km 之间)和长距离出行者(回转半径 r_g >100 km)[3]。M. C. Gonzalez 等[3]进一步分析了 10 万手机用户出行轨迹的回转半径。分析结果表明,大部分手机用户的回转半径都较小,手机用户经常往返于居住地点和工作地点之间,但偶尔也会有一些长距离出行[3]。

在文献[3]的研究工作中,M. C. Gonzalez 等使用了 2 个移动通信数据集,其中数据集 D_1 来自大量手机用户的手机通话详单(CDR)数据,数据集 D_2 来自少量手机用户的手机信令(MS)数据。CDR 数据集覆盖的手机用户数量庞大,但 CDR 数据中的手机用户空间位置记录在时间上稀疏不规律;MS 数据集覆盖的手机用户数量少,但 MS 数据中的手机用户空间位置记录信息更加可信。M. C. Gonzalez 等[3]通过分析 D_1 和 D_2 两个数据集,恰当地结合了 CDR 数据和 MS 数据的优势,弥补了 CDR 数据和 MS 数据的劣势。具体而言,就是通过 MS 数据获取可信的居民空间位移特征,再通过论证利用 CDR 数据获取类似或相同的居民空间位移特征,进而将结论推广到大范围人口。同时,该研究团队首先对居民的空间位移距离 Δr(即手机用户连续 2 次空间驻留位置之间的距离)的分布进行研究。研究发现,D_1 和 D_2 两组手机用户的空间位移距离 Δr 的分布都可以使用带有指数截断的幂律函数很好地拟合,手机用户出行轨迹的回转半径 r_g 同样服从带有指数截断的幂律函数,因此,回转半径 r_g 对于手机用户的空间位移距离具有很好的代表性[3]。

回转半径 r_g 在研究居民空间移动行为方面具有重要的意义。后续研究对回转半径 r_g 做了进一步拓展[4]。如果在某观测时段内只考虑居民最常到达的几个空间位置,则可以定义 k -回转半径,具体如下：

$$r_g^{(k)} = \sqrt{\frac{1}{N_k} \sum_{i=1}^{k} n_i \left(r_i - r_{cm}^{(k)}\right)^2} \qquad (3-4)$$

式中　$r_g^{(k)}$ ——只考虑居民最常去的 k 个空间位置时的出行轨迹回转半径(如:2 -回转半径表示居民最常去的两个空间位置所组成的出行轨迹的回转半径)；

N_k ——在观测时段内居民到达前 k 个空间位置的次数总和；

$r_{cm}^{(k)}$ ——由前 k 个空间位置组成的出行轨迹的质心。

随着 k 的不断增大,居民出行轨迹的 k -回转半径($r_g^{(k)}$)、k -质心($r_{cm}^{(k)}$)会越来越接近居民(整体)出行轨迹的回转半径(r_g)和质心(r_{cm})。

k-回转半径在居民空间行为研究领域同样具有重要意义。在一定时间内,人们能够到达的空间位置的数量是有限的,通过研究不同人群在一定时间内的回转半径与k-回转半径的特征和联系,可以按人们的空间行为方式将他们划分为"回归者"和"探索者"(回归即回到曾经到达过的空间位置,探索即前往之前未曾到达过的新位置[5])。L. Pappalardo等[4]通过分析 CDR 数据和浮动车 GPS 数据研究了 2-回转半径、3-回转半径、4-回转半径……10-回转半径与总体回转半径的关系,发现可以使用带有指数截断的幂函数对 k-回转半径进行拟合。随着 k 的不断增加,居民出行轨迹 k-回转半径的拟合曲线会越来越接近居民出行轨迹(整体)回转半径的拟合曲线(整体回转半径也服从带有指数截断的幂律分布)。

3.2.3　居民出行轨迹的方向主轴

很多前期研究都发现:居民在职住地点之间频繁穿梭不仅是居民空间行为的一个重要特征,还形成了居民出行轨迹的方向主轴(如东南方向等)。每个人都有自己的出行轨迹方向主轴,如果在极坐标系中研究每个人的出行轨迹方向主轴将会非常烦琐,我们需要时刻关注方向主轴的角度,这不利于发现居民空间行为的共性规律和个性特点。为了解决上述问题,M. C. Gonzalez 等[3]借鉴物理学中转动惯量的方法将 10 万手机用户的出行轨迹映射到统一的二维平面坐标系中,进一步计算了手机用户出行轨迹在主轴方向和主轴垂直方向的加权偏移量,并使用加权偏移量对手机用户的空间位置进行归一化处理,进而研究手机用户空间行为的普适规律[3]。

下面笔者将详细介绍把手机用户的出行轨迹映射到二维平面坐标系的方法,包括出行轨迹主轴方向的计算方法和出行轨迹在主轴方向和主轴垂直方向的加权偏移量的计算方法。首先,在某观测时段内将某手机用户到达的空间位置按时间排序。按时间排序的空间位置坐标可表示为 $\{(x_1, y_1), (x_2, y_2), \cdots, (x_{n_c}, y_{n_c})\}$,其中,下标 n_c 是手机用户到达的空间位置总数。定义手机用户出行轨迹的惯性张量 $\boldsymbol{I}$,以二维矩阵表示:

$$\boldsymbol{I} = \begin{bmatrix} I_{xx} & I_{xy} \\ I_{yx} & I_{yy} \end{bmatrix} \tag{3-5}$$

其中,I_{xx},I_{yy} 和 I_{xy},I_{yx} 的计算公式如下:

$$I_{xx} = \sum_{i=1}^{n_c} y_i^2 \tag{3-6}$$

$$I_{yy} = \sum_{i=1}^{n_c} x_i^2 \tag{3-7}$$

$$I_{xy} = I_{yx} = -\sum_{i=1}^{n_c} x_i y_i \tag{3-8}$$

由于 I 是对称矩阵,故可以设置一个合适的坐标系使 I 成为一个对角矩阵,此时的坐标轴为张量主轴 $(\hat{e}_1, \hat{e}_2)$,在此坐标系中得到对角阵 I_D,形式如下:

$$I_D = \begin{bmatrix} I_1 & 0 \\ 0 & I_2 \end{bmatrix} \tag{3-9}$$

式中,I_1 和 I_2 为主惯性矩,其值可以通过以下公式计算:

$$I_1 = \frac{1}{2}(I_{xx} + I_{yy}) - \frac{1}{2}\mu \tag{3-10}$$

$$I_2 = \frac{1}{2}(I_{xx} + I_{yy}) + \frac{1}{2}\mu \tag{3-11}$$

其中

$$\mu \equiv \sqrt{4 I_{xy} I_{yx} + I_{xx}^2 - 2 I_{xx} I_{yy} + I_{yy}^2}$$

此时,主轴 $\hat{e}_1$ 和主轴 $\hat{e}_2$ 分别表示手机用户出行轨迹的对称轴。我们可以通过旋转将不同手机用户的出行轨迹主轴 $(\hat{e}_1, \hat{e}_2)$ 变换到一个共同的坐标系 $(\hat{e}_x, \hat{e}_y)$ 中,其中,$\hat{e}_x$ 与 $\hat{e}_1$ 的夹角即旋转角 θ 的计算公式如下:

$$\cos(\theta) = -I_{xy}(1/2 I_{xx} - 1/2 I_{yy} + 1/2\mu)^{-1} \frac{1}{\sqrt{1 + \frac{I_{xy}^2}{(1/2 I_{xx} - 1/2 I_{yy} + 1/2\mu)^2}}} \tag{3-12}$$

为了消除手机用户空间位置分布的对称性,当主轴旋转 θ 角度后,如果手机用户最常到达位置的坐标落在 $x < 0$ 区间,则还须将主轴继续旋转 $180°$ 使手机用户最常到达位置的坐标落在 $x > 0$ 区间。

另外,为了消除手机用户出行距离的差异性对研究居民空间行为普适规律的影响,M. C. Gonzalez 等[3]提出了手机用户空间位置坐标的归一化方法,方法的具体步骤如下:首先,将手机用户 α 的出行轨迹映射到共同坐标系 $(\hat{e}_x, \hat{e}_y)$ 中;其次,计算手机用户 α 到达的每一个空间位置的横坐标和纵坐标;最后计算横坐标和纵坐标偏移原点的标准差 σ_x^α 和 σ_y^α:

$$\sigma_x^\alpha = \sqrt{\frac{1}{n_c^\alpha} \sum_{i=1}^{n_c^\alpha} (x_i^\alpha - x_{cm}^\alpha)^2} \tag{3-13}$$

$$\sigma_y^\alpha = \sqrt{\frac{1}{n_c^\alpha} \sum_{i=1}^{n_c^\alpha} (y_i^\alpha - y_{cm}^\alpha)^2} \tag{3-14}$$

使用 σ_x^α 和 σ_y^α 分别对手机用户出行轨迹中空间位置的横坐标和纵坐标进行归一化

处理,得到新的横坐标为 x/σ_x,新的纵坐标为 y/σ_y。

上述方法通过借鉴物理学中转动惯量的概念定义了居民出行轨迹的惯性张量和张量主轴,在居民空间行为研究领域具有非常重要的科学意义。该研究团队选择了 3 个手机用户作为案例展示[3]。这 3 个手机用户出行轨迹的回转半径分别为 $r_g|_{u_1}=2.28\,\mathrm{km}$,$r_g|_{u_2}=29.02\,\mathrm{km}$ 和 $r_g|_{u_3}=313.72\,\mathrm{km}$。根据前文的介绍,回转半径是居民出行范围的加权度量指标。这三个被选作示例的手机用户分别属于短距离出行者、中等距离出行者和长距离出行者。为了消除手机用户空间位移距离的差异性对研究居民空间行为普适规律的影响,该研究团队使用前面介绍的加权偏移量计算方法,计算得到 $\sigma_x|_{u_1}=2.24\,\mathrm{km}$,$\sigma_x|_{u_2}=28.76\,\mathrm{km}$,$\sigma_x|_{u_3}=313.60\,\mathrm{km}$,$\sigma_y|_{u_1}=0.43\,\mathrm{km}$,$\sigma_y|_{u_2}=3.88\,\mathrm{km}$,$\sigma_y|_{u_3}=8.49\,\mathrm{km}$ [其中 $\overrightarrow{r_{cm}^a}=(0,0)$]。通过对 3 个手机用户的出行轨迹进行坐标变换及归一化处理后发现:原本具有不同出行距离和模式的居民出行轨迹竟然变得很相似了。

之后,该研究团队将上述坐标变换方法和归一化处理方法应用于大量手机用户,发现了居民空间移动行为特征的普适规律[3]。他们首先选择了出行距离具有显著差异的三组手机用户,即出行轨迹回转半径分别为 $r_g\leqslant 3\,\mathrm{km}$,$20<r_g\leqslant 30\,\mathrm{km}$ 和 $r_g>100\,\mathrm{km}$ 的三组手机用户。在对上述三组手机用户的出行轨迹做归一化处理之前,三组手机用户的空间位移范围有巨大差异,并且随着 r_g 的增大,手机用户出行轨迹的空间位置分布更加"扁平化"。然而,利用加权偏移量 σ_x 和 σ_y 对三组手机用户的空间位置进行归一化处理后,他们发现三组手机用户的出行轨迹在归一化坐标系下的空间分布概率极其相似。这说明居民空间行为虽然在空间位置(质心)、区域范围(回转半径)和主轴方向等方面有很大差异,但也具有普适的内在规律。这是文献[3]研究工作的重大发现之一。这个研究发现不仅可用于生成居民出行轨迹的空间密度概率分布图,还为居民空间移动行为建模奠定了基础(详见本书 4.6 节)。我们可以从居民空间行为的共性特征出发(共同坐标系下的出行轨迹空间密度概率分布),逐渐加入每个居民的个体属性特征(如空间位置、区域范围和主轴方向等),从而建立居民的个体空间移动模型。

本节介绍的居民出行轨迹质心、回转半径 r_g、方向主轴等居民空间行为度量非常实用。M. C. Gonzalez 等[3]借鉴物理学中的概念和方法提出了新颖的居民空间行为分析方法,为居民空间行为研究提供了创新思路与方向,非常值得学习借鉴。在本书 3.7 节中,笔者还将介绍 M. Mazzoli 等近期提出的基于向量场的居民空间行为分析方法,该方法与本节介绍的方法和思路有很多相似之处,同样值得学习借鉴。

3.3 居民出行的探索与优先回归行为

早在 1905 年,K. Pearson 就提出了随机游走(Random Walk)的概念(详见本书 4.2 节)。随机游走虽然不能用于描述人类的空间移动行为,但是它为居民空间行为研究提供了最朴素、最基本的建模思想,在接下来 100 多年间提出的各类研究动物、人类的空间移动行为模型中,我们都能或多或少地看到随机游走的影子。在随机游走提出多年之后,G. M. Viswanathan 等[5]通过分析信天翁的飞行轨迹数据发现信天翁的单次飞行距离(每次起飞、落地之间的飞行距离)近似地服从幂律分布,这种具有无标度特性(由幂律分布体现)的空间位移行为被称为列维飞行,此后,学者们还发现很多动物的空间位移行为也可以用列维飞行来刻画[6-8](详见本书 4.3 节)。然而,直到 2000 年后才出现了记录大量居民空间位移信息的数据,即 wheresgeorge.com 采集的 46 万美元钞票的流通数据。钞票的空间移动与人类的空间移动密切相关,D. Brockmann 等[2]通过研究大量钞票的"飞行"轨迹,第一次通过大规模实证数据探索了居民的空间行为规律。例如,该研究团队发现钞票的空间位移距离分布服从幂律衰减(这和列维飞行的空间位移距离分布非常相似),另外,钞票在两次连续移动之间的停留时间同样也服从幂律分布。因此,他们采用连续时间随机游走(Continuous Time Randon Walk,CTRW)模型对钞票的空间位移过程进行刻画。然而,一张钞票的"飞行"轨迹一般并不是由一个人全程携带形成,因此,钞票流通数据不能用于研究居民个体的空间行为特征。如果要研究居民个体的空间行为特征,则需要能够长期记录居民个体空间位置信息的数据,如移动通信数据。M. C. Gonzalez 等[3]和 C. Song 等[9]通过分析手机通话详单数据发现,随机游走模型、列维飞行模型和连续时间随机游走模型都无法解释一些居民个体空间行为特征。

根据随机游走模型和列维飞行模型的假设,观测时间越长,个体出行轨迹的回转半径会不断增大。然而,实证数据分析结果表明,手机用户出行轨迹的回转半径随时间增长的曲线普遍服从 $A + B\ln(t)$ 的形式[3]。这就意味着随着观测时间的增加,居民出行轨迹的回转半径增长非常缓慢,且会逐渐收敛,居民探索新位置的可能性会越来越小。

随机游走模型、列维飞行模型和连续时间随机游走模型无法解释的第二个居民个体空间行为特征是手机用户回到最先到达位置所经历时间的概率分布。这里最先到达位置指在观测时段内手机用户第一次被记录的空间位置。根据随机游走模型的假设,这个概率分布是单调递减的。然而,实证数据分析结果显示每隔 24 h 手机用户的回归概率会达到一个峰值,说明手机用户返回到初始位置的行为具有很强的周期性。另外,手机用户在每天同一时段经常会进行相似的出行,到达相同的空间位置(这个规律能够应用于居民空间位置的预测,详见本书第 4.10—4.12 节),这显然与随机游走模型、列维飞行模型和连续时间随机游走模型生成的个体空间位移轨迹有很明显的不同。

通过分析更多的实证数据(300 万手机用户为期一年的手机通话详单数据),C. Song等[9]提出了在人类动力学领域非常重要的探索与优先回归模型[9]。在探索与优先回归模型中,居民的空间移动行为由"探索"和"优先回归"两个机制驱动。"探索"指居民访问以前没有到达过的空间位置,"优先回归"中的"回归"是指居民回到之前到达过的某个空间位置,而"优先"指的是居民在历史出行中到达某个空间位置的次数越多,则返回该空间位置的概率也会越大。根据探索与优先回归模型假设,随着居民到达过的空间位置数量越来越多,居民"探索"新空间位置的概率会越来越小,而"回归"到之前到达过的空间位置的概率会越来越大。

探索与优先回归模型很好地解释了随机游走模型和列维飞行模型都无法解释的居民个体出行特征。首先,随着观测时间的增长,居民到达的空间位置数量不断增多,探索新位置的概率不断减小,出行轨迹的回转半径逐渐收敛。在探索与优先回归模型中,手机用户到达的空间位置的数量 $S(t)$ 随时间 t 的增长规律服从幂律函数 t^μ 形式($\mu=0.6\pm0.02$),这一结果与实证数据相吻合。探索与优先回归模型的幂指数比列维飞行模型和连续时间随机游走模型的幂指数小,表明列维飞行模型和连续时间随机游走模型探索新空间位置的速度要远快于实际情况。另外,我们可以使用 L_k 表示手机用户在观测期内到达次数排名第 k 的空间位置(如 L_1 表示手机用户到达次数最多的空间位置),f_k 表示手机用户到达 L_k 的频率。在探索与优先回归模型中,手机用户到达排名第 k 的空间位置 L_k 的频率服从幂律分布 $f_k \sim k^{-\xi}$($\xi=1.2\pm0.1$),同样与实证数据相吻合(手机用户会经常到达最常去的几个空间位置,到达排名靠后的空间位置的概率很低)。

探索与优先回归模型提出后,L. Pappalardo 等[4] 提出可以将居民划分为"探索者"和"回归者",并发现了"探索者"和"回归者"不同的空间行为特征。下面首先介绍文献[4]中对于"探索者"和"回归者"的定义。当我们计算手机用户出行轨迹的回转半径 r_g 时,需要获取手机用户到达各个空间位置的次数信息。然而,对于一些手机用户来说,利用他们到达 k 个最常到达位置的信息就可以近似地计算出行轨迹的回转半径 r_g^k(r_g^k 与 r_g 非常接近)。换句话说,这类手机用户最常到达的 k 个空间位置可以近似代表他们的空间出行范围,L. Pappalardo 等[4] 将这类手机用户定义为 k-回归者。反之,如果利用手机用户最常到达的 k 个空间位置无法近似表达其空间出行范围(r_g^k 与 r_g 有显著不同),则这些手机用户被定义为 k-探索者。可以看出"探索者"和"回归者"的定义是相对的,居民可能在 k 比较小的时候是探索者,而当 k 变大时又变成了回归者。随着 k 的持续增大,不断地有探索者变为了回归者。一个简单的推论就是:如果手机用户到达的空间位置总数是 N,那么,当 $k \geqslant N$ 时,该手机用户必定是 k-回归者。

城市中很多以通勤出行为主的上班族就是典型的 2-回归者,居住小区和工作地点是 2-回归者经常到达的空间位置。2-回归者即使偶尔去超市购物或参加娱乐活动,通常也是在居住小区或者工作地点附近。换句话说,2-回归者到达的其他空间位置对其出行轨迹的回转半径 r_g 影响不大。因此,只需要确定 2-回归者的居住小区和工作地点,就能够比较精确地计算出他们出行轨迹的回转半径 r_g。L. Pappalardo 等[4] 还发现具有不同回转半径 r_g 的 2-回归者和 2-探索者的出行轨迹表现出较大的差异。当居民出行轨迹的回转半径 r_g 较小时,2-回归者和 2-探索者最常到达的两个位置在地理空间上比较接近,2-回归者的出行轨迹点聚成一团,而 2-探索者除了到达最常去的两个空间位置外,还经常会到达其他空间位置。随着 r_g 增大,2-回归者最常到达的两个空间位置之间的距离会成比例增大,但轨迹点仍然聚集于两个最常到达空间位置附近的区域;而 2-探索者经常到达的其他空间位置与出行轨迹质心相隔很远,并且分布较为分散。因此,对于 2-探索者,最常到达的两个空间位置之间的距离相对于 r_g 来说仍然较小,仅使用两个最常到达空间位置无法确定居民的空间出行范围。上述差异性特征会随着回转半径 r_g 的增大越来越明显。k-回转半径与总回转半径之比体现了居民周期性空间移动行为在其所有空间移动行为中的重要性。他们还利用移动通信数据中蕴含的手机用户社交关系信息分析了手机用户和其"最好朋友"的出行特征(与某手机用户通话频率最高的手机用户作为该手机用户的"最好朋友"),发现手机用户与其"最好朋友"更倾向于相同类型的出行者("回归者"或"探索者")。

3.4 居民空间移动行为的可预测性

根据前面几节介绍的居民空间移动行为研究可以发现,我们对于居民空间移动行为特征和规律有了三点基本认识:① 居民的空间移动行为具有异质性:当我们测量大量居民的出行轨迹回转半径时,会发现大多数居民的出行轨迹回转半径都很小,通常不超过 10 km,但也有居民的出行轨迹回转半径很大,甚至达到上千公里。② 居民的空间移动行为具有局域性:居民在大多数情况下只在日常活动区域出行,只有在极少数的情况下会到一些新地点或不常去的地点。③ 居民的空间移动行为具有规律性:每个人总有几个经常到达的地点,在各个地点驻留的时间比较相似,居民空间行为有潜在的规律可循。基于上述三点认识,我们可以推测:居民的空间移动行为是可以被预测的。但是,居民空间移动行为可被预测的程度是多少呢? 这就是本节将要介绍和探讨的问题。C. Song 等[10]回答了这个问题,他们提出了居民空间移动行为可预测性的度量方法,为居民空间移动行为的研究发展又奠定了一块基石。

3.4.1 个体移动网络建模

在研究居民空间移动行为的可预测性之前,C. Song 等[10]首先提出了个体移动网络的构建方法。个体移动网络是研究居民空间移动行为的基础工具。在该研究团队提出的个体移动网络中,节点代表手机用户曾经到达的空间位置(以移动通信基站标识),节点的大小表示手机用户到达该空间位置的频率(次数)。个体移动网络中的每一条边代表手机用户在两个空间位置之间的出行,边的粗细表示手机用户在两个空间位置之间的出行频率(次数)。C. Song 等[10]展示了两个手机用户的实际出行轨迹和对应的个体移动网络,其中手机用户甲在 22 个移动通信基站之间活动,空间活动范围大约为 30 km;手机用户乙在 76 个移动通信基站之间活动,空间活动范围大约为 90 km。从手机用户的实际空间位置数据可以看出,在大部分情况下,手机用户只在少数几个移动通信基站之间移动。个体移动网络可以比较全面地描述手机用户的空间移动行为特征

（如空间驻留地点分布、出行频率与出行时序关系等）。个体移动网络不仅是研究居民出行可预测性的重要基础工具，而且在后续的居民空间移动行为研究中也被广泛使用。

3.4.2　居民空间移动行为的随机程度测量

近年来，虽然出现了很多数据驱动的居民空间移动行为预测模型，但在很长的一段时间里，我们并不知道居民空间移动行为的可预测上限。事实上，居民空间移动行为的可预测上限与居民空间移动行为的随机程度密切相关。如果居民每天只是在居住小区和工作地点之间两点一线规律出行，那么，我们能够以很高的准确度预测该居民的空间移动行为。然而，如果居民的空间移动行为类似于随机游走，没有规律可循，我们将很难预测居民下一次出行到达的空间位置。因此，为了量化居民空间移动行为的可预测性，首先需要计算居民空间移动行为的随机程度。为此，C. Song等[10]借助了一个重要的物理学度量——熵。

熵是热力学中表征系统混乱程度的重要参量，通常用符号 S 表示。C. Song 等[10]提出了用于量化居民空间移动随机程度的三种熵。这三种熵分别是随机熵、时序无关熵和实际熵，下面分别对这三种熵的计算方法做详细介绍。

（1）随机熵 S_i^{rand}。$S_i^{\mathrm{rand}} \equiv \log_2 N_i$，其中，$N_i$ 是手机用户 i 到达的不同空间位置（在文献[10]中由移动通信基站标识）总数。随机熵的计算公式中包含了手机用户到达各个空间位置的概率都相等的假设。随机熵只考虑了手机用户到达过的不同空间位置的数量（居民的空间位置分布范围）。显然，随机熵假设并不符合上文介绍的居民空间行为特征（居民到达各个空间位置的频率并不相同）。

（2）时序无关熵 S_i^{unc}。$S_i^{\mathrm{unc}} \equiv -\sum_{j=1}^{N_i} p_i(j) \log_2 p_i(j)$，其中，$p_i(j)$ 是通过手机用户历史空间位置数据计算得到的手机用户 i 到达空间位置 j 的概率 $[p_i(j)$ 记录了手机用户到达各个空间位置的频率]。与随机熵不同，时序无关熵考虑了手机用户到达各个空间位置的概率。通过分析手机用户历史出行轨迹中到达各个空间位置的次数，并假设手机用户历史出行轨迹中到达次数多的空间位置具有更高的再次被访问概率，进而衡量当前居民空间移动与空间位置历史被访问频率相关时的可预测程度。该研究团队发现，考虑空间位置访问频率的时序无关熵能更加真实地描述居民的空间移动行为规律。然而，时序无关熵没有考虑的一个重要因素是手机用户到达各个空间位置的时序特征。

（3）实际熵 S_i。手机用户的空间移动行为模式不仅取决于手机用户到达各个空间位置的频率，还取决于到达各个空间位置的顺序以及在每个空间位置驻留的时间。为了更加准确地捕捉居民的空间移动行为特征，还需要考虑居民空间移动行为的时序。C. Song 等[10]使用 $T_i = \{X_1, X_2, \cdots, X_L\}$ 表示在观测时间段内手机用户 i 到达的空间位置序列，$P(T_i')$ 是一个特有的子序列 T_i' 在 T_i 中出现的频率，进而定义了实际熵

$S_i = -\sum_{T_i' \subset T_i} P(T_i') \log_2 [P(T_i')]$。实际熵考虑了手机用户到达各个空间位置的时序特征，在大规模实例运算中，可以采用 Lempel‐Ziv 数据压缩算法计算熵的估计值 $S^{\text{est}} = \left(\frac{1}{n}\sum_i \Lambda_i\right)^{-1} \ln(n)$，其中，$n$ 表示序列长度，Λ_i 表示从 i 开始首次出现的最短子序列的长度。当 n 趋于无穷时，估计值 S^{est} 逼近真实值 S_i。Lempel‐Ziv 数据压缩算法的主要优势在于处理时间序列数据时可以快速收敛。

随机熵、时序无关熵、实际熵考虑的居民空间行为特征逐渐丰富。C. Song 等[10] 通过分析手机用户的出行轨迹发现：一般情况下，$S_i \leqslant S_i^{\text{unc}} \leqslant S_i^{\text{rand}}$，即由实际熵描述的居民空间移动的随机程度最小，也最贴近居民空间移动行为的实际情况。在计算实际熵时，需要用到手机用户在各时间窗所在空间位置的序列 $T_i = \{X_1, X_2, \cdots, X_L\}$，这就需要手机用户在连续时间段内都有空间位置记录。如果使用本书第 2 章介绍的手机信令（MS）数据，上述限制条件并不会给我们计算实际熵带来什么问题，因为在 MS 数据的生成过程中，运营商每隔一段固定时间（如 1 h）就会对手机用户的空间位置进行扫描，一般在连续的时间窗都有空间位置记录。然而，在目前较为广泛使用的手机通话详单（CDR）数据中，仅当手机用户使用手机时，移动运营商才会记录其空间位置信息。在手机用户没有通信活动的时候，则无法得知手机用户的空间位置信息。在 C. Song 等[10] 使用的 CDR 数据集中，大部分手机用户约 70% 的时间窗内都没有空间位置记录。但是，该研究团队发现，即使在手机用户的空间位置记录存在较大程度缺失的情况下，使用不完整的空间位置记录仍然能够比较精确地计算实际熵。换句话说，使用不完整的空间位置记录所计算得到的实际熵仍然能够比较精确地刻画手机用户空间移动行为的随机程度。

C. Song 等[10] 分别计算了 4.5 万名手机用户的随机熵分布、时序无关熵分布和实际熵分布。统计分析结果表明：随机熵的峰值在 6 附近，这意味着手机用户在大约 $64(2^6 = 64)$ 个空间位置中随机选择其下一个要到达的地点；而实际熵的峰值在 0.8 附近，表明手机用户在大约 $1.74(2^{0.8} \approx 1.74)$ 个空间位置中随机选择下一个到达地点。显然，在考虑了手机用户空间移动行为的时序特征之后，手机用户选择下一个到达地点的范围便大大缩小，这从一个侧面说明了手机用户的空间移动行为具有较高的可预测性。

3.4.3 居民空间移动行为的可预测性

C. Song 等[10] 计算出手机用户在每次出行时所能选择的空间位置数量之后，令 Π 表示预测算法能正确预测手机用户下一个到达地点的概率。根据 Fano 不等式，当一个具有实际熵 S 的手机用户在 N 个空间位置之间移动时，预测该手机用户下一个到达地点的准确度上界便是 $\Pi \leqslant \Pi_{\max}(S, N)$。当手机用户下一个到达地点的预测准确度上界为 $\Pi_{\max} = 0.2$ 时，意味着在 80% 的情况下，这个手机用户随机选择下一个到达地点，只有在 20% 的情况下，才有可能成功预测这个手机用户的到达地点。换言之，不管使用什么样的预测算法，预测手机用户空间移动行为的准确度也无法高于 20%。因此，预测准确度上界 Π_{max} 反映了居民空间移动可预测性的极限。

C. Song 等[10]根据随机熵、时序无关熵、实际熵分别计算了手机用户空间移动行为的预测准确度上界，依次标记为 Π_{rand}，Π_{unc}，Π_{max}。他们发现根据实际熵计算的预测准确度上界 Π_{max} 在 0.93 附近达到峰值，说明尽管手机用户的空间移动行为看似随机，但其日常出行模式具有很高的可预测性。Π_{unc} 的分布较为平坦，在 $\Pi_{unc}=0.3$ 附近略微出现峰值，说明如果我们仅仅考虑手机用户到达各个空间位置的不均等概率，不同手机用户空间移动行为的可预测性存在较大差异；Π_{rand} 分布的峰值在 0 左右，说明不考虑空间位置历史被访问概率的手机用户空间位置预测模型是无效的。上述研究结果也从一个侧面说明，手机用户到达各个空间位置的时序特征对于手机用户空间移动行为的可预测性至关重要。

C. Song 等[10]进一步分析了手机用户空间移动的可预测性上界 Π_{max} 与手机用户出行轨迹回转半径 r_g 的关系。他们发现，当回转半径 $r_g \geqslant 10\,km$ 时，手机用户空间位置的可预测性基本不受 r_g 的影响，Π_{max} 维持在 0.93 左右。这表明，不管手机用户的空间移动范围是多少，预测其空间移动行为的准确度上界都可以基本保证在 93% 左右。C. Song等[10]还发现手机用户空间移动行为的可预测性基本不受手机用户的年龄、性别、语言、人口密度等因素的影响。同样地，手机用户空间移动行为的可预测性也不受手机用户是否位于乡村（还是城市）、是否是工作日（还是周末）的影响。尽管我们每个人都可能觉得自己与众不同，但在每个人的空间移动行为的可预测性方面，我们又如此一致。居民空间移动行为的可预测性是居民空间移动行为的另一个重要的普适规律。

除了上文介绍的居民空间移动行为的熵和可预测性，C. Song 等[10]进一步定义了居民空间移动行为的规律性，这个指标在居民空间移动行为研究领域也应用广泛。规律性的计算方法具体如下：以一个小时作为一个时间窗，计算在观测期（如三个月）内每个时间窗手机用户最常到达的空间位置。例如，某手机用户三个月在某时间窗内到达地点 1 共 10 次、到达地点 2 共 2 次、到达地点 3 共 1 次，则地点 1 为该手机用户在该时间窗内最常到达的空间位置。进一步定义手机用户在某时间窗的规律性 R 为在该时间窗内手机用户位于最常到达空间位置的概率。例如，当规律性 $R \approx 0.7$ 时，手机用户在时间窗内大约有 70% 的概率会位于最常到达的空间位置。文献[10]研究发现手机用户的规律性 R 具有时变特性：在夜晚时段，规律性 R 的值可以达到 0.9，表明在夜晚时段大部分人都位于最常到达的空间位置（如居住小区）；在午间和晚间通勤时段，规律性 R 的值达到低谷，因为在这两个时间段，手机用户的空间位置容易发生改变（如吃午饭、回家）。

本节重点介绍了 C. Song 等[10]提出的个体移动网络建模方法，使用熵量化居民空间移动行为随机程度的方法，通过实际熵与 Fano 不等式计算居民空间移动行为预测准确度上界的方法以及居民空间移动行为规律性的计算方法。这些方法都已成为居民空间移动行为研究领域的重要工具。居民空间移动行为具有较高可预测性的事实也为后续居民空间移动行为建模奠定了理论基础。试想,如果居民空间移动行为本身不具备可预测性(预测准确度的上界很低),那么,我们也就没有必要建立各种各样的居民空间移动行为模型了。

3.5　居民空间移动行为的典型模体

前面几节介绍的居民空间移动行为特征规律大多是长期特征规律。但也有研究发现,当观测期缩短时,居民出行轨迹的回转半径 $r_g(t)$ 和居民到达的空间位置数量 $S(t)$ 等居民空间行为度量指标的特征都会发生明显改变,这说明居民空间移动行为特征与时间尺度有关。为了研究居民空间移动行为的短期(每日)特征规律,C. M. Schneider 等[11]借鉴复杂网络中"模体"(motif)的概念,定义了居民个体移动网络模体,用于研究居民日常空间移动行为的共性规律。居民个体移动网络模体是从居民在一天中的出行轨迹中抽象出来的有向无权图。例如,某天居民先从居住小区出发到达工作地点,再从工作地点出发回到居住小区,那么,该居民在这天的个体移动网络模体就包含居住小区 A 和工作地点 B 两个节点,以及 $A{\rightarrow}B$ 和 $B{\rightarrow}A$ 两条有向边。由于生成居民个体移动网络模体仅需要一天的居民空间位置数据,因此可以有效地避免因观测时间尺度的不同对居民空间移动行为分析造成的影响。下面笔者将分别介绍基于手机通话详单(CDR)数据和手机信令(MS)数据的居民个体移动网络模体的构建方法。

3.5.1　基于手机通话详单数据的居民个体移动网络模体分析

C. M. Schneider 等[11]提出了基于手机通话详单数据的手机用户个体移动网络模体分析方法,该方法主要包括"数据预处理"和"个体移动网络模体识别"两个步骤。在数据预处理步骤需要提取有效出行信息并确定手机用户的居住小区,具体过程如下。

(1)筛选基站:筛选出手机用户到达次数很少的移动通信基站,删除这些移动通信基站记录的手机用户空间位置信息。

(2)记录去重:对于手机用户 ID、记录产生时刻和经、纬度信息都相同的记录,只取其中任意一条记录作为有效记录,舍弃其余的记录。

(3)记录排序:在 CDR 数据中,手机用户的空间位置记录在很多情况下并不是严格按照时间顺序排列的,因此需要按照时间顺序对手机用户空间位置记录进行重新排序。

(4)划分时间窗:将一天平均分为 48 个 30 min 的时间窗,手机用户的每条空间位置记录被分配到相对应的时间窗内。如果手机用户在一个时间窗内有多条空间位置记录,则把在该时间窗内出现次数最多的空间位置作为手机用户在该时间窗的驻留位置。

(5)判别居住小区:统计并找到手机用户在深夜 12 点到上午 6 点期间驻留次数最多的空间位置(以移动通信基站标识),并将该空间位置作为手机用户的居住小区。如果手机用户在 3:00 和 3:30 时间窗没有空间位置记录,则认为手机用户位于居住小区。

在获得手机用户的有效出行信息后,就可以识别手机用户的个体移动网络模体了,主要步骤如下。

(1)确定驻留位置。通过数据预处理步骤,C. M. Schneider 等[11]获得了手机用户在每个时间窗的空间位置(以移动通信基站标识)。如果手机用户位于居住小区或工作地点等需要停留数个时间窗的地点,则在连续数个时间窗内都会出现由同一个移动通信基站标识的空间位置;而如果手机用户在出行途中,则途中的移动通信基站只会出现一次。因此,如果某移动通信基站(空间位置)没有在连续的时间窗出现,则将其删除,并将其余的空间位置作为手机用户的驻留位置。他们进一步按照时间顺序排列驻留位置,从而得到手机用户的空间驻留位置序列。

(2)构建个体移动网络。C. M. Schneider 等[11]构建的手机用户个体移动网络舍弃了手机用户驻留位置序列的时间信息和空间信息,网络中的节点即手机用户的驻留位置,网络中的有向边表示手机用户在驻留位置之间的出行。

(3)提取个体移动模体。考虑到模体要代表手机用户空间行为的普遍规律,因此只保留出现频率＞0.5%的个体移动网络,并将这些出现频率较高的个体移动网络作为手机用户的个体移动网络模体。

C. M. Schneider 等[11]通过分析芝加哥和巴黎的出行调查数据以及巴黎的手机通话详单(CDR)数据,发现两个城市的居民个体移动网络模体具有相似的分布规律。出现频率最高的 17 种居民个体移动网络模体可以代表 90% 以上的居民出行模式,而且同一种模体在不同城市的占有率也十分接近。居民个体移动网络模体的平均节点数是三个,即手机用户平均每天会到达三个空间驻留位置,90% 的手机用户的日均驻留位置数据量小于 7 个。C. M. Schneider 等[11]进一步研究了手机用户个体移动网络模体的稳定性,发现在大多情况下手机用户都具有比较稳定的日常出行模式,往往连续几天保持同样的出行模式。例如,在工作日某手机用户的个体移动网络模体都是"居住小区→工作地→居住小区"模式。但有时手机用户的个体移动网络模体也存在相互转化的情况。例如,在周末时手机用户的个体移动网络模体可能由"居住小区→工作地→居住小区"模式变为"居住小区→购物商城→居住小区"模式,而在工作日又变回了"居住小区→工作地→居住小区"模式。

C. M. Schneider 等[11]发现了手机用户个体移动网络模体的三个规律:① 每种模体都与自身的相关性最高,即手机用户在连续两天具有同一种模体的概率要高于手机用户在连续两天具有不同模体的概率,表明手机用户的出行模式具有较强的稳定性。② 如果手机用户个体移动网络模体的节点数量较多,那么,在观测期内模体节点数量变化不大,手机用户的空间行为一直都比较活跃。③ 当手机用户的个体移动网络模体发生转换时,连边关系发生改变的情况要多于节点数量发生改变的情况,模体转换大多发生在具有相同数量节点的模体之间。

3.5.2　基于手机信令数据的居民个体移动网络模体分析

下面介绍笔者研究团队通过深圳市手机信令数据计算深圳市居民的个体移动网络模体的实际案例,并介绍个体移动网络模体在居民空间行为特征分析中的应用。深圳市的城市基础设施建设水平非常高,笔者研究团队分析的手机信令数据中包含了近6 000 个移动通信基站,这就相当于每平方公里大约有 3 个移动通信基站提供移动通信服务。高密度分布的移动通信基站不仅可以为深圳市居民提供稳定的移动通信服务,而且利用这些移动通信基站还能够获取较为精确的手机用户空间位置信息。本例中所使用的手机信令数据采集于 2012 年的某个工作日,数据中共记录了 1 400 余万名手机用户的 5.4 亿余条空间位置信息。手机信令数据中记录的具体信息包括:数据采集时间、手机用户 ID 以及手机用户的经、纬度信息。其中,手机用户 ID 与手机用户是一一对应的,每个手机用户只有一个独一无二的 ID。相应地,每个手机用户 ID 也只与一名手机用户对应。移动运营商对每个手机用户的空间位置信息的采集频率约为每小时一次。数据采集时间以时间戳形式存储,手机用户的经、纬度信息实际上是服务通信的移动通信基站的经、纬度坐标,并不是手机用户的实际空间位置坐标,这在一定程度上保护了手机用户的空间位置隐私。手机信令数据的预处理过程与本书 3.5.1 节中介绍的方法相似,主要包括以下六个步骤。

（1）记录去重。对于手机用户 ID、时间和空间位置经、纬度都相同的数据记录,只取其中的任意一条数据记录作为有效记录,舍弃其余的数据记录。经过这一步记录去重处理,从 5.4 余亿条原始记录中共筛选出约 3.3 亿条有效记录。

（2）记录排序。由于手机信令数据中的空间位置记录并不是严格地按照时间顺序进行排列的,因此有必要按照时间顺序对手机用户的空间位置记录重新排序。

（3）位置信息匹配。在原始数据中,手机用户的空间位置信息是以经、纬度坐标表示的,这不利于后续计算,因此需要将原始数据中经、纬度坐标和移动通信基站进行匹配,把所有空间位置记录的经、纬度坐标替换为相应的移动通信基站编号。

（4）去除无效用户。除了手机用户会产生手机信令数据外,智能电表等固定设备也能产生手机信令数据,因此,需要舍弃只被一个移动通信基站记录的所谓的"手机用户"及其所有记录,这些记录很有可能是由智能电表产生的。

（5）消除信号跃迁的影响。当某手机用户的空间位置记录显示其在相邻移动通信基站之间连续移动至少三次时,我们认为产生了信号跃迁效应(也称为"乒乓效应")。例如,当某手机用户的连续六条空间位置记录在两个相邻的移动通信基站 A 和 B 之间产生(即 A—B—A—B—A—B)时,将手机用户的空间位置记录设定为其第一次被记录的空间位置(即 A—A—A—A—A—A)。在这一步数据修正中,笔者研究团队发现在 3.2 亿条出行记录中约有 180 万条(0.61%)出行记录存在信号跃迁现象。

（6）判断手机用户的驻留位置。当手机用户居家、外出工作或进行其他有特定目的的活动时，通常会在相应的空间位置（如居住地点、工作地点等）停留较长时间。这些手机用户停留时间较长的空间位置就是手机用户的驻留位置。在手机信令数据中，移动运营商约 1 小时扫描一次手机用户的空间位置。当手机用户出行时，只会被同一个移动通信基站记录一次，而当手机用户驻留在某个位置时，移动通信基站则会连续多次扫描到该手机用户。根据这一特性，可以通过比较手机用户连续两个空间位置记录的移动通信基站编号是否一致来对手机用户的状态（驻留状态或出行状态）进行判断。在对手机用户的个体移动网络模体进行研究时，只需要手机用户各次出行的目的地信息，因此只需保留手机用户的驻留位置信息。

在对手机信令数据进行预处理后，就可以根据深圳市手机用户的出行记录来分析每一位手机用户的个体移动网络模体。研究结果表明，有 16 种模体的出现频率大于 0.5‰，这 16 种模体能够包含深圳市 98.04％的居民日常出行模式。在图 3－1 中，我们按照节点数量对个体移动网络模体进行分类（虚线划分具有不同节点数量的模体）。标号 1 的个体移动网络模体出现频率最高，拥有这种模体的手机用户占所有手机用户的 62.92％，说明这类模体能够代表深圳市大部分居民的出行模式。标号 2 至标号 4 的三种模体均包含 3 个节点，拥有这三种模体的手机用户占所有手机用户的 27.37％，说明这三种模体也能代表深圳市相当一部分居民的出行模式。拥有其他类型模体的手机用户占比很小。由于可以代表居民出行规律的个体移动网络模体种类很少，因此图 3－1 中展示的 1—6 号模体都可以代表相当数量手机用户的实际出行模式。具有图 3－1 中 7—16 号模体的手机用户占比均不超过 5‰，说明只有极少部分的深圳市民在一天中会有 4 个以上位置驻留，这与少部分人的出行习惯较为一致。

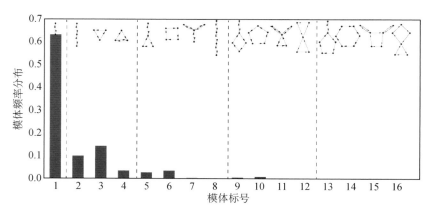

图 3－1　手机用户个体移动网络模体的出现频率分布

为了更好地还原手机用户的实际出行情景，需要分析具有相同模体的手机用户的原始空间位置记录。下面将具体分析几类比较典型的模体。

标号 1 的个体移动网络模体包含 2 个节点、2 条有向边，这种模体十分符合居民通勤特征。笔者研究团队通过分析拥有这种模体的手机用户的原始空间位置记录发现，这部分手机用户在绝大多数情况下会在早高峰或晚高峰时段产生空间位置变化，因此属于通勤出行的可能性较大。值得一提的是，虽然这种模体只包含 2 个节点，但是并不代表手机用户在一天中仅在这两个节点出现，也可能会到达其他空间位置，但由于在其他空间位置的停留时间太短，因此这些位置不能作为手机用户的驻留位置。

标号 2 的个体移动网络模体包含 3 个节点、4 条有向边，这种模体可以代表几种出行模式。一种可能的出行模式是三个节点中度为 4 的节点是手机用户的出发节点（居住小区），手机用户从出发节点开始，先到达第一个目的地节点，停留一段时间后，又回到了出发节点；之后在出发节点停留一定时间后，又前往另一个目的地节点，同样在完成相关活动后又回到出发节点。根据手机用户第一次回到居住小区的时间，可以将这种情况对应的场景分为两类，第一类是"保险推销员"模式，在一天的上午和下午，手机用户停留在两个不同的空间位置，在中午时手机用户第一次回到居住小区；第二类则与标号 1 的模体较为相似，手机用户首先从居住小区（节点 1）出发到达工作地点（节点 2），之后回到居住小区，再由居住小区出发，到达节点 3 代表的空间位置（如去超市购物），停留一定时间后，再次回到居住小区。在这种场景下，手机用户第一次回到居住小区的时间通常是晚高峰时段。另一种可能的出行模式是三个节点中度为 2 的节点是手机用户的出发节点。这种情况的发生场景可能是手机用户从居住小区出发到达工作地点，之后到达节点 3 代表的空间位置并停留了一段时间，最后原路返回。

无论是在深圳还是在芝加哥，无论是使用手机信令数据还是使用手机通话详单数据，笔者研究团队都发现居民个体移动网络模体具有高度的相似性，这再次说明居民空间行为具有很强的内在普适规律，同时也体现出模体这种新颖的分析工具在挖掘居民空间行为共性特征中的巨大潜力。

3.6　居民职住地点判别

居民的出行模式具有非常明显的空间锚点特征。对于大部分居民来说，居住地点和工作地点是日常生活中最重要的两个地点，居民经常往返于居住地点和工作地点之间。这种在居住地与工作地之间的重复出行一般被定义为通勤出行。通勤出行是居民出行的重要组成部分，高峰时段的通勤出行量通常超过全天总出行量的一半。与其他出行相比，通勤出行在时间和空间上更具规律性。从某种程度上来说，通勤活动是其他活动的基础。

居民的通勤行为特征一直以来都是研究热点。交通规划与管理部门经常开展费用比较昂贵的交通调查，以采集一小部分居民的通勤出行信息。但通过交通调查采集到的居民通勤信息往往仅覆盖一小部分群体，而且受限于被调查者的回答客观性程度，调查结果与真实情况存在一定的偏差。近年来，移动通信数据的出现为解决居民通勤信息调查提供了全新的思路。即使在基础设施相对薄弱的发展中国家，利用移动通信数据也能实现对全国人口通勤数据的充分采样。移动通信数据是一种可用于研究居民通勤行为的普适数据，为居民职住估计与通勤特征研究提供了坚实的数据基础。在本节中，笔者主要介绍几种基于移动通信数据的居民职住位置判别方法，并介绍居民通勤行为特征的分析方法。

定位居民的职住地点对于分析、预测居民的空间行为具有重要意义。居民职住估计不仅可用于获取居民的通勤出行 OD 矩阵，为城市交通规划和城市交通管理提供基础数据，还可为城市基础设施的规划与建设提供辅助决策。近年来，大量移动通信数据被用于研究居民的空间行为，许多学者利用手机通话详单（CDR）数据或手机信令（MS）数据中记录的手机用户空间位置信息，并提出一些合理的假设用于判断居民的职住地点。下面笔者将介绍几种居民职住地点的判别和分析方法。

L. Alexander 等[12]认为，居民在工作日和周末的晚上 7:00 至第二天早上 8:00 一般位于家中，因此将此时段内手机用户到达频率最高的地点作为手机用户的居住地点。工作地点则由工作日早上 8:00 至晚上 7:00 间手机用户到达某地点的距离和次数综合决定（只考虑手机用户从居住地点出发的出行）。例如，工作日早上 8:00 至晚上 7:00，手机用户到达某地点的次数为 N，该地点与手机用户居住地点间的距离为 L，则将 $(N \times L)$ 值最大的地点作为该手机用户的工作地点。这个假设是有一定依据的，考虑到手机用户从居住地点出发的短距离出行更有可能是非工作原因引起的出行，因此距离手机用户居住地点越远的地点越有可能是手机用户的工作地点。该研究团队指出，对于采用上述方法判定的工作地点还须做进一步调整。如果手机用户到达被识别的工作地点的频率小于 1 周 1 次或者该地点与手机用户居住地点之间的距离小于 500 m，则认为该地点并不是手机用户的工作地点，而是其他活动地点，如休闲地点等（实际生活中并非所有人都有工作地点）。经过上述调整，可以有效避免对手机用户工作地点的误判。L. Alexander 等[12]提出的这种手机用户职住地点判断方法的实现伪代码如下：

手机用户职住地点的判别方法：

{

　　如果时间段为工作日和周末的晚上 7:00 至第二天早上 8:00：

　　{

　　　　手机用户到达频率最高的地点作为手机用户的居住地点

　　}

　　否则：

　　{

　　　　如果手机用户到达 $(N \times L)_{max}$ 所在地点的频率大于等于 1 周 1 次并且 $L \geqslant$ 500 m：

```
        {
        该地点是手机用户的工作地点
        }
    否则:
        {
        该地点不是手机用户的工作地点
        }
    }
}
```

F. Liu 等[13]提出了另一种判断手机用户职住地点的方法。他们指出手机用户的通信活动一般会有早、晚两个高峰,可以将手机用户在工作日上午通信活动开始增多的时间作为手机用户的工作开始时间,将手机用户在工作日傍晚通信活动出现第二个高峰的时间作为手机用户的工作结束时间。通过分析手机用户的工作开始时间和工作结束时间就可以基本确定手机用户的工作地点了。该研究团队将手机用户从前一天工作结束到第二天工作开始的时段内到达频率最高的地点作为手机用户的居住地点。在判定手机用户的工作地点时还需要考虑三个标准:① 该地点不是手机用户的居住地点;② 从工作开始时间到工作结束时间,手机用户在工作地点的通信活动最频繁;③ 在工作地点,手机用户一周内至少要有 2 天有手机通信活动。同时满足上述三个标准的地点才能被认定为手机用户的工作地点。F. Liu 等[13]提出的手机用户职住地点判别方法的伪代码如下:

手机用户的职住地点判别:

```
{
如果时间段为周末和工作日工作结束时间到第二天工作开始时间:
    {
    手机用户到达频率最高的地点为居住地点
    }
否则:
    {
    如果某地点符合上述三个判别标准:
        {
        该地点是手机用户的工作地点
        }
        否则:
        {
```

```
            该地点不是手机用户的工作地点
          }
       }
    }
```

上面介绍的两种职住地点判别方法具有一些共同的特点。首先,居住地点和工作地点分别对应不同的时间段:周末和晚间为休息时间,居民位于居住地点的可能性较大,因此手机用户在这些时间段到达次数最多的地点很有可能是其居住地点;而工作日上午和下午为工作时间,居民大多位于工作单位,因此手机用户在这段时间内最常到达的地点很有可能是其工作地点。其次,在判定居住地点和工作地点之后,还需要排除一些可能的错误判断。例如,如果手机用户到达居住地点或工作地点的频率太低或工作地点离居住地点太近,那么判定的居住地点或工作地点有可能是错误的。由于居住地点和工作地点是大部分人最重要的两个活动地点,因此,准确合理地判定居民的职住地点在居民空间行为分析和交通需求 OD 分布估计方面具有十分重要的意义。

还有其他一些方法可用于职住地点判别。例如,唐小勇等[14]提出了稳定点的概念,并建立了一种基于手机信令数据的居民职住地点判别方法。他们将一天时间划分为日间(7:00—22:00)和夜间(22:00—次日 7:00)两个时间段,并将手机用户在每个时间段内累计停留时间最长且停留时间超过最低阈值(如 2 h)的地点作为手机用户的稳定点,由此可以得到日间稳定点和夜间稳定点。另外,他们还根据某天是工作日还是节假日分别估计了工作日稳定点和节假日稳定点。在提出稳定点的概念之后,他们以工作日稳定点为主,节假日稳定点作为辅助参考,通过以下几个步骤来判别手机用户的工作地点和居住地点。

(1) 如果工作日没有稳定点,则不能认定手机用户的居住地点和工作地点。

(2) 如果工作日仅有 1 个稳定点,则将这个稳定点作为手机用户的居住地点。

(3) 如果工作日有 2 个稳定点,则进一步判断这 2 个稳定点是否相同,如果这 2 个稳定点相同,则将这 2 个稳定点认定为手机用户的居住地点和工作地点,原因可能是手机用户的居住地点和工作地点十分靠近。

(4) 如果 2 个稳定点不同则继续判断节假日和工作日的稳定点是否有交集。如果日间稳定点有交集则将日间稳定点作为工作地点,将夜间稳定点作为居住地点。如果节假日和工作日的日间稳定点没有交集,则继续判断交集是否是夜间稳定点。如果交集是夜间稳定点,则将日间稳定点作为工作地点,将夜间稳定点作为居住地点;否则,将夜间稳定点作为工作地点,将日间稳定点作为居住地点,上述职住地点判别过程考虑了部分居民上夜班的情况。

唐小勇等[14]采用上述方法估计了重庆市的人口分布,所得估计结果与人口调查实证数据分析结果非常吻合。近年来,移动通信数据被广泛应用于居民职住地点的判别,还有很多基于各种居民空间行为假设的职住地点判别方法被提出,笔者在此不一一详述,仅在表 3-3 中列出几种职住地点判别方法的关键特征。

表 3-1　　　　　　　　　**几种职住地点判定方法的关键特征**

提出者	居住地点的判别	工作地点的判别	其他约束条件
M. Lenormand 等[15]	在工作日晚上 8:00 至第二天早上 7:00 的时间段内,将手机用户到达次数最多的地点作为手机用户的居住地点	在工作日早上 9:00 至下午 5:00 的时间段内,将手机用户到达次数最多的地点作为手机用户的工作地点	手机用户须在判定的居住地点和工作地点之间有出行活动,并且手机用户的通信活动需要在其居住地点或工作地点占 40% 以上
L. Pappalardo 等[4]	将一段时间内居民到达各个地点的频率排序,用 L_k 表示地点的排序序号,例如用 L_1 表示居民到达频率最高的地点,每个居民的 L_1 所代表的地点有最大的可能性是该居民的居住地点	—	—
Z. Rao等[16]	—	在工作日早上 8:00 至晚上 6:00 的时间段内,将手机用户每天都到达并且到达频率最高的地点作为手机用户的工作地点	—
J. L. Toole等[17]	将工作日晚上 8:00 至第二天早上 7:00 间手机用户停留时间最长的地点认定为居住地点	除居住地点以外,将工作日早上 7:00 至晚上 8:00 间手机用户到达次数最多的地点作为手机用户的候选工作地点	因为一部分人没有工作,因此不考虑被访问频率小于每周 1 次或距离居住地点小于 500 m 的候选工作地点,将其他候选工作地点作为手机用户的工作地点

　　生活中并不是所有人都有工作地点。例如,学生往返于居住地点和学校之间,退休人员大多在居住地点周边活动。由于学生的空间行为也具有非常明显的通勤特征,通过前面介绍的职住地点判别方法会把学生划分为上班族。如果不需要区分学生和上班族,那么应用上述职住地点判别方法没有问题,但是如果需要分别分析学生和上班族的上学地点分布和职住地点分布,前面介绍的方法就会遇到困难。一个看似可行的方法是在地图上确定所有学校的空间位置区域,如果手机用户的工作地点位于这些空间区域内,则将手机用户判定为学生,他们的出行也被相应地判定为上学出行。但是,这样仍会存在问题,比如,教师同样往返于居住地点和学校之间,教师和学生就难以区分了,

想要准确识别教师和学生,需要基于他们不同的出行特征做进一步挖掘。退休人员的出行较为分散,他们会有很多常去的地点,并且经常由居住地点出发,且出行距离一般不远,因此,退休人员的居住地点比较容易判别。

X. Yan 等[18]利用瑞士弗劳恩费尔德(Frauenfeld)230 名志愿者为期 6 周的出行调查数据研究了学生、职员和退休人员三类人群的出行特征,发现三类人群的出行距离和出行范围有非常明显的差异。他们将某志愿者出行频率最高的出行定义为其主导出行。例如,学生的主导出行在居住地点和学校之间,职员的主导出行在居住地点和工作地点之间。通过研究,他们进一步发现学生的主导出行在其所有出行中占比最高,平均达到 0.444,其次是职员的主导出行在其所有出行中的平均占比为 0.265,最后退休人员的主导出行在其所有出行中的平均占比仅为0.164。由于学生和职员经常往返于居住地点和学校或工作地点之间,他们的出行距离分布峰值通常是由主导出行的行程长度(即居住地点与学校或工作地点之间的距离)决定的。X.Yan 等[18]发现,学生和职员的出行距离通常并不服从幂律分布,表明个体出行通常不能使用列维飞行或带有指数截断的列维飞行描述。但是,如果从群体的角度来看,居民的出行距离又是服从幂律分布的,表明群体出行规律并不能准确地反映个体出行规律。X. Yan 等[18]分析了不同职业人群的出行特征,为居民职住地点判别与分析提供了新的思路和方法。

从上文介绍的居民职住地点判别方法可以看出,无论是哪种方法,都对居民的空间行为规则做了一些假设。尽管从我们的日常生活经验来看,这些规则和假设都是比较合理的,但上述居民职住地点判别方法中时间段、位置到达频率阈值和距离阈值的选择等都带有人为设定的痕迹。考虑到居民空间移动行为特征的多样性,可以预料的是,有一些居民的空间移动行为并不符合上述方法所设定的规则和假设。由于人口调查数据通常非常有限,因此很难对判别的个体职住地点进行验证。在大部分研究工作中,研究团队一般通过对比基于移动通信数据判别的居民职住地点分布结果与基于人口调查数据计算的居民职住地点分布结果,进而验证方法的准确性和可行性。未来我们还可以通过纳入更多数据信息来提高居民职住地点判别的准确度,例如,将土地利用(居住用地、工业用地等)信息融入职住地点判别来提高可靠度。我们还可以通过提高移动通信数据的时空精度来提高居民职住地点判别的准确度,例如,未来 5G 技术的广泛使用很可能会带来更加精确的居民空间位置信息。另外,由于不同居民群体的出行特征存在差异,因此,考虑这种差异性可能有助于提升居民职住地点判别的准确度。

在确定了居民的居住地点和工作地点之后,就可以通过分析居民在这两个地点之间的出行规律来研究居民的通勤行为。通勤出行在居民出行中占有很大比例,并且往往发生在早、晚高峰时段。对居民通勤行为的深入分析和理解将有助于提升城市交通规划及管理水平。值得注意的是,由于不同国家和地区的社会经济水平以及交通系统发展水平皆不同,居民的通勤特征可能会表现出明显的地域性。换言之,居民的通勤特征可以在一定程度上反映社会、经济、交通服务的发展水平。虽然,移动通信数据中没有记录手机用户通勤出行的准确时间,但移动通信数据具有易获取、覆盖范围广等特点,可以使我们捕捉到手机用户通勤出行中的驻留地点信息。因此,我们还是可以利用长期采集的移动通信数据来研究居民的通勤行为。除此之外,未来还可以结合城市交通现状水平、居民的年龄、性别、职业分布等信息对居民通勤特征做进一步研究,并结合多方面信息制订缓解通勤高峰交通拥堵的有效策略。

3.7 基于向量场模型的居民空间移动行为分析

生活中处处存在场。重力场、磁场、电场都是我们所熟知的场,这些场反映了空间中具有一定性质的物体对其他物体会产生力的作用(如带电物体会在其周围产生电场,从而对电场内的电荷产生吸引力或排斥力)。那么,是否可以认为,居民空间移动行为是由城市中的"场"所驱动的呢(如城市中心区域对居民的吸引)?受此启发,M. Mazzoli 等[19]借鉴物理学中向量场的概念建立了居民通勤出行向量场。他们利用巴黎、伦敦等城市的居民通勤数据建立的通勤出行向量场可以很好地满足高斯散度定理,为计算通勤出行向量场势能奠定了理论基础。另外,M. Mazzoli 等[19]构建的通勤出行向量场不仅展示了城市中心区域大量工作机会对居民的吸引效应,还可用于划分城市功能区边界和判别城市多中心的存在性。

下面笔者以深圳市为例,首先介绍居民通勤出行向量场的构建方法,然后介绍通勤出行向量场相关属性的计算方法,最后利用向量场模型分析深圳市居民的通勤行为。通勤出行向量场的构建过程包括以下三个步骤。

(1)分析居民空间移动行为数据,获取居民通勤出行起终点信息。随着智能手机的快速普及,我们不仅可以从 GPS 数据、移动通信数据中获取居民的通勤出行信息,甚至还可以从社交媒体数据(如 Twitter)中获取居民的日常通勤信息。采用本书 3.6 节介绍的居民职住地点判别方法,我们可以定位手机用户的居住地点和工作地点。

(2)将通勤出行起终点匹配到交通小区,生成居民通勤出行 OD 矩阵。笔者研究团队将深圳市划分为 1 km×1 km 的单元网格,并将单元网格作为交通小区,通过将居民的起终点分别匹配到对应的交通小区,进而得到居民通勤出行 OD 矩阵。其中,单元网格的划分可以通过以下方式实现:① 获取研究区域的.shp 文件,在大多数情况下,该文件是以 WGS-84 坐标系作为地理坐标系的,可以在 ArcGIS 或 QGIS 中将其转换为对应的投影坐标系;② 采用 ArcGIS 中的 fishnet 方法对投影坐标系下的研究区域进行划分,使划分后的网格长和宽均为 1 km,由此便可将深圳市划分为 2 204 个单元网格。

(3)计算每个交通小区的平均移动方向 $\vec{T_i}$、人均空间移动性 $\vec{W_i}$,生成向量场。从一个交通小区 i 出发前往不同交通小区的居民数量是不同的,因此 M. Mazzoli 等[19]定

义 $\vec{T}_i = \sum_j T_{ij} \vec{u}_{ij}$ 表示交通小区 i 的居民的空间平均移动方向,其中,T_{ij} 为从交通小区 i(居住地)到交通小区 j(工作地)的人数,$\vec{u}_{ij}$ 表示从交通小区 i 到交通小区 j 的出行方向。对 $T_{ij}\vec{u}_{ij}$ 进行矢量求和,可以获得交通小区 i 的合成向量 $\vec{T}_i$。当从交通小区 i 前往各个方向的人数相等时,$\vec{T}_i$ 为零向量。我们可以进一步计算构建向量场的关键指标 $\vec{W}_i$,该指标量化了一个交通小区的人均空间移动性,可以通过式(3-15)计算:

$$\vec{W}_i = \frac{\vec{T}_i}{m_i} = \sum_{j \neq i} \frac{T_{ij}}{m_i} \vec{u}_{ij} \qquad (3-15)$$

式中,m_i 表示居住在交通小区 i 的人数,可以近似看作交通小区 i 的总通勤人数,即 $m_i = \sum_j T_{ij}$。

笔者研究团队利用深圳市一天的地铁与出租车乘客的出行数据,计算了居民中通勤者的数量及通勤方向,并进一步计算了平均移动方向 $\vec{T}_i$ 以及人均空间移动性 $\vec{W}_i$,最终构建了深圳市居民通勤出行的向量场。研究发现,人们主要向城市中心以及部分其他区域集中,部分地区的居民空间移动平均方向没有明显规律。

居民通勤出行向量场虽然能够直观地反映人们的通勤出行方向,但无法展现各个交通小区以及城市层面的居民出行特征,还需要更进一步利用通勤出行向量场的属性,分析居民的空间移动行为。旋度和势能是场的两个非常重要的属性,下面笔者重点介绍这两个属性的计算方法。

(1)居民通勤出行向量场的无旋性。

旋度被用于表示向量场在某一点附近的旋转程度,通过计算旋度,可以将向量场分为有旋场和无旋场。例如,磁场是有旋场,场的方向形成类似圆的形状;点电荷的电场是无旋场,场的方向是从点电荷指向外部或由外部指向点电荷,不存在环绕的情况。为了探究居民通勤出行向量场是属于有旋场还是无旋场,需要计算场的旋度来判断。旋度是矢量,是具有方向的。由于居民通勤出行向量场的人均空间移动性指标 $\vec{W}$ 位于二维 X-Y 平面中,因此,旋度的方向与该平面垂直,即在 Z 轴方向。旋度的大小为 $\|\nabla \times \vec{W}\|$,每个交通小区的旋度可以通过式(3-16)计算。

$$\nabla \times \vec{W}_i = \frac{\vec{Wj}_{(\alpha_i+1, \beta_i)} - \vec{Wj}_{(\alpha_i-1, \beta_i)}}{2\Delta x} - \frac{\vec{Wi}_{(\alpha_i, \beta_i+1)} - \vec{Wi}_{(\alpha_i, \beta_i-1)}}{2\Delta y} \qquad (3-16)$$

笔者研究团队通过计算发现,深圳市各交通小区的旋度值均小于 $0.1~km^{-1}$。M. Mazzoli 等[19]指出,仅仅通过旋度的绝对值无法判断场是有旋场还是无旋场,因此需要构造一个无旋场来与通勤出行向量场进行对比:如果通勤出行向量场的旋度值低于无旋场的旋度值,则认为通勤出行向量场是无旋的。无旋场可以通过保持每个交通小区的 $\|\vec{W}_i\|$ 不变,随机改变 $\vec{W}_i$ 的方向产生。M. Mazzoli 等[19]对伦敦居民的通勤出行向量场进行了分析,计算出伦敦居民的通勤出行向量场的旋度为 $21~km^{-1}$,而无

旋场的旋度为 45 km⁻¹，这说明伦敦居民的通勤出行向量场是无旋场。笔者研究团队发现，深圳市居民的通勤出行向量场也是无旋场。另外，M. Mazzoli 等[19]指出旋转结构的通勤出行向量场在城市中并不多见，这在很大程度上是由于城市中土地利用具有很强的混合性导致的，但是在城市环形高速公路以及地铁部分线路中，还是有可能存在有旋场的。

（2）居民通勤出行向量场的势能计算。

当通勤出行向量场是一个无旋场时，就可以进一步计算向量场的势能。在通勤出行向量场中，势能反映了交通小区所包含的能量。势能越高反映出交通小区所拥有的能量越高，而能量总是由势能高的点传递到势能低的点，势能高的交通小区的居民具有更强烈的外出意愿，前往势能更低的交通小区（如城市中心区域）。M. Mazzoli 等[19]给出的交通小区势能计算公式如下：

$$\frac{\mathrm{d}V_i}{\mathrm{d}x} = \frac{V_{(\alpha_i+1,\,\beta_i)} - V_{(\alpha_i,\,\beta_i)}}{\Delta x} = \overrightarrow{Wi}_{(\alpha_i,\,\beta_i)} \tag{3-17}$$

$$\frac{\mathrm{d}V_i}{\mathrm{d}y} = \frac{V_{(\alpha_i,\,\beta_i+1)} - V_{(\alpha_i,\,\beta_i)}}{\Delta y} = \overrightarrow{Wj}_{(\alpha_i,\,\beta_i)} \tag{3-18}$$

需要注意的是，势能是一个相对量，选择不同的零势能点，得到的势能数值是不同的。因此，计算势能的关键步骤是将其中一个边界点设为零势能点，即 $V_i = 0$，其中，i 是位于边界点的交通小区。随后，迭代计算每个交通小区的势能值，再以其他三个顶点作为零势能点重复以上步骤，从而每个交通小区便有了通过四个顶点计算的势能值，对其取平均值作为该交通小区最终确定的势能。笔者研究团队计算了深圳市的势能分布，发现深圳市势能最低的区域集中在城市中心区域以及龙岗区的部分区域，这反映出城市中心区域比城市外围区域更容易吸引居民出行，与居民的一般出行规律相吻合。

M. Mazzoli 等[19]在传统场的理论基础上构建了居民通勤出行向量场，进一步计算了向量场的旋度、势能等重要属性，为分析居民空间移动行为特性提供了新的思路和方法。另外，他们还指出，通勤出行向量场的势能计算结果在解释一些争议性问题上起到了关键作用，如城市边界功能区划分和城市多中心存在性等问题。

3.8 基于移动通信数据的居民集群行为分析

J. Candia 等[20]结合标准渗流理论工具，建立了基于移动通信数据的居民集群行为感知方法。这项研究工作非常具有启发性，论文发表后，得到了人类动力学和居民出行行为研究领域学者的广泛关注及引用。笔者在文献[21]的研究工作中也参考了文献[20]的建模思路，构建了居民异常移动网络（更多关于文献[21]的内容请参阅本书 7.4 节）。

J. Candia 等[20]首先初步分析了居民通信活动的时空分布。他们使用 Voronoi 图划分移动通信基站的服务区(每个服务区对应一个通信基站),并分析了移动通信基站服务区在两个时段的手机用户通信活动情况。一个时段选择了周一中午的通信高峰时段,另一个时段选择了周日上午的非通信高峰时段。该研究团队发现,在所选择的两个时段内,手机通信活动的强度和分布非常不同:在周一中午的通信高峰时段,商业办公区有更多的通信活动;而在周日上午的非通信高峰时段,居住休闲区有更多的通信活动。除了上述空间分布特征外,手机通信量还具有时间分布特征,不同时段或不同日期的手机通信量也有所不同。

在对居民通信活动的时空分布进行初步分析后,J. Candia 等[20]进一步将邻近移动通信基站服务区的手机通信量数据做了整合,以用于分析更大尺度的手机通信活动波动。这是一种在居民空间行为分析中常用的方法和技巧。试想,如果每个空间统计单位覆盖的面积都很小,那么空间统计单位中的手机通信量在日常情况下也会有很大波动,这不利于识别由紧急突发事件引发的手机通信量波动。进行数据整合后(将移动通信基站服务区的手机通信量映射到 12 km×12 km 的方格),虽然手机通信量的空间分辨率会有所降低,但在日常情况下,我们能够获得更加稳定的手机通信量空间分布模式,并且利用整合数据(更多的统计样本)分析得出的结果和发现会更加可靠。

在某个空间统计单位中(如 12 km×12 km 的方格),手机通信量的大小与观测时段以及人口密度有关,但手机通信量的波动与上述两个要素关联不大。手机通信量的波动可被用于感知居民的异常行为和紧急突发事件。J. Candia 等[20]建立了一个新的紧急突发事件的感知方法框架:首先定义 $n_i(r, t, T)$ 为方格 r 在第 i 周 t 时至 $(t+T)$ 时的手机通信量(文献[20]中将 T 设为 1 h),假设共有 N 周连续记录数据,则方格 r 在 t 时至 $(t+T)$ 时的平均手机通信量由式(3-19)计算:

$$\langle n(r, t, T) \rangle = \frac{1}{N} \sum_{i=1}^{N} n_i(r, t, T) \tag{3-19}$$

进一步可以使用手机通信量标准差来描述手机通信量偏离平均值的程度:

$$\sigma(r, t, T) = \sqrt{\frac{1}{N-1} \sum_{i=1}^{N} (n_i(r, t, T) - \langle n(r, t, T) \rangle)^2} \tag{3-20}$$

在给定一个观测时期的移动通信数据后,就可以计算在这个观测时期某方格内手机通信量的均值,以及各个时间窗方格内手机通信量与均值的偏差。高于或者低于给定阈值的手机通信量异常波动可用式(3-21)来识别:

$$|n_i(r, t, T) - \langle n(r, t, T) \rangle| > A_{thr} \times \sigma(r, t, T) \tag{3-21}$$

其中,A_{thr} 为设定的波动阈值常数,且 $A_{thr} > 0$。阈值设定得越高,则认定手机通信量异常的标准越高,即只有较大的手机通信量波动才会被认定为异常波动;如果阈值设定得较低,则轻微的手机通信量波动都会被认定为异常波动。我们需要根据研究对象的实际情况选择阈值,一个基本原则是选取能区分紧急突发事件和日常情况的最低阈值。笔者在文献[21]中对类似的阈值选择方法做了深入讨论,并提出一种基于 Jensen - Shannon 散度的阈值常数选择方法,有兴趣的读者可以查阅本书 7.4 节的内容。

J. Candia 等[20]分析了两周同一时段的手机通信量,选择的两个时段分别对应日常情况和有紧急突发事件发生的情况。他们选取 $A_{thr} = 0.25$ 作为阈值常数,手机通信量波动大于阈值的方格被涂成黑色,手机通信量波动小于阈值的方格被涂成灰色。该研究团队发现,在日常情况下,手机通信量波动大于阈值的方格零星地散落在地理空间内,而发生紧急突发事件时,手机通信量波动大于阈值的方格连成一片,这种手机通信量波动的特有分布模式可用于感知紧急突发事件。然而,手机通信量的地理分布在日常情况下和发生紧急突发事件情况下并没有什么区别,这说明仅分析手机通信量是无法感知紧急突发事件的。J. Candia 等[20]将地理上连成一片的方格称为(方格)团簇,并借用物理学中的渗流理论计算了最大团簇的大小、团簇的数量及团簇的分布。他们将方格内的手机通信量在空间随机排布,生成了很多手机通信量分布的随机数据。研究结果表明:紧急突发事件中的最大团簇大小 S_{max} 大于利用随机生成数据计算的最大团簇大小;紧急突发事件中的团簇数量 N_{cl} 也与利用随机生成数据计算得到的团簇数量有较大偏差;日常情况下的团簇累积分布 $N_{cl}(S_{cl} > S)$ 与利用随机生成数据计算的团簇累计分布相似,而在发生紧急突发事件情况下会出现一些大型团簇。通过该研究工作可以发现,移动通信数据能够用于理解居民群体行为和感知紧急突发事件。J. Candia 等[20]提出的居民异常行为识别方法具有广泛的应用场景,这个方法也被 Z. Huang 等[21]借鉴,用于构建居民异常移动网络模型,进而对人群聚集(居民空间行为的一种紧急突发情况)进行预警。

3.9　居民空间移动行为分析的多领域应用

移动通信数据中记录的海量居民空间移动行为信息在交通需求分析、人口分布感知预测等方面具有重要的应用前景。事实上,移动通信数据的应用领域远不止这些。这是因为移动通信数据除了记录居民空间移动行为信息,还记录了居民通信行为信息。这些通信行为信息主要包括:手机用户使用通话、短信、上网等通信服务的时间,使用通信服务的频率,联系人与联系人的通信时间、频率等信息。移动通信数据中记录的居民通信行为信息在社会学、经济学和行为学等领域具有重要的应用前景,如果将手机用户的通信行为信息与空间行为信息相结合,则能提出一些非常新颖、有效的方法。下面,笔者将简要介绍移动通信数据和居民空间移动行为分析在其他领域的应用,有兴趣的读者可以查阅相关论文以获取更详尽的信息。

理论研究表明,居民社交网络结构可能会影响区域经济发展,这可能是由于经济发展机会通常来自区域之外的社交关系。一般认为,高度集中并且孤立的社交关系会限制居民与外界社会经济群体的交流,而具有多样性特征的社交关系则能带来多种多样的人际接触,进而为居民带来更多的经济发展机会。然而,在很长一段时间内,由于缺乏大规模的社交网络结构数据和经济发展指标数据,居民社交关系的多样性与区域经济发展之间的关系尚不明了。在社会经济领域,是否可以借助居民通信数据去衡量一个地区的社会经济发展指数甚至是个体的社会经济情况?为了回答这个问题,N. Eagle等[22]提出利用信息熵量化居民社交多样性和居民通信行为空间多样性的方法,发现地区社会经济综合评价(IMD)指标与居民的社交多样性和居民通信行为的空间多样性都具有较强的正相关关系,从而验证了较高的社交网络多样性是社会经济发展的重要标志,并提出了基于手机用户通信行为数据的区域社会经济度量指标,研究成果发表在国际顶级期刊 *Science* 上[22]。

国家财富地理分布信息被广泛应用于分配社会资源以及制定经济发展政策方面。近年来,在发达国家出现了一些新颖的人口经济数据采集方法,如使用互联网社交媒体上产生的海量数据估计失业率、预测选举结果和经济发展等。然而,在一些欠发达国家和地区,上述基于互联网和社交媒体的人口经济数据采集方法并不适用,财富地理分布数据还比较缺乏,这成为这些国家和地区开展相关领域研究、实施相关经济政策的一大障碍。是否可以利用移动通信数据获取财富地理分布信息呢?J. Blumenstock 等[23]给出了答案。他们在国际顶级期刊 *Science* 上发表了研究成果,即利用大规模移动通信数据和少量电话调查数据预测欠发达国家的财富地理分布和居民经济特征(如是否拥有汽车、电器或房产等)。该研究成果不仅为人口经济数据采集提供了一种具有较高空间分辨率的低成本且高效的方法,还可以为不平等性和经济发展决定因素研究提供了基础数据信息。

城市人口时空分布信息和城市土地利用信息是城市规划领域的重要基础信息,目前,这些信息大多依靠人口普查或交通调查方法获取,不仅耗时耗力,而且成本高昂。J. L. Toole 等[24]创新性地利用移动通信数据分析城市人口的时空分布,推测城市各个区域的土地利用类型,为获取城市人口时空分布信息以及城市土地利用信息提供了新的思路和方法。该研究成果不仅能够服务于土地规划策略的制定,实现各种土地利用类型的效益最大化,而且又一次展示了移动通信数据的广泛应用前景。J. L. Toole 等[24]的研究工作展示了移动通信数据在土地利用类型预测方面的强大应用潜力,并得到了土地利用研究领域学者们的广泛关注。基于移动通信数据的土地利用类型预测方法是一种低成本、高时效的新方法,可以为基于实地调查的传统方法提供有力补充。该研究团队利用居民通信行为模式和空间位置信息对土地利用类型进行判别,具有其特有的优势,比如能够甄别出某些没有按政府划分类型使用的土地,进而可以帮助政策制定者更好地划分土地利用类型。另外,该研究团队提出的相对手机通信活动强度和剩余手机通信活动强度在移动通信数据分析和居民空间行为研究领域极具参考价值。相对手机通信活动强度消除了各个区域的(绝对)手机通信量的差异性;而剩余手机通信活动强度则避免了手机使用量在一天中分布不均对居民通信行为分析的影响,并能捕捉到手机通信活动的空间差异性。这些方法在挖掘手机用户本征行为模式方面具有非常重要的参考价值。

地震、洪水、飓风等自然灾害都有可能造成大量人口迁徙。自然灾害发生后,受灾群众的地理空间分布信息对政府及相关部门而言至关重要,这些信息是他们开展灾后救援和灾后重建的关键依据。近年来,移动通信数据的大量出现为及时、准确获取受灾群众的地理空间分布信息提供了新的途径,只要移动通信数据中记录了自然灾害发生前后手机用户的空间位置信息,就可用于分析自然灾害对居民空间行为的影响,并估计受灾群众的空间分布。X. Lu 等[25]分析了海地最大移动运营商提供的 290 万匿名手机用户超过一年的移动通信数据,深入研究了 2010 年海地地震发生后当地居民的空间位移行为。该研究团队发现,在严重自然灾害发生后,人们并不是混乱地逃离或寻求帮助,居民空间行为活动仍具有较高的规律性和可预测性;另外,地震发生后,人们的出行行为仍受其日常出行习惯和亲属纽带关系的影响,因此,利用节假日期间的人口分布可以很好地估计自然灾害发生后的人口分布,进而辅助政府和相关部门进行灾后救援和重建。X. Lu 等[25]开展的研究工作展现了移动通信数据在灾后救援和灾后重建中的重要应用前景,是研究居民在自然灾害发生后空间位移行为的开创性工作,对后续相关研究有很多启发。

另外,面对流行性疾病,人口流动往往会将病毒从一个地方携带到另一个地方,从而引起流行性疾病的大面积传播。移动通信数据可以准确、实时地记录居民空间移动信息,进而捕捉到实时的人口流动情况。J. S. Jia 等[26]利用移动通信数据追踪了新型冠状病毒疫情(COVID-19)发生后的人口流动情况,并提出了两个创新型的疫情传播预测模型,以用于识别哪些地区具有较高的疫情传播风险或采取了有效的疫情防控措施。2020 年 4 月,该研究团队所取得的研究成果被发表在国际顶级期刊 Nature 上,这个开创性研究工作为基于数据分析技术的疫情传播控制提供了很大的启发,展示了移动通信数据在疫情传播预测和防控领域的重要应用前景。

移动通信数据不仅能够用于预测流行性疾病的传播,还可以预测数字病毒的传播(如计算机病毒)。手机病毒也属于数字病毒,除了与互联网病毒类似,可利用通信网络进行长距离传播以外,它还与流行性疾病类似,即利用个体的空间临近建立蓝牙连接以进行短距离传播。因此,手机病毒既具有互联网病毒的传播特性,又具有流行性疾病的传播特性。为了定量研究手机病毒的传播特征,需要同时获取手机用户的空间位置信息和社交网络信息。

P. Wang 等[27]利用手机数据中蕴含的居民空间移动、通信行为等信息建立了蓝牙、彩信病毒的传播模型,并首次分析了手机病毒在蓝牙模式和彩信模式下的时空传播特征。该研究发现,只要病毒传播时间足够长,蓝牙手机病毒可以感染所有可被攻击的手机,但由于蓝牙手机病毒的传播需要手机用户的空间移动作为辅助,所以传播速度较慢。另外,彩信病毒可以很快地(几小时内)感染所有可被攻击的手机,但是,彩信病毒需要通过手机用户的社交网络来传播病毒数据。由于手机用户的社交网络覆盖的手机用户有限,因此彩信病毒可以攻击的手机用户也是有限的,彩信病毒的传播受到手机操作系统市场占有率的限制。

P. Wang 等[27]进一步利用渗流理论和生成函数分析了彩信手机病毒传播态势的相变过程,首次预测了彩信手机病毒爆发的操作系统占有率阈值。该研究成果不仅可以用于评估手机病毒风险,还揭示了预防、控制手机病毒爆发的关键机理。蓝牙和彩信手机病毒分别利用了手机用户的空间接触网络和社交网络传播,二者的传播机制有很大差异。同时,该研究团队首次研究了手机病毒在由空间接触网络和社交网络构成的混合网络上的传播模式特征,并发现了蓝牙传播模式和彩信传播模式各自的主导区间。

P. Wang 等[27]的研究工作对手机病毒的潜在危害进行了全面分析评估,可以辅助相关信息安全部门制订适当的应对措施,从而避免大规模手机病毒爆发所带来的巨大损失。手机病毒既具有流行性疾病的传播特征,又具有数字病毒的传播特征,分析手机病毒两种传播模式各自的特征以及混合传播模式的特征是一个非常有趣的尝试。我们可以发现手机病毒两种传播模式背后的驱动力:居民空间移动行为和居民社交行为。这两种居民行为的信息都蕴含在移动通信数据中,可见移动通信数据在居民行为研究领域的重要性。如果没有移动通信数据的出现,我们对居民行为的认识和理解可能要推后很多年,更不用提基于移动通信数据的实际应用技术了。

交通枢纽是城市各类交通运输方式和航空、铁路、长途汽车等对外长途交通运输方式的交叉与衔接之处,是不同交通运输方式网络线路的交汇之处,也是城市综合交通的重要组成部分。合理规划和智慧管理交通枢纽对于提升交通运输安全、效率和服务水平,建设智慧城市、提升人民群众的幸福感至关重要。为了更好地规划和管理交通枢纽,对交通枢纽的客流行为特征进行深入分析研究是非常有必要的。然而,传统视频检测方法既不能全面记录客流信息(仅对局部区域监测),又不能捕捉乘客到达交通枢纽前或离开交通枢纽后的出行行为。

移动通信数据的出现为解决交通枢纽客流行为分析提供了新途径。G. Zhong 等[28]利用上海市的大规模移动通信数据研究了交通枢纽乘客活动区的识别方法和交通枢纽客流特征的分析方法,其中一些数据的处理和分析方法非常具有借鉴意义。例如,在基于时空聚类的交通枢纽服务区识别方法中,利用乘客特有的空间移动行为特征补充了大量位于交通枢纽物理边界外的交通枢纽移动通信基站,巧妙地使用了先分析"已确定基站"的手机用户行为特征,再根据特征对比寻找潜在交通枢纽移动通信基站的研究思路,从而有效地避免了移动通信数据空间分辨率较低的难题。另外,该研究团队提出的活跃用户分类方法、移动通信基站活跃用户的时间序列之间的时间距离计算方法以及乘客的分类方法和标准都非常具有参考价值,可以比较容易地在其他交通枢纽客流分析或其他特定人群的空间移动行为分析中推广应用。

目前,欧美建筑物能源消耗已占到总能源消耗的 40% 以上[29],很多国家和地区都开始制定、实施节能减排政策。为了制定出有效的节能减排政策,需要对建筑物的能耗情况做出准确估计,而建筑物的能耗与建筑物占用情况密切相关,因此,准确估计建筑物占用情况就显得至关重要了。然而,目前非常欠缺有关大规模建筑物占用情况的估计方法,由于无法获取建筑物占用情况的可靠信息,因此利用传统建筑能源模型对能耗进行估算常常存在不准确的情况。E. Barbour 等[29]提出了一个方法,即把空间精度较低的手机用户位置坐标映射到具有较高空间粒度的建筑物,进而利用移动通信数据估计居民在建筑物间的移动和停留情况以及建筑物的占用率和能源消耗。他们提出的建筑物占用情况估计方法不仅为建筑物能源消耗估计模型框架提供了全新的思路,也体现了移动通信数据的广阔应用前景。

3.10　小结

近年来,居民空间移动行为分析研究领域蓬勃发展,出现了很多"里程碑"式的研究工作,例如,从美元钞票飞行轨迹到手机用户空间移动行为,从探索与优先回归到空间移动的可预测性,从居民出行模体到居民集群行为。经过 10 余年的发展,居民空间移动行为研究领域已硕果累累,不仅有借助移动通信数据开展的居民空间移动行为研究,还有很多研究工作借助了其他蕴含居民空间移动行为信息的数据,对居民空间移动行为进行了多层面、多角度的分析。本章介绍的居民空间移动行为分析方法和发现仅是众多研究工作中的冰山一角。笔者希望本章的相关介绍能够帮助读者梳理居民空间移动行为分析研究领域的基本发展脉络,成为读者探索这个活跃、前沿领域的"敲门砖"。

在本章的 3.9 节中,笔者简要介绍了居民空间移动行为分析在多个研究领域中的应用,如果读者打算更深层次地了解这些研究工作,建议查阅相关论文的原文。我们可以看到:从社会经济指数预测到土地使用模式划分,从灾后救援重建到疫情传播防控,从客流特征分析到建筑物节能减排,居民空间移动行为分析都大有"用武之地"。居民空间移动行为分析的应用场景如此广泛,更加说明了这个研究领域的重要性。同样地,笔者在 3.9 节中介绍的研究工作也只是居民空间移动行为分析应用中的一小部分,更多的精彩研究工作值得读者去进一步探索。

参考文献

[1]　HUFNAGEL L, BROCKMANN D, GEISEL T. Forecast and control of epidemics in a

globalized world[J]. Proceedings of the National Academy of Sciences of the United States of America，2004，101(42)：15124 - 15129.

[2] BROCKMANN D，HUFNAGEL L，GEISEL T. The scaling laws of human travel[J]. Nature，2006，439(7075)：462 - 465.

[3] GONZALEZ M C，HIDALGO C A，BARABASI A L. Understanding individual human mobility patterns[J]. Nature，2008，453(7196)：779 - 782.

[4] PAPPALARDO L，SIMINI F，RINZIVILLO S，et al. Returners and explorers dichotomy in human mobility[J]. Nature Communications，2015，6(8166).

[5] VISWANATHAN G M，AFANASYEV V，BULDYREV S V，et al. Levy flight search patterns of wandering albatrosses[J]. Nature，1996，381(6581)：413 - 415.

[6] BARTUMEUS F，PETERS F，PUEYO S，et al. Helical Levy walks：Adjusting searching statistics to resource availability in microzooplankton [J]. Proceedings of the National Academy of Sciences of the United States of America，2003，100(22)：12771 - 12775.

[7] RAMOS-FERNANDEZ G，MATEOS J L，MIRAMONTES O，et al. Levy walk patterns in the foraging movements of spider monkeys（Ateles geoffroyi）[J]. Behavioral ecology and Sociobiology，2004，55(3)：223 - 230.

[8] SIMS D W，SOUTHALL E J，HUMPHRIES N E，et al. Scaling laws of marine predator search behaviour [J]. Nature，2008，451(7182)：1098 - 1102.

[9] SONG C，KOREN T，WANG P，et al. Modelling the scaling properties of human mobility [J]. Nature Physics，2010，6(10)：818 - 823.

[10] SONG C，QU，Z，BLUMM N，et al. Limits of predictability in human mobility [J]. Science，2010，327(5968)：1018 - 1021.

[11] SCHNEIDER C M，BELIK V，COURONNE T，et al. Unravelling daily human mobility motifs [J]. Journal of the Royal Society Interface，2013，10(84)：20130246.

[12] ALEXANDER L，JIANG S，MURGA M，et al. Origin-destination trips by purpose and time of day inferred from mobile phone data [J]. Transportation Research Part C：Emerging Technologies，2015，58：240 - 250.

[13] LIU F，JANSSENS D，CUI J，et al. Building a validation measure for activity-based transportation models based on mobile phone data [J]. Expert Systems with Applications，2014，41(14)：6174 - 6189.

[14] 唐小勇，周涛，陆百川，等.一种基于手机信令的通勤 OD 训练方法 [J].交通运输系统工程与信息，2016，16(5)：64 - 70.

[15] LENORMAND M，PICORNELL M，CANTU-ROS O G，et al. Cross-checking different sources of mobility information [J]. PLoS One，2014，9(8)：e105184.

[16] RAO Z，YANG D，DUAN Z. Resident mobility analysis based on mobile-phone billing data [J]. Procedia-Social and Behavioral Sciences，2013，96：2032 - 2041.

[17] TOOLE J L，COLAK S，STURT B，et al. The path most traveled：Travel demand estimation using big data resources [J]. Transportation Research Part C：Emerging Technologies，2015，58：

162－177.

［18］ YAN X，HAN X，WANG B，et al. Diversity of individual mobility patterns and emergence of aggregated scaling laws ［J］. Scientific Reports，2013，3(1)：2678.

［19］ MAZZOLI M，MOLAS A，BASSOLAS A，et al. Field theory for recurrent mobility ［J］. Nature Communications，2019，10(1)：3895.

［20］ CANDIA J，GONZALEZ M C，WANG P，et al. Uncovering individual and collective human dynamics from mobile phone records ［J］. Journal of Physics A：Mathematical and Theoretical，2008，41(22)：224015.

［21］ HUANG Z，WANG P，ZHANG F，et al. A mobility network approach to identify and anticipate large crowd gatherings ［J］. Transportation Research Part B：Methodological，2018，114：147－170.

［22］ EAGLE N，MACY M，CLAXTON R. Network diversity and economic development ［J］. Science，2010，328(5981)：1029－1031.

［23］ BLUMENSTOCK J，CADAMURO G，ON R. Predicting poverty and wealth from mobile phone metadata ［J］. Science，2015，350(6264)：1073－1076.

［24］ TOOLE J L，ULM M，GONZALEZ M C，et al. Inferring land use from mobile phone activity ［C］//Proceedings of the 12th ACM SIGKDD International Workshop on Urban Computing. Beijing：ACM，2012：1－8.

［25］ LU X，BENGTSSON L，HOLME P. Predictability of population displacement after the 2010 Haiti earthquake ［J］. Proceedings of the National Academy of Sciences of the United States of America，2012，109(29)：11576－11581.

［26］ JIA J S，LU X，YUAN Y，et al. Population flow drives spatio-temporal distribution of COVID－19 in China ［J］. Nature，2020，582(7812)：389－394.

［27］ WANG P，GONZALEZ M C，HIDALGO C A，et al. Understanding the spreading patterns of mobile phone viruses ［J］. Science，2009，324(5930)：1071－1076.

［28］ ZHONG G，WAN X，ZHANG J，et al. Characterizing passenger flow for a transportation hub based on mobile phone data ［J］. IEEE Transactions on Intelligent Transportation Systems，2016，18(6)：1507－1518.

［29］ BARBOUR E，DAVILA C C，GUPTA S，et al. Planning for sustainable cities by estimating building occupancy with mobile phones ［J］. Nature Communications，2019，10(1)：3736.

4 | 居民空间移动行为模型

4.1 引言

美国东北大学复杂网络研究中心主任 A. L. Barabasi 教授带领研究团队在研究居民空间移动行为的可预测性中发现:无论居民出行距离长短,以及他们是何种年龄、何种性别和何种社会经济属性,其空间移动可预测准确度上界均值高达 93%。这项研究成果为居民空间移动行为建模奠定了理论基础。试想,如果居民空间移动行为在理论上的可预测性很低,那么研究如何构建居民空间移动行为模型就没有意义了。可以说,正是居民空间移动行为具有较高的可预测性,才奠定了构建各类居民空间移动行为模型的基础。居民空间移动行为的可预测性源于人们生活的规律性:我们每天的居住地点、工作地点、学习地点、活动场所都是比较固定的,并且我们在这些地点停留的时间段也是比较固定的。居民空间移动行为的可预测性能够利用信息熵进行度量。A. L. Barabasi 教授研究团队发现,居民空间移动的信息熵较低,这就意味着居民未来会在哪个地点停留具有较高的可预测性[1]。

移动通信数据覆盖人口广,记录时间长,为建立居民空间移动模型提供了大量数据样本,满足了居民空间行为建模的数据需求。既然移动通信数据已经记录了海量的居民空间移动行为信息,那么为什么还需要建立居民空间移动行为模型呢?从本质上来说,这还是由移动通信数据无法提供某些居民空间移动行为信息(一是缺失的居民空间位置信息,二是未来的居民空间位置和出行信息)导致的。因此,笔者在此总结了三点建立居民空间移动模型的必要性:① 补齐缺失的居民空间位置信息数据;② 预测居民未来的空间位置和出行情况;③ 作为其他动力学模型的底层基础模块(如居民空间移动模型作为病毒传播模型的底层基础模块)。

在补齐缺失的居民空间位置信息数据方面:首先,目前在居民空间行为研究领域中使用较为普遍的移动通信数据是手机通话详单(CDR)数据。在 CDR 数据中,仅当手机用户打电话或者发短信时,移动运营商才会记录手机用户的空间位置信息。对于大部分手机用户而言,在很多时间窗内并没有空间位置信息记录,因此,有时需要通过建立模型来估计手机用户缺失的空间位置信息。其次,移动通信数据往往无法持续获取,这一点在手机信令(MS)数据上表现得尤为明显。在 MS 数据中,手机用户的空间位置信息记录频率较高,但由于 MS 数据占用的存储空间非常大,大部分 MS 数据仅持续采集数天。在没有 MS 数据记录时,可以利用历史 MS 数据构建居民空间移动模型,预测没有数据时段内的居民空间位置信息。从上述介绍可以看出,建立居民空间移动行为模型在居民空间位置信息填补方面具有非常广泛的应用场景。

在预测居民未来的空间位置和出行方面:很多实际应用场景中需要预判居民未来的空间位置,以采取及时的应对管理措施。然而,移动通信数据无法提供居民未来的空间位置信息,所以只能通过建立居民空间移动行为模型来预测居民未来的空间位置。

例如,在很多大型活动中,大量人群同时向活动地点汇聚,交通系统会承受远超日常的巨大压力,经常会出现极为严重的交通拥堵甚至导致局部交通瘫痪。为了避免出现交通瘫痪和人群聚集事故,就需要建立预测模型来对居民群体的空间移动行为进行预测,并根据预测结果制订和实施交通限行或人群聚集管控方案。

在作为其他动力学模型的底层基础模块方面:很多交通需求估计模型、交通仿真模型、交通管控模型、疫情传播模型都以居民空间移动行为预测模型为基础模块。例如,交通需求 OD 矩阵为交通规划和交通管理提供了核心基础数据,而交通需求本质上由居民的空间移动产生,因此,居民空间移动行为预测模型可以作为交通需求 OD 预测模型的底层模块(如本章 4.7 节中介绍的辐射模型)。又如,在很多疫情传播模型中,假设个体在每个小区中均匀混合,但要研究疫情随个体移动的传播规律,就需要考虑个体在空间中的移动,这时,居民空间移动行为模型经常作为疫情传播模型的底层模块。

学术界对人类空间移动模型的研究早在 20 世纪初就开始了。1905 年,K. Pearson[2] 提出了随机游走(Random Walk)模型(以下简称 RW 模型),用于解释花粉粒在培养皿中不规则运动的规律。如今,RW 模型在数学、物理、化学、经济学、生态学、心理学、计算机科学等很多领域都得到了广泛应用。在 RW 模型中,个体每个时间窗随机选择一个邻近节点并移动到该节点,步长确定并且唯一,下一步位移与上一步位移没有相关性,因此,RW 模型也被称为"醉汉"模型。显然,RW 模型并不适用于描述动物的空间移动行为,更无法准确刻画居民的空间移动行为特征。

另一个著名的理论模型是列维飞行(Levy Flight)模型(以下简称 LF 模型)。列维飞行是一类步长概率分布为幂律分布的特殊随机游走。LF 模型最初由法国数学家及分形专家 Benoît B. Mandelbrot 在 1982 年首次提出,并以其导师 Paul Pierre Lévy 的名字命名。LF 模型与 RW 模型的相同之处在于个体随机选择移动地点的机制,下一步位移与上一步位移没有相关性。LF 模型与 RW 模型的不同之处在于每次移动的步长服从幂律分布。20 世纪 90 年代,科学家们在候鸟、猴子等动物身上绑了 GPS 信号接收器,采集了很多动物的空间移动轨迹数据[3-6]。科学家们发现,这些动物在捕食中每次移动的步长近似服从幂律分布,可以使用 LF 模型很好地刻画。LF 模型之所以能够较好地捕捉动物的空间移动行为,是由于动物没有固定居所,一般消耗完附近的食物后就会迁徙到较远的地方寻找新的食物源。然而,人与动物不同,大多数人都有自己的居住地点、工作单位等"锚点",并且有比较固定的出行链,显然,LF 模型不能用来刻画居民的空间移动行为。尽管如此,LF 模型作为一个经典的理论模型,启发了后续居民空间移动行为模型的建立。

在很长一段时间内,由于缺乏记录居民空间行为的数据,再加上计算机的运算能力和存储能力有限,居民空间移动行为模型领域的发展非常缓慢。直至 2006 年,D. Brockmann教授与其合作者首次利用美元钞票流通数据研究了居民空间移动距离的分布规律和钞票停留时间的分布规律,并使用连续时间随机游走(Continuous Time

Random Walk，CTRW)模型对钞票流动进行建模,得到了与实证数据相吻合的结果,在数据驱动的居民空间移动行为研究领域迈出了重要的一步。这个研究工作的巧妙之处在于:由于钞票必须由人携带才能完成"飞行",因此,利用钞票数据可以间接地研究居民空间移动行为。然而,美元钞票的"飞行"一般由多个人共同完成,分析钞票流通数据并不能对个体空间位置实现长期跟踪,因此,钞票流通数据无法用于研究居民空间行为的规律性和周期性。关于 CTRW 模型的介绍详见本章 4.2 节。

为了解决美元钞票流通数据不能记录长期的个体空间行为信息这个问题,2008 年,A. L. Barabasi 教授研究团队首次利用大规模移动通信数据对居民空间移动行为规律进行了深入分析和讨论。2009 年,他们提出了基于居民空间位置分布概率的居民空间位置快速预测模型。2010 年,他们进一步发现了居民空间移动行为的三个统计标度率,并建立了探索与优先回归模型:居民以一定的概率探索新位置,以一定的概率返回曾到达的位置,其中,探索新位置的概率随着目前已到达地点数的增多而降低,返回某个曾到达位置的概率则与以前到达该位置的次数成正比。探索与优先回归模型很好地重现了居民空间移动行为的三个统计标度率。关于上述模型方法的介绍详见本章 4.3 节和 4.4 节。

居民空间移动行为可以指居民个体空间移动行为,也可以指居民群体空间移动行为。CTRW 模型和探索与优先回归模型都属于居民个体空间移动行为模型,而本章4.5节介绍的重力模型和辐射模型则属于居民群体空间移动行为模型。居民群体空间移动行为模型在交通领域的应用更为广泛,因为其预测结果直接对应着交通规划与交通管理所需的基础输入数据——OD 矩阵。重力模型的形式与物理学中的"万有引力"模型非常相似,是一个很早就被广泛应用的经典模型,无论是城市间的交通流量还是通信量,都能被重力模型很好地刻画。2012 年,A. L. Barabasi 教授研究团队发现重力模型在很多情况下并不能很好地预测居民在不同地点间的迁徙,于是,他们提出了无须定参的辐射模型。这种模型不仅考虑了两个城市各自的人口数量,还考虑了两个城市之间的人口数量,其预测准确度比重力模型高。辐射模型的研究成果在国际顶级期刊 *Nature* 上发表后,受到了众多专家学者的关注,后续对辐射模型也进行了不少改进。例如,在本书 4.6 节中介绍的 PWO 模型,同时考虑了人口分布和机会数目对交通流量的影响,取得了不错的效果。有趣的是,2013 年,在英国皇家科学院院士 Micheal Batty教授研究团队发表的论文中指出,重力模型和辐射模型都不适用于预测城市交通需求分布,但重力模型在预测城市交通需求分布时表现得要比辐射模型好一些。

在介绍了居民个体空间移动行为模型(本书 4.2 节至 4.4 节)和居民群体空间移动行为模型(本书 4.5 节和 4.6 节)后,在本章 4.7 节中,笔者还将介绍一个将居民个体出行行为与居民群体出行规律统一的框架(通用模型)。4.8 节至 4.10 节是本章的最后一个模块,笔者将介绍居民个体出行行为的三个建模预测方法。在 4.8 节中,N. Eagle 等[7]通过从复杂高维原始出行数据中提取个体的主要特征行为,提出了基于主向量分析法

(Principal Component Analysis，PCA)的手机用户位置预测方法，基于 PCA 的位置预测方法拥有较高的预测准确性。在 4.9 节中介绍的个体出行模型考虑了手机用户处于不同位置时出行行为的不同，并发现将周均出行数、停留系数和突发系数这三个核心指标相结合的简单出行机制能很好地再现居民的宏观出行特征。在 4.10 节中，Z. Zhao 等[8]借鉴自然语言处理领域的 $n-$ gram 模型提高了个体出行位置预测的准确率，通过将个体出行预测细分为是否出行预测和出行属性预测两个阶段，使我们对出行行为和出行规律的认识更加深入。

综上所述，本章将首先介绍几种重要的居民空间移动行为模型，并讨论这几种模型的优缺点和适用情况。在居民个体空间移动行为研究领域，主要内容包括连续时间随机游走(CTRW)模型和探索与优先回归模型。这一部分主要关注的是居民位移距离分布和驻留时间分布。在居民群体空间移动行为研究领域，主要内容包括重力模型、辐射模型、人口加权机会(Population-Weighted Opportunities，PWO)模型以及个体、群体空间移动通用模型。这一部分主要关注的是交通小区吸引力的不同表示方法。之后，本章将对几种重要的个体空间位置预测方法进行介绍，主要包括基于主向量(PCA)方法的手机用户位置预测、基于统计概率的居民空间位置预测、基于时间和空间特征的 TimeGeo 模型以及借鉴自然语言处理领域 $n-$ gram 模型的居民空间位置预测。这一部分主要关注的是个体出行规律的刻画方法。

4.2 连续时间随机游走(CTRW)模型

在很长一段时间内，由于缺乏记录居民空间移动行为的数据，再加上计算机的运算能力和存储能力有限，居民空间移动行为模型领域的发展非常缓慢。直至 2006 年，D. Brockmann教授研究团队在国际顶级期刊 *Nature* 上发表了关于人类空间移动行为标度律的研究结果，这是第一次利用大数据对人类空间移动行为进行的定量研究[9]。在这项研究中，D. Brockmann 教授团队利用美元流通跟踪网站 www.wheresgeorge. com 采集的美元钞票流通数据，分析了 46 万张美元钞票的移动轨迹，发现了美元钞票的位移及其在某地点的停留时间都具有幂律衰减规律。这项研究工作的巧妙之处在于，作者充分利用了钞票位移本质上是通过居民将其携带到不同地点而产生的这一事实。因此，钞票的移动轨迹可以展现居民的部分空间移动行为，钞票的位移距离分布可以在一定程度上体现居民的位移距离分布。

D. Brockmann 教授研究团队首先分析了 2 万余张美元钞票的短期(4 天以内)空间位移，发现约有 71% 的钞票出现在 10 km 以外，最远可达 3 200 km。该研究团队通过进一步分析发现：当钞票的移动距离 r 小于 10 km 时，钞票的位移地点均匀地分布在 10 km 的圆盘之内；当钞票的移动距离 r 大于 10 km 时，其概率分布可以用幂律分布 $p(r) \sim r^{-(1+\beta)}$ 描述，其中 $\beta \approx 0.59$，并且钞票移动距离的幂律分布具有普适性，与钞票在何种空间位置(大城市、中等城市、小城镇)首次出现并没有关系。上述结果表明,钞票的空间移动特征与列维飞行相似,即大部分空间位移为短距离移动,同时也会出现一些长距离移动。

D. Brockmann 教授研究团队进一步分析了美元钞票的扩散特性,发现钞票的扩散速度远低于具有相同幂指数的列维飞行,很多钞票在 100 天之后仍然位于距离其初始位置 50 km 范围内。研究团队分析了产生这种现象的原因,他们发现,钞票在连续两次移动之间的停留时间同样也服从幂律分布,幂指数约等于−1.6。同样地,钞票停留时间的幂律分布也是一个普遍现象。由于 LF 模型已经不能再现钞票低速扩散的特征,因此,研究团队在连续时间随机游走(CTRW)的数学框架下构建了一个钞票空间位移模型,这个模型同时具有幂律移动距离分布和幂律停留时间分布,能够很好地模拟钞票低速扩散的行为特征。

由于很多居民空间行为表征参数都服从幂律分布或幂律分布的变形形式(如带指数截断的幂律分布),笔者认为有必要在此详细讨论一些幂律分布的特征及其内在含义。在自然界和社会生活的诸多领域中,很多事物的特征都会在一个典型值附近上下波动。虽然,个体间存在一些细微的差异,但这些差异并不会很大。例如,对一群成年人的身高进行测量,我们会发现大部分人的身高都在均值附近,很难找到身高特别高或特别矮的人,当然,身高是平均身高几百倍甚至几千倍的人是不存在的。像身高这种分布相对比较集中、波动性不大的数据,一般可由高斯分布、泊松分布很好地描述,而其中身高的典型值(一般是平均身高)可以很好地代表、描述人类身高。然而,在自然界和社会生活中也存在不具有典型值的事物特征。例如,如果研究机场的航线数量,我们会发现不同机场的航线数量差异巨大,很多机场只有几条航线,而一些大型机场则有上百条航线。机场航线数据跨越多个数量级,这时我们就不能用一个典型值来表征机场的航线数量了。机场航线数量不服从高斯分布或泊松分布,在很多情况下却可以使用幂律分布很好地拟合。由于在服从幂律分布的数据集中存在数值很大的数据点,其概率密度分布的形状就像拖了一个长长的尾巴,幂律分布也常被称为长尾分布。"长尾"特征是不会在高斯分布和泊松分布中出现的,因为在这两种分布中,偏离典型值太多的数据点是被"禁止"的(即不会出现与均值相差太大的数据点)。

自然界和社会生活中的很多数据都服从幂律分布,例如,地震规模大小、人们在社交网络上的朋友数量、人类语言中单词出现的频率等。由于幂律分布中没有一个典型值能代表数据全体,这种特性也被称为"无标度"(scale-free)特性。我们可以使用一种通用函数形式 $y = cx^{-r}$ 来表示幂律分布。在常用的线性坐标系中,幂律分布在长尾部分都会贴近 x 轴,我们很难通过读图发现数据在长尾部分的内在分布规律。针对这一问题,通常采取的方法是将线性坐标系转换为双对数坐标系。在双对数坐标系下,幂律分布的表现形式就变成了一条斜率为负的直线,这种把服从幂律分布的数据放在双对数坐标系下显示的方法能让我们更加方便地看清数值很大的数据点在长尾位置的分布规律。另外,幂律分布在双对数坐标系下的这种线性形式经常用于判断某数据分布是否满足幂律分布。

幂律分布在复杂网络科学中的应用也非常广泛,自然界和社会生活中的很多实际网络中的度(节点连接的边的数量)分布也服从幂律分布。这些实际网络包括互联网、万维网、手机用户社交网络、电影演员合作网络、蛋白质相互作用网络、航空运输网络、论文引用网络等。幂律分布的重要意义不仅在于其应用广泛,而且为居民空间移动行为研究提供了全新的视角。

连续时间随机游走(CTRW)模型包含了一系列随机位移 δx_n 和随机等待时间 δt_n(δx_n 和 δt_n 分别由它们的概率密度函数确定)。在经过 N 步迭代后,游走者的空间位置为 $x_N = \sum^N \delta x_n$,经历的时间为 $t_N = \sum^N \delta t_n$。对于 CTRW 模型,经过时间 t 游走者的位置和相应的位置概率密度 $W(x, t)$ 是最受关注的游走者行为特征。由于美元钞票的移动距离以及其在某个地点的停留时间在很大区间内都服从幂律分布,因此,D. Brockmann 教授研究团队令 δx_n 和 δt_n 服从具有不同幂指数的幂律分布,进而对一般 CTRW 模型进行了改进,并推导出了位置概率密度 $W(x, t)$ 的动态扩散方程。利用分数阶微积分方法可以得到 t 时刻钞票移动距离为 r 的概率为

$$W_r(r, t) = t^{-\alpha/\beta} L_{\alpha,\beta}(r/t^{\alpha/\beta}) \tag{4-1}$$

式中,$L_{\alpha,\beta}$ 是一个表示过程特征的通用标度函数。$r(t) \sim t^{1/\mu}$ 是 CTRW 模型的典型空间位移($\mu = \beta/\alpha$)。根据空间幂律指数和时间幂律指数的比率 μ 的不同,CTRW 模型可以展示出超扩散($\beta < 2\alpha$)、次扩散($\beta > 2\alpha$)或者准扩散($\beta = 2\alpha$)的特征。根据钞票流通实证数据计算的空间幂律指数和时间幂律指数,D. Brockmann 教授研究团队得出钞票的空间位移具有超扩散特征。

D. Borckmann 教授研究团队进一步验证了 CTRW 模型的有效性,其中,钞票的空间位移和停留时间以及相对应的空间概率密度都被变换为原数值的对数($z = \lg r$,$\tau = \lg t$),以便更好地观察标度特性。对数坐标转变后得到位置概率密度为 $W_z(z, \tau)$,表示时刻为 τ 时在与钞票移动起始点距离为 z 的位置再次观测到该钞票的概率。该研究团队发现,标度率存在一个很大的区间,实证标度指数与模型估计值相吻合。他们通过对比 CTRW 模型(参数依据实证数据估计)和 LF 模型预测的扩散距离增长曲线发现,CTRW 模型的预测结果与实证数据更加吻合。

使用钞票研究居民空间移动行为特征具有一定的局限性:由于钞票并不能长时间地停留在一个人的手中,因此,钞票的位移规律并不能反映个体出行者长期空间移动行为的统计规律。想要对于个体出行特征进行更深层次的研究仅靠钞票流通数据是无法实现的。幸运的是,在 D. Brockmann 教授研究团队发表这篇论文时,大规模移动通信数据出现了,科研人员找到了精度更高的记录居民空间移动行为的数据——移动通信数据。当人们使用手机时,通信服务的发生时间和提供服务的通信基站的 ID 会被记录

下来,这些记录蕴含了大量的居民空间移动行为信息。相对于由多个人的出行共同组成的钞票流通轨迹,移动通信数据可以更加直接地记录每个手机用户的空间移动行为。另外,在人口中渗透率高是移动通信数据的一个巨大优势。利用移动通信数据,我们可以分析上百万甚至上千万居民的空间行为特征,得到的研究结果也更具普适性。A. L. Barabasi 等[10]通过分析 10 万名匿名手机用户 6 个月的移动通信数据发现,个体手机用户的出行位移步长分布 $p(r)$ 服从具有指数截断的幂律分布,这与 D. Brockmann 教授研究团队发现的美元钞票位移步长分布结果相吻合。总之,D. Brockmann 教授研究团队利用美元钞票数据开展的研究工作在居民空间行为研究领域具有里程碑式的重大意义,这项研究工作启发了后续大量数据驱动的居民空间移动行为研究工作。

4.3 探索与优先回归模型

在公共卫生、城市规划、交通运输、社会经济等领域,居民的空间移动行为信息尤为重要。C. Song 等[11]通过分析大规模移动通信数据发现,居民空间移动的很多特征并不能被 CTRW 模型很好地描述。该研究团队对居民空间移动行为规律进行了更深层次的探索,发现了居民具有返回到以前到达过的地点的倾向,同时也有一定的概率探索新地点,探索新地点的概率会随着时间推移越来越小。为了解释上述研究发现,C. Song 等[11]将居民的空间移动行为分为两类,分别是对历史到达地点的"回归"和对新地点的"探索",并且建立了探索与优先回归模型来描述居民的空间移动行为。研究发现:探索与优先回归模型能够很好地重现实证数据中蕴含的居民空间移动行为特征。

C. Song 等[11]在这项研究中使用了两个移动通信数据集。一个移动通信数据集(D1)是 300 万名匿名手机用户为期一年的手机通话详单(CDR)数据。在 CDR 数据集中,手机通话、发送/接收短信或者浏览网页等通信服务发生的时间和所使用的移动通信基站会被记录下来,从而就有了大量手机用户的空间移动行为信息。另一个移动通信数据集(D2)是 1 000 名匿名手机用户为期两周的手机信令(MS)数据。在 MS 数据集中,手机用户的空间位置每小时被记录一次,因而手机用户的空间位置信息更加可靠,可用于校验基于 CDR 数据的居民空间移动行为分析结果。无论是 CDR 数据还是 MS 数据,手机用户空间位置的分辨率由移动通信基站的空间分布密度决定。换句话说,研究团队所使用的 CDR 数据和 MS 数据在空间精度方面是一致的。

C. Song 等[11]首先研究了 RW 模型、LF 模型以及 CTRW 模型是否能描述手机用户的个体空间移动规律。

该研究团队先计算了手机用户每次空间移动的距离 Δr,发现空间移动距离服从幂律分布,即 $P(\Delta r) \sim |\Delta r|^{-1-\alpha}$,其中,$\alpha = 0.55 \pm 0.05$,截断移动距离 Δr 约为 100 km。之后,他们进一步分析了手机用户在某空间位置驻留时间的概率分布 $P(\Delta t)$,其中,驻留时间 Δt 是指手机用户在一个空间位置停留的时间。由于 CDR 数据并没有手机信令

数据那样相对固定的记录周期,因此,在使用 CDR 数据统计手机用户在某空间位置的驻留时间分布之前,需要将 CDR 数据中的手机用户空间位置记录划分至对应的时间窗。如果手机用户在同一时间窗内被多个移动通信基站记录,则将出现频率最高的移动通信基站作为手机用户所在的空间位置。为了计算手机用户在某空间位置的驻留时间,需要分别获得手机用户开始停留的时间和停留结束的时间。因此,如果手机用户在某空间位置 l_0 的驻留时间是从时间窗 i 到时间窗 j,那么,除了需要满足从时间窗 i 到时间窗 j 手机用户都驻留在 l_0 之外,还需要满足时间窗 $(i-1)$ 和时间窗 $(j+1)$ 时手机用户的驻留位置都不是 l_0。该研究团队还发现,手机用户在各空间位置驻留时间的概率密度分布服从 $P(\Delta t) \sim |\Delta t|^{-1-\beta}$,其中,$\beta = 0.8 \pm 0.1$,截断时间 $\Delta t = 17\,h$。上述研究结果表明,手机用户的空间移动距离分布 $P(\Delta r)$ 和驻留时间分布 $P(\Delta t)$ 都服从幂律分布(长尾分布),这些特性与文献[9]中的研究发现相吻合,可以使用 CTRW 模型描述。

C. Song 等[11]在对居民空间移动距离 Δr 和居民在某地点的驻留时间 Δt 进行研究时发现,另外三个统计规律无法使用 CTRW 模型描述。下面笔者详细介绍这三个表征居民空间移动行为特性的统计规律。

统计规律 1:居民(手机用户)个体所到达过的不重复空间位置的数量随时间的增长规律为

$$S(t) \sim t^u \tag{4-2}$$

对于 LF 模型,$u = 1$;对于 CTRW 模型,$u = \beta(\beta = 0.8 \pm 0.1)$。C. Song 等[11]分析了具有不同回转半径的手机用户到达的不重复空间位置数量 $S(t)$ 随时间 t 的增长规律也具有幂律形式 t^u,但是,幂指数 $\mu \approx 0.6 \pm 0.02$,比 CTRW 模型对应的幂指数 $\beta = 0.8 \pm 0.1$ 小很多。这说明手机用户到达的不重复空间位置的数量虽然也会随着时间呈现幂律增长,但增长速度远慢于 CTRW 模型和 LF 模型。因此,在这方面,CTRW 模型不能很好地描述实证数据体现的居民空间移动行为特征(经常返回曾经到达的空间位置)。

统计规律 2:对于 LF 模型和 CTRW 模型,当 $t \to \infty$ 时,每一个空间位置被访问的概率都是一样的(近似等于同一个常数)。事实上,居民到达各个空间位置的频率显然是不相同的。C. Song 等[11]将各个空间位置按照手机用户的到达频率排序,标记为 L_1,L_2,L_3,$\cdots$,L_k,$\cdots$,例如,L_1 表示手机用户访问到达次数最多的空间位置。研究结果表明,手机用户到达 L_k 的概率 f_k 遵循齐普夫定律(Zipf's law),即 $f_k \sim k^{-\xi}$,其中,幂指数 $\xi \approx 1.2 \pm 0.1$。

统计规律 3:均方位移的异常。CTRW 模型中个体空间移动的均方位移(Mean Square Displacement,MSD)随时间 t 变化的规律近似遵循 $\langle \Delta x^2(t) \rangle \sim t^\nu$,其中,$\nu = 2\beta/\alpha \approx 3.1$。由于手机用户的空间移动距离分布 $P(\Delta r)$ 和驻留时间分布 $P(\Delta t)$ 都存

在截断,因此,MSD 应该收敛于布朗运动行为 $\nu=1$。但这种收敛速度太慢,无法在研究周期内观测到。当使用 CTRW 模型描述个体空间移动行为时,随着对个体观测时间的增加,个体偏离其起始位置越来越远。然而,居民都有返回其经常到达的空间位置(如居住地点、工作单位等)的倾向,所以,简单的二维扩散过程无法很好地刻画居民的空间移动行为。C. Song 等[11]通过分析实证数据发现,个体空间移动的均方位移(MSD)随时间的增长速度比对数增长还要缓慢,这也是 CTRW 模型无法解释的。他们还分析了具有不同出行轨迹回转半径的居民均方位移(MSD)随时间的变化规律,实证数据显示均方位移的增长速度要远慢于 CTRW 模型所预测的增速。

C. Song 等[11]提出了探索与优先回归模型来解释三个表征居民空间移动特性的统计标度律。与 CTRW 模型类似,探索与优先回归模型同样用到了居民空间移动距离概率分布 $P(\Delta r)$ 和驻留时间概率分布 $P(\Delta t)$(均服从幂律分布)等基础信息。在此基础上,引入了两种居民个体出行机制,即"探索新地点"和"返回偏好的旧地点"。探索与优先回归模型的主要思想是:个体以 $\rho S^{-\gamma}$ 的概率探索新的空间位置,并且以 $(1-\rho S^{-\gamma})$ 的概率返回曾经到达过的空间位置,某个空间位置被选择的概率与其历史被访问次数成正比。从探索概率的形式可以看出,随着个体到达更多的空间位置,探索概率逐渐减小。从回归概率可以看出,个体优先回归到自己经常到达的空间位置。另外,优先回归机制和著名的 BA 模型中的偏好依附机制(preferential attachment)有相似之处[10]。

在建立探索与优先回归模型的过程中,个体出行者在初始时刻($t=0$)位于其经常到达的空间位置之一,在 Δt 之后[Δt 根据驻留时间概率分布 $P(\Delta t)$ 计算],个体移动到下一个空间位置时有两种选择:

(1)个体以 $\rho S^{-\gamma}$ 的概率探索新地点,其中,S 表示个体曾经到达的不同空间位置的总数,ρ 和 γ 为参数。个体移动的方向随机,空间移动距离 Δr 根据个体空间移动距离概率分布 $P(\Delta r)=|\Delta r|^{-1-\alpha}$ 生成。到达新空间位置后,$S=S+1$。

(2)个体以 $(1-\rho S^{-\gamma})$ 的概率返回曾经到达过的某个空间位置,在 S 个被访问过的空间位置中,某空间位置 i 被选择的概率 Π_i 等于手机用户到达该空间位置的历史频率 f_i。

探索与优先回归模型的具体实现过程如下:

第一步:根据空间位置驻留时间分布 $P(\Delta t) \sim \Delta t^{-1-\beta} \exp^{(-\Delta t/\tau)}$,按概率估计手机用户在某空间位置的停留时间 Δt(其中,$\beta=0.8$,$\tau=17$ h)。

第二步:获取 Δt 时间后,计算手机用户探索新空间位置的概率 $P_{new}=\rho S^{-\gamma}$,其中,S 为居民曾经到达过的不同空间位置的总数(其中,$\rho=0.6$,$\gamma=0.21$)。随机生成一个 $0 \sim 1$ 之间的数 P,如果 $P \leqslant P_{new}$,则手机用户探索新的空间位置,进入第三步;如果 $P > P_{new}$,则手机用户返回到其曾经到达过的空间位置,进入第四步。

第三步:从手机用户的空间移动距离分布 $P(\Delta r)=\Delta r^{-1-\alpha}$(其中,$\alpha=0.55$)中按照

概率估计空间移动距离 Δr，然后以当前空间位置为原点，以 Δr 为半径，随机选择一个新的空间位置作为手机用户的探索地点，令 $S = S + 1$。

第四步：根据不同空间位置的历史被访问频率 $f_i = m_i / \sum_i m_i(n)$ 确定手机用户的回归地点[其中，m_i 为手机用户曾经到达空间位置 i 的次数，$\sum_i m_i(n)$ 为手机用户到达各个空间位置的总数，此时，S 保持不变]。

C. Song 等[11]指出探索与优先回归模型能够解释所发现的三个统计规律，具体如下。

解释统计规律 1：由探索概率 $P_{new} = \rho S^{-\gamma}$ 可知，个体探索新空间位置的概率正比于 $S^{-\gamma}$，即个体到达不同空间位置的增长速度 dS/dn 正比于 $S^{-\gamma}$，其中，n 为至时间 t 时个体的空间移动总数。求解微分方程可以得到 S 与 n 的关系式 $S \sim n^{1/(1+\gamma)}$。又由于空间位置驻留时间分布为 $P(\Delta t) \sim |\Delta t|^{-1-\beta}$，可以得到时间 t 和空间移动数 n 的相关关系 $t \sim n^{1/\beta}$。再利用个体到达不同空间位置的数量随时间的增长规律 $S(t) \sim t^\mu$，可以得到 $\mu = \beta/(1+\gamma)$，并推断出 $\mu \leqslant \beta$。C. Song 等[11]使用具有不同参数的探索与优先回归模型进行了多个数值实验，通过计算 $S(t)$ 随时间增长的数值结果，发现数值实验结果都与上述理论推导结果非常吻合。

解释统计规律 2：由探索与优先回归模型的定义可知，某空间位置 i 的被访问次数的增长速度为 $dm_i/dn = \Pi_i(1-P_{new})$，其中，$m_i$ 为空间位置 i 的被访问次数，$\Pi_i = f_i = m_i / \sum_i m_i(n)$ 表示当空间移动数为 n 时个体返回空间位置 i 的概率。考虑模型的探索概率 $P_{new} = \rho S^{-\gamma}$，当 $\gamma > 0$ 且 $S(t)$ 趋于无穷时，$dm_i/dn = m_i / \sum_i m_i(n)$，又由于 $\sum_i m_i(n) = n$，我们可以得到 $m_i(n) = n/n_i$，其中 n_i 表示空间位置 i 被第一次访问时的空间移动总数。考虑到越早被访问的空间位置之后被访问的概率越大，空间位置的排序和其被首次访问的顺序是一致的，即 $k_i = S(n_i) \sim n_i^{1/(1+\gamma)}$。又由于空间位置的被访问频率正比于 $m_i(n) = n/n_i$，所以，$f_k \sim k^{-\zeta}$，$\zeta = 1+\gamma$。C. Song 等[11]使用具有不同参数的探索与优先回归模型进行了多个数值实验，计算了 f_k 随 k 变化的数值结果，并发现数值实验结果都与上述理论推导结果非常吻合。研究团队指出，手机用户到达 L_k 的概率 f_k 遵循齐普夫定律，这主要是由优先回归机制导致的。

解释统计规律 3：C. Song 等[11]分析发现，个体探索新地点的空间移动数 l 与空间移动距离 Δr 之间的关系可以表示为 $\Delta r \sim l^{1/\alpha}$，进而可以得到 $\langle \Delta r^2 \rangle \sim \langle l^{2/\alpha} \rangle = \sum_{l=1}^n l^{\frac{2}{\alpha}} P(l \mid S)$，其中，$P(l \mid S)$ 为当个体探索新地点的空间移动数为 l 时到达新地点 S 的概率（l 仅对探索地点的空间移动计数，$l \leqslant n$）。C. Song 等[11]指出，$P(l \mid S)$ 可以由循环方程 $P(l \mid S) = \sum_{i=1}^S P(l-1 \mid k) f_k^S$ 表达，其中，求和中的每一项代表个体从第 k 个空间位置到第 S 个空间位置的移动，$f_k^S \approx (\zeta-1)/(1-S^{1-\zeta}) k^{-\zeta}$ 代表当个体已到达

$(S-1)$ 个不同空间位置时访问第 k 个空间位置的概率。研究团队进一步推导出了均方位移（MSD）的变形形式 $\langle \Delta x^2 \rangle^{\alpha/2} \sim \log\left(\dfrac{1-S^{1-\zeta}}{\zeta-1}\right)+\text{const}$，进而得到了个体均方位移（MSD）与其到达的不同空间位置数 S 之间的关系。C. Song 等[11]使用具有不同参数的探索与优先回归模型进行了多个数值实验，并计算了 $\langle \Delta x^2 \rangle^{\alpha/2} \sim \log\left(\dfrac{1-S^{1-\zeta}}{\zeta-1}\right)+\text{const}$ 随 $S(t)$ 变化的数值结果，发现数值实验结果都与上述理论推导结果非常吻合。

　　一些可能的问题是：为什么 CTRW 模型同样考虑了服从幂律分布的个体空间移动距离和服从幂律分布的空间位置驻留时间，但不能很好地刻画居民的空间移动行为？为什么加入了探索和优先回归两个机制就能对居民的空间移动行为规律进行较好地描述？笔者认为，主要原因是优先回归机制为居民的出行轨迹打上了"锚点"。随着观测时间的不断增加，居民的出行轨迹逐渐稳定在经常去的几个地点之间，这些地点就成为居民出行轨迹的"锚点"。即使偶尔有探索行为，居民通常也是从"锚点"出发进行探索，而不会出现"累积式"的出行范围扩张，因此，居民的均方位移（MSD）随时间的增长要远慢于连续时间随机游走（CTRW）。

　　探索与优先回归模型有效地克服了 LF 模型与 CTRW 模型的缺点，揭示了更深层次的居民空间移动模式。在这之后，一些学者基于这个模型对居民空间移动行为特征进行了更深入的探索，也有了更进一步的成果。例如，L. Pappalardo 等[12]提出了一个基于密度的探索回归模型，该模型的基本思想与文献[11]相似：个体的每次空间移动都有两种选择，回归到之前曾经到达过的空间位置或是探索一个新的空间位置。文献[12]中基于密度的探索回归模型和文献[11]中的探索与优先回归模型的不同之处在于：个体的历史空间移动行为决定了个体回归哪个空间位置，即个体回归到不同空间位置的概率与个体到达这些空间位置的次数成正比；而探索新的空间位置则取决于群体层面的空间行为，即个体探索不同空间位置的概率取决于新的空间位置和个体当前位置之间的距离，以及位于两个空间位置的手机用户的通信总次数。L. Pappalardo 等[12]通过重力模型法标定探索概率，如式（4-3）所示：

$$p_{ij}=\frac{1}{N}\frac{n_i n_j}{r_{ij}^2} \tag{4-3}$$

式中　p_{ij}——个体探索新的空间位置时，从空间位置 i 出发到达空间位置 j 的概率；

　　　n_i，n_j——分别表示位于空间位置 i 和 j 的手机用户的通信总次数；

　　　r_{ij}——空间位置 i 和 j 之间的距离；

　　　N——归一化常数，$N=\sum_{i,j\neq i}p_{ij}$。

4.4　**基于人类空间普适行为统计概率的居民空间位置预测**

　　网络传播是一种重要的复杂系统动力学过程。各类网络（如社交网络、互联网、人类接触网络)上的传播对象(如观点、信息、传染病)、传播机制和传播特征均存在差异。P. Wang 等[13]将居民空间移动行为模型、社交网络分析和渗流理论应用于手机病毒传播模型的构建,在手机病毒传播特征分析和混合网络传播模型两方面取得了创新性的研究成果。P. Wang 等[13]研究了三种手机病毒的传播模式,即蓝牙病毒的传播模式、彩信病毒的传播模式和混合病毒(既能使用蓝牙传播又能使用彩信传播)的传播模式。由于蓝牙手机病毒的传播依靠手机用户的空间近邻(两个手机用户在 10 m 以内),在预测手机病毒以蓝牙方式传播时,需要快速预测居民的空间位置信息。该研究团队开发了一种基于人类空间普适行为统计概率[14]的居民空间位置预测模型,用于预测蓝牙手机病毒的传播模式和特征。他们所使用的手机通话详单数据包含 600 余万名手机用户。手机通话详单数据被用于获取居民的空间位置信息,并建立居民空间位置预测模型。下面,笔者将重点介绍 P. Wang 等[13]提出的基于人类空间普适行为统计概率的居民空间位置预测方法。

　　P. Wang 等[13]通过服务手机用户通信的移动通信基站所在位置来确定手机用户的空间位置,将一天按小时划分为 24 个时间窗,如果手机用户在一个时间窗内被多个移动通信基站各记录 1 次,则手机用户的空间位置将从这些移动通信基站中随机选定;如果手机用户在一个时间窗内被多个移动通信基站记录的次数不同,则按每个移动通信基站出现的概率随机选择基站作为该手机用户的空间位置。例如,如果在某个时间窗内手机用户在基站 1 有 1 次通信,在基站 2 有 2 次通信,则认为手机用户位于基站 1 的概率为 0.33,位于基站 2 的概率为 0.67。当然,如果在一个时间窗内手机用户仅被 1 个移动通信基站记录,则手机用户的空间位置就用这个基站表示。

　　虽然,手机用户在某些时间窗内有很多空间位置记录,但更多的情况是,在一个时间窗内没有任何空间位置记录。在这种情况下,我们需要预测手机用户的空间位置,即建立手机用户空间位置预测模型。P. Wang 等[13]提出的手机用户空间位置预测模型包括两个步骤:① 估计每个手机用户的出行基本特征;② 对于没有空间位置记录(通信活动)的时间窗,根据手机用户的出行基本特征来估计手机用户的空间位置。该研究团队选择了手机用户的 5 个出行基本特征,以用于表征手机用户的空间移动模式,并利用原始移动通信数据计算了出行基本特征的数值。下面详细介绍这 5 个出行基本特征。

　　(1) 质心位置(x_{cm}, y_{cm})。 将手机用户的出行轨迹映射到二维平面,计算手机用户的出行轨迹质心位置(x_{cm}, y_{cm}):

$$\left.\begin{array}{l} x_{cm} = \sum_{i=1}^{n} \dfrac{x_i}{n} \\ y_{cm} = \sum_{i=1}^{n} \dfrac{y_i}{n} \end{array}\right\} \qquad (4-4)$$

式中　x_i, y_i ——手机用户第 i 次通信时所处移动通信基站的 x 坐标和 y 坐标;
　　　　n ——手机用户在观测期内的手机通信总次数。

101

（2）出行轨迹回转半径。利用手机用户的出行轨迹回转半径来度量手机用户在一定观测时间段内的空间位移范围,回转半径度量了手机用户的出行地点偏离出行轨迹质心的程度,回转半径的计算公式如下:

$$r_g = \sqrt{\frac{1}{n}\sum_{i=1}^{n}\left[(x_i - x_{cm})^2 + (y_i - y_{cm})^2\right]} \tag{4-5}$$

（3）最常驻留位置。手机用户最常驻留位置的定义为手机用户到达次数最多的空间位置。

（4）出行轨迹方向主轴 θ。为了比较手机用户的出行轨迹,对手机用户的出行轨迹主轴进行坐标变换,将不同手机用户的出行轨迹投射到一个共同的坐标系中。手机用户出行轨迹的惯性张量 $\boldsymbol{I}$ 为一个二维矩阵:

$$\boldsymbol{I} = \begin{bmatrix} I_{xx} & I_{xy} \\ I_{yx} & I_{yy} \end{bmatrix} \tag{4-6}$$

其中

$$I_{xx} = \sum_{i=1}^{n}(y_i - y_{cm})^2 \tag{4-7}$$

$$I_{yy} = \sum_{i=1}^{n}(x_i - x_{cm})^2 \tag{4-8}$$

$$I_{xy} = I_{yx} = -\sum_{i=1}^{n}(x_i - x_{cm})(y_i - y_{cm}) \tag{4-9}$$

由于 $\boldsymbol{I}$ 是一个对称矩阵,因此可以设置一个合适的坐标系使 $\boldsymbol{I}$ 变成为一个对角矩阵,即 $\boldsymbol{I}_{x'y'} = \boldsymbol{I}_{y'x'} = 0$,此时的坐标轴为张量主轴 $(\hat{e}_1, \hat{e}_2)$,可以通过执行坐标旋转来实现:

$$x' = x\cos(\theta) + y\sin(\theta) \tag{4-10}$$

$$y' = -x\sin(\theta) + y\cos(\theta) \tag{4-11}$$

此时

$$I_{x'y'} = I_{y'x'} = 0 \tag{4-12}$$

$$\sum_{i=1}^{n}\left[(x_i - x_{cm})\cos(\theta) + (y_i - y_{cm})\sin(\theta)\right]\left[-(x_i - x_{cm})\sin(\theta) + (y_i - y_{cm})\cos(\theta)\right] = 0 \tag{4-13}$$

$$-\sin(\theta)\cos(\theta)I_{xx} - \left[\cos^2(\theta) - \sin^2(\theta)\right]I_{xy} + \sin(\theta)\cos(\theta)I_{yy} = 0 \tag{4-14}$$

在此,有下面三种可能的情况。

① 如果 $\cos(\theta) \neq 0$, $I_{xy} \neq 0$,那么

$$\tan(\theta) = \frac{I_{xx} - I_{yy} \pm \sqrt{(I_{xx} - I_{yy})^2 + 4\,I_{xy}{}^2}}{2\,I_{xy}} \qquad (4-15)$$

选择其中一个根来确保 $I_{x'x'} < I_{y'y'}$。

② 如果 $I_{xy} \neq 0$，$\cos(\theta) = 0$，然后必须又得令 $\sin(\theta) = 0$，在这种情况下没有可行解。

③ 如果 $I_{xy} = 0$，则 θ 可以取 0 或者 $\pi/2$。

最后，需要将主轴继续旋转一个角度 π，以确保手机用户最常驻留位置在水平轴的正轴方向（如果手机用户最常驻留位置本来就在水平轴的正轴方向，则无须旋转）。

（5）出行轨迹偏移量 σ_x，σ_y。定义 σ_x 和 σ_y 来度量手机用户的出行轨迹在其各自的主轴坐标系中的偏移量：

$$\sigma_x = \sqrt{\sum_{i=1}^{n} x_i'^2 / n}\,, \quad \sigma_y = \sqrt{\sum_{i=1}^{n} y_i'^2 / n} \qquad (4-16)$$

式中，$(x_i'\,, y_i')$ 是手机用户在其主轴坐标系中的相应坐标。P. Wang 等[13]利用所有手机用户在其各自的主轴坐标系中的出行轨迹偏移量 σ_x 和 σ_y 建立了一个手机用户空间位置的数据选择池。这个数据选择池是一个通用的数据选择池，用于在居民空间位置预测中生成一个手机用户在其自身主轴坐标系中的坐标。

P. Wang 等[13]计算了每个手机用户的上述 5 个出行基本特征的数值。下一步就可以利用手机用户的出行基本特征对手机用户的空间位置进行预测了，具体预测过程如下：

（1）在手机用户空间位置预测模型开始执行时，首先将每个手机用户的最常驻留位置作为用户在第一个时间窗的空间位置。

（2）计算手机用户何时移动。手机用户发生空间位移的概率在很大程度上取决于所在时段，这可以利用记录手机用户在不同时段发生空间移动情况的详细数据集进行估计。P. Wang 等[13]分析了 1 000 名匿名手机用户为期 6 天的手机信令（MS）数据，从中选择了 206 名每小时都有一次空间位置记录的手机用户。被选择的 206 名手机用户在这 6 天中共有 23 231 个位置记录。对于每两个连续的小时（时间窗），定义 $N_T(t)$ 为两个时间窗内都有空间位置记录的手机用户数，定义 $N_D(t)$ 为发生空间移动的手机用户数，进而手机用户在某时间窗发生空间移动的概率为 $P_D(t) = N_D(t) / N_T(t)$。其中，$N_T(t) = N_D(t) + N_{ND}(t)$，$N_{ND}(t)$ 表示没有发生空间移动的手机用户数量。

（3）预测手机用户空间位置。对于没有手机用户空间位置数据的时间窗，P. Wang 等[13]根据以下算法生成手机用户的空间位置：① 判定手机用户是否发生空间移动：对于每个手机用户，根据上述介绍的移动概率决定是否在下个时间窗发生空间移动。② 提取位置种子：通过分析移动通信数据来计算各个手机用户到达过的空间位置在其自身主轴坐标系中的归一化坐标 $(x/\sigma_x\,, y/\sigma_y)$，在进行模型仿真之前，将归一化坐标

$(x/\sigma_x, y/\sigma_y)$ 的数据值存储在数据池中。③ 缩放和旋转手机用户的空间位置：从手机用户归一化坐标 $(x/\sigma_x, y/\sigma_y)$ 数据池中随机选择一个数据点 (a, b)，进一步转换为手机用户在其自身主轴坐标系中的坐标：$x'=a\sigma_x$，$y'=b\sigma_y$。然后进行坐标旋转和平移操作，将手机用户自身坐标系中的坐标转换为地理空间中的坐标：$x=\cos(\theta)x'-\sin(\theta)y'+x_{cm}$，$y=\sin(\theta)x'+\cos(\theta)y'+y_{cm}$。

（4）检查步骤（3）中生成的空间位置坐标是否在研究区域内，如果生成的空间位置坐标不在研究区域内，则丢弃该生成坐标并选择新的位置种子。

（5）寻找最邻近移动通信基站。在为手机用户生成一组新的空间位置坐标 (x, y) 后，确定与其距离最近的移动通信基站。如果所确定的基站与手机用户上个时间窗所在基站不同，则将新的基站作为手机用户在本时间窗的空间位置，否则返回步骤（2）。

P. Wang 等[13]利用上述方法对 600 余万名手机用户的小时位置进行预测。研究结果表明，手机用户空间位置分布和实证数据之间没有显著差异，同时，手机用户归一化坐标 $(x/\sigma_x, y/\sigma_y)$ 分布数据和实证数据之间也保持一致，手机用户回转半径 r_g 分布和实证数据分布也没有显著差异。上述结果印证了这种手机用户空间位置预测方法的有效性。

4.5　重力模型与辐射模型

居民群体空间行为是城市交通管理部门和城市规划部门重点关注的问题。20 世纪 50 年代建立的"四阶段法"针对的就是居民群体空间行为的一个重要表征——交通需求。在四阶段法中，交通分布阶段是关键且重要的一环，通过交通分布步骤可以计算交通小区之间交通量的分布。重力模型是交通分布预测阶段的一类重要模型，主要包括无约束重力模型、单约束重力模型和双约束重力模型。重力模型源于万有引力定律，重力模型假设两个区域之间的交通量与两个区域的人口数量成正比，与两个区域之间的交通阻抗（如距离、出行时间、出行成本等）成反比。重力模型以两个区域（城市）的人口数量和两个区域（城市）间的交通阻抗作为输入，输出两个区域间的交通出行量。重力模型的函数形式（如交通量随交通阻抗是以指数形式衰减还是以幂律形式衰减等）和参数数值由实证数据拟合求解。重力模型的应用场景非常广泛，目前它仍然是交通领域中的一个重要研究方向。H. J. Casey[15]在 1955 年提出的无约束重力模型可能是函数形式最简单的重力模型：

$$q_{ij}=\alpha\frac{P_iP_j}{d_{ij}^2} \tag{4-17}$$

式中　q_{ij}——从区域 i 到区域 j 的交通出行量；

d_{ij}——从区域 i 到区域 j 的距离；

P_i，P_j——分别为区域 i 和区域 j 的人口数量；

α——归一化系数。

无约束重力模型非常直观,易于理解,便于计算,在后续研究中,出现了很多重力模型的改进模型。例如,使用区域间的出行费用函数代替距离作为交通阻抗,使用区域的出行数代替人口数量等。另外,由于无约束重力模型本身无法满足交通守恒的约束条件,后续相继出现了单约束重力模型及双约束重力模型。由于重力模型在很多教材中都有详细介绍,在本书中笔者仅做简要介绍,读者可以参考文献[15]或其他相关资料来了解更多关于重力模型的知识。本节将着重介绍辐射模型以及辐射模型的改进模型。

重力模型直观、简便的优点使其不仅在交通需求预测中有十分广泛的应用,在人口迁移、货物运输、移动通信等诸多领域同样得到了广泛应用。然而,重力模型仍然存在一些缺陷,F. Simini 等[16]对重力模型的几点不足进行了总结:① 重力模型缺乏严格的数学推导;② 重力模型的理论性偏弱,在应用中往往需要从多种阻抗函数中选择适应研究数据的阻抗函数;③ 需要使用历史交通量数据来标定重力模型中的参数;④ 当预测两个区域之间的交通量时,重力模型只考虑两个区域之间的距离及区域人口信息;⑤ 当某个目的地的人口数量较大时,重力模型所预测的前往目的地的人数可能会超过出发地的总人口数量,这显然是不可能的;⑥ 重力模型无法解释两个区域之间交通量的波动。

为了弥补重力模型的种种不足,F. Simini 等[16]提出了一个新的居民群体空间移动行为模型——"辐射模型",并发表在国际顶级期刊 Nature 上。该研究团队指出:尽管居民的通勤行为是短期(每日)行为,但居民选择工作地点(通勤出行的终点)则是一个经过长期考虑的决定。选择哪个工作地点由工作收益和通勤距离共同决定。基于上述考虑,他们将个体选择工作机会的过程分为如下两个步骤:① 使用参数 z 表示一个潜在工作机会的收益(由收入、工作时间、工作条件等因素综合评估),工作收益服从分布 $p(z)$。假设工作机会与当地人口数量 n 成正比,并且每 n_{jobs} 个人对应一个工作机会,即人口数量为 n 的区域有 n/n_{jobs} 个工作机会。根据收益服从分布 $p(z)$,为每个人口数量为 n 的区域随机分配 n/n_{jobs} 个随机数 Z_1，Z_2，$\cdots$，$Z_{n/n_{jobs}}$,这些随机数代表 n/n_{jobs} 个工作机会的收益。② 居民选择工作机会收益比居住地最高工作机会收益高,并且距离居住地最近的区域的工作机会。这个假设强调了居民更愿意接受离他们居住地点最近的次好工作。

F. Simini 等[16]指出,尽管辐射模型有三个不确定参数(工作收益分布 $p(z)$、工作机会密度 n_{jobs} 和通勤人数 N_c),但 $p(z)$ 和 n_{jobs} 与通勤交通量 T_{ij} 无关,N_c 不会影响通勤交通量的分布,因此,辐射模式属于无参模型。利用辐射模型可以预测两个区域间的交通量(重力模型的基本方程):

$$\langle T_{ij} \rangle = T_i \frac{m_i n_j}{(m_i + s_{ij})(m_i + n_j + s_{ij})} \tag{4-18}$$

式中　$\langle T_{ij} \rangle$——从区域 i 到区域 j 的通勤交通量；

　　　T_i——从区域 i 出发的通勤人数，$T_i = m_i (N_c / N)$；

　　　m_i——区域 i 的人口数量；

　　　n_j——区域 j 的人口数量；

　　　s_{ij}——以区域 i 为圆心，以区域 i 到区域 j 的距离 r_{ij} 为半径的圆盘覆盖的人口数量。

辐射模型解决了重力模型的六个不足。辐射模型是经过严格数学推导得出的，并具有无参特性，弥补了重力模型的不足点 1 至不足点 3。由于辐射模型考虑了起点和终点之间圆盘覆盖的人口数量 s_{ij}，进而考虑了人口密度的分布不均性，弥补了重力模型的不足点 4。为了证明这一点，F. Simini 等[16]选取了美国犹他州的两个城市和美国亚拉巴马州的两个城市，两组城市人口数量相近，并且每对城市间的距离也十分接近。重力模型计算出的两组城市间的通勤交通量非常相近，但与人口普查数据显示的结果有很大出入。重力模型只考虑了出行起、终点城市的人口数量和城市间的距离，而忽视了城市之间区域的人口数量（工作机会数量）。犹他州的两个城市之间的地区人口（工作机会）稀少，对居民的吸引力不大，居民需要到更远的地方才能找到合适的工作；而亚拉巴马州的两个城市之间的地区的人口比较稠密，两个城市的中间地带有很多工作机会，居民在两个城市之间的通勤意愿大大降低（不需要到那么远的地方找工作）。另外，根据辐射模型的基本公式，可以很容易地推导出前往目的地的人数不会超过出发地的总人口数量（T_{ij} 是一定小于 T_i 的，右面的分数式小于 1），即辐射模型弥补了重力模型的不足点 5。最后，由于辐射模型中的 T_{ij} 是一个随机变量，不仅可以预测两个区域间的交通量均值，还能预测交通量的方差，从而弥补了重力模型的不足点 6。

辐射模型不需要定参，只要有人口分布数据，模型就可以使用。这些优势使得辐射模型很容易在各个地区推广应用。另外，辐射模型还能刻画两个区域之间的交通分布不对称性。假设 A 代表一个大城市，B 代表一个小城镇，由辐射模型可以得出，从 A 到 B 的交通量占 A 的总交通量的比例小于从 B 到 A 的交通量占 B 的总交通量的比例。这种交通分布的不对称性是重力模型无法描述的。

F. Simini 等[16]分别利用辐射模型和重力模型预测了从纽约州出发的出行者的目的地，研究结果表明，通过重力模型计算得到的目的地都在出发地的 400 km 范围内，缺失了所有的长距离出行和很多中长距离出行，与居民的实际出行情况有很大差异，而辐射模型的预测结果则比较接近真实情况，与实证数据的吻合度更高。另外，研究团队发现辐射模型在预测短时交通分布、长期居住地迁移、手机通话量、货运量方面也表现出优异的性能，明显优于重力模型。F. Simini 等[16]认为，辐射模型的成功根植于模型假设捕捉到了很多出行、交通过程的基本决策机制。有趣的是，Micheal Batty 教授研究团队在 2013 年发表的论文中指出,重力模型和辐射模型都不适用于预测城市交通需求分布,但重力模型在预测城市交通需求分布时表现得要比辐射模型好一些[17]。尽管如此,辐射模型在居民群体空间移动行为研究领域具有里程碑式的意义。后续研究对辐射模型进行了很多改进,下面仅介绍其中一个改进的辐射模型——顾及交通成本的辐射模型。

两地之间的直线距离并不能完全反映两地之间的交通费用。Y. Ren 等[18]通过将交通费用引入辐射模型,提出了顾及交通成本的辐射模型。顾及交通成本的辐射模型对基本辐射模型最重要的改进在于将人们的空间移动规律与交通网络耦合。研究团队引入了两种交通费用:一种交通费用是从地点 a 到地点 b 在路网上行驶需要的最短距离,另一种交通费用是从地点 a 到地点 b 在路网上行驶需要的最短时间(同时考虑了路径长度和行驶速度)。利用顾及交通成本的辐射模型可以预测从地点 a 到地点 b 的交通量:

$$\varphi_{ab} = \xi \frac{m_a^2 n_b}{(m_a + s_{ab})(m_a + n_b + s_{ab})} \tag{4-19}$$

式中 ξ ——地点 a 的出行者占比;

m_a ——地点 a 的人口数量;

n_b ——地点 b 的人口数量;

s_{ab} ——与地点 a 之间的交通费用不超过 a,b 两地之间最小交通费用的区域内的人口数量(不包括地点 a 和地点 b 的人口数量)。

在顾及交通成本的辐射模型中,基本辐射模型中的圆盘覆盖区域变成了掌型覆盖区域。Y. Ren 等[18]应用顾及交通成本的辐射模型预测了美国高速公路网络的路段交通流量,并与实测的路段交通流量进行比较。结果显示:预测交通流量不仅与实测交通流量在空间上分布相似,而且交通流量的预测值与实际值之间的皮尔逊相关系数很高,表明顾及交通成本的辐射模型具有很好的实际应用潜力。

本节介绍的重力模型和辐射模型都有许多后续改进模型,感兴趣的读者可以查找相关资料以了解该领域的最新进展。

4.6　人口加权机会(PWO)模型

辐射模型的提出为居民空间移动行为建模提供了新的思路。然而,在辐射模型发表不久之后,就有研究表明辐射模型并不适用于预测城市内部的交通出行量,辐射模型的预测结果与实测数据存在较大偏差[19]。X. Yan 等[19]认为,城市的交通系统比较发达,居民在选择目的地时会综合考虑城市范围内所有地点的潜在机会数,而不是仅仅考虑距离最近的、比居住地机会数稍多的地点。换句话说,辐射模型提出的个体空间位置选择假设可能更适用于城市间的长距离出行,而不适用于城市内的短距离出行。为了解决辐射模型在预测城市内部交通出行量时遇到的困难,X. Yan 等[19] 提出了人口加权机会(PWO)模型。

PWO 模型的构建,同样源于个体选择目的地的随机决策过程。目的地的机会数越多,被个体选择的概率就越大。与辐射模型相似,PWO 模型也通过地点的人口数量来衡量地点的机会数。但 PWO 模型与辐射模型的不同之处在于:辐射模型假设个体选择比居住地收益高的最近地点,而 PWO 模型把目的地的选择范围扩大到了整个城市范围。换句话说,在 PWO 模型中,个体选择的目的地可能不是与个体居住地最近且收益超过居住地的地点,而是一些距离更远但收益更高的地点。

PWO 模型考虑了交通阻抗(成本)对个体选择目的地的影响:随着某地点与出发地之间距离增加(交通成本增加),个体选择该地点作为目的地的概率就减小。为了避免引入距离这个可变参数,X. Yan 等[19] 使用出发地和目的地之间圆盘覆盖的人口数量巧妙地替代距离度量,进而提出了量化目的地吸引强度的公式:

$$A_j = o_j \left(\frac{1}{S_{ji}} - \frac{1}{M} \right) \tag{4-20}$$

式中 A_j ——目的地 j 对出发地 i 的个体的相对吸引强度;

o_j ——目的地 j 的机会数;

S_{ji} ——出发地和目的地之间圆盘覆盖的人口数量;

M ——城市总人口。

研究团队假设地点 i 的居民出行至地点 j 的概率与地点 j 的吸引强度成正比,并且,机会数 o_j 与地点 j 的人口数量 m_j 成正比,那么,从地点 i 到地点 j 的交通出行量可以表示为

$$T_{ij} = T_i \frac{m_j \left(\frac{1}{S_{ji}} - \frac{1}{M} \right)}{\sum_{k \neq i}^{N} m_k \left(\frac{1}{S_{ki}} - \frac{1}{M} \right)} \tag{4-21}$$

式中 T_i ——地点 i 出发的总交通出行量;

T_{ij} ——从地点 i 到地点 j 的交通出行量。

式(4-21)是人口加权机会模型(PWO)的基本方程。

X. Yan 等[19] 使用了多种记录了居民空间移动行为信息的数据(如出租车 GPS 数据、手机通话详单数据、交通调查数据等)来验证 PWO 模型对城市交通出行量的预测效果,验证过程分为以下四个方面。

(1) 目的地空间分布。X. Yan 等[19] 分别使用 PWO 模型和辐射模型预测了从北京市某个市区地点和某个郊区地点出发的出行目的地空间分布。研究发现,PWO 模型的

预测结果与实证数据更为一致,辐射模型存在低估出行目的地空间范围的情况。

(2)出行距离分布。出行距离分布是研究居民空间移动行为的重要统计属性。X. Yan等[19]发现,PWO 模型所预测的出行距离分布与实际出行距离分布更为一致,当出行距离>2 km 时,辐射模型的出行距离分布预测结果与实际出行距离分布存在较大偏差,原因在于辐射模型不允许个体选择收益更高但距离较远的地点作为目的地(工作地点)。

(3)个体到达某地点的概率。X. Yan 等[19]定义 $P_{dest}(m)$ 为个体前往某个人口数量为 m 的地点的概率,并发现与辐射模型相比,PWO 模型的预测结果与实际情况更加符合。

(4)交通出行量预测。Sørensen 相似性指数是用于识别两个样本之间相似度的统计工具,具体定义如下:

$$SSI \equiv \frac{1}{N^2} \sum_{i}^{N} \sum_{j}^{N} \frac{2 \cdot \min(T'_{ij}, T_{ij})}{T'_{ij} + T_{ij}} \tag{4-22}$$

式中 T'_{ij} ——通过模型预测出从地点 i 到地点 j 的交通出行量;

T_{ij} ——两个地点间的实际交通出行量。

如果每对 T'_{ij} 和 T_{ij} 相等,那么,SSI 的值等于1;如果每对 T'_{ij} 和 T_{ij} 差异很大,SSI 会接近0。X. Yan 等[19]分别采用辐射模型和 PWO 模型预测了 14 个城市的交通出行量,并计算了预测交通量与实际交通量之间的 Sørensen 相似性指数,发现 PWO 模型的预测结果在各个城市都要优于辐射模型。值得注意的是,虽然各个城市在人口数量、城市规模、社会文化背景以及经济发展水平等方面各不相同,但 PWO 模型仍然能保持十分稳定的预测结果,体现了 PWO 模型的普适性。PWO 模型与辐射模型相似,也是一个无参模型,只需要人口分布信息作为模型输入。与辐射模型相比,PWO 模型更加适用于城市空间范围的交通出行量预测。PWO 模型提供了一种全新的居民空间移动行为预测方法,特别适用于交通调查数据缺乏的情况。

4.7 个体和群体空间移动行为通用模型

X. Yan 等[20]提出了既可以再现居民个体空间移动行为又可以再现居民群体空间移动行为的通用模型——"个体和群体空间移动行为通用模型"。该模型考虑了两个影响个体选择地点的重要因素:一是由个体记忆效应决定的地点吸引力(人们更倾向于前往曾经到达过的地点);二是由地点人口数量决定的地点吸引力。针对第一种吸引力,该研究团队借鉴齐普夫定律(个体到达某地点的概率与该地点被访问次数的排名成反比),提出了量化个体对某地点的记忆效应的公式:

$$A_j = 1 + \frac{\lambda}{r_j} \tag{4-23}$$

式中 λ ——表征记忆效应强度的参数;

r_j ——地点 j 是个体的第 r 个新访问地点。

λ 的值越大,个体对曾经到达过的地点的记忆效应越强,越不容易探索新地点;常数 1 表示地点 j(未被访问之前)的初始吸引力。

针对第二种吸引力,该研究团队假设地点的吸引力与其人口数量成正比,提出了量化地点 j 对地点 i 个体的吸引力公式:

$$B_{ij} = \frac{m_j}{W_{ji}} \qquad (4-24)$$

式中 m_j ——地点 j 的人口数量;

W_{ji} ——以地点 j 为中心、以地点 j 到地点 i 的距离为半径的圆盘区域内覆盖的总人口数(借鉴了辐射模型的建模方法)。

式(4-24)反映出:当地点 i 和地点 j 之间的人口数量增多时,地点 j 的就业机会将受到圆盘区域内更多就业机会的竞争,地点 j 对地点 i 个体的吸引力将会减小。

在 X. Yan 等[20]提出的个体和群体空间移动行为通用模型中,个体从地点 i 移动到地点 j 的概率 P_{ij} 计算如下:

$$P_{ij} \propto A_j \cdot B_{ij} = \frac{m_j}{W_{ji}} \left(1 + \frac{\lambda}{r_j}\right) \qquad (4-25)$$

模型中仅包含了一个记忆效应强度参数 λ。转移概率 P_{ij} 越大,表示地点 i 的个体移动到地点 j 的概率越高。X. Yan 等[20]使用了中国、美国、科特迪瓦、比利时四个国家的实证居民空间移动行为数据验证了个体和群体空间移动行为通用模型。由该模型生成的个体和群体空间移动行为标度律与实证数据分析结果非常吻合。

对于个体和群体空间移动行为通用模型还可以做一定的简化,使其转化为更基础的简单模型。X. Yan 等[20]在考虑个体空间移动行为模式时,重点关注通用模型中的个体记忆效应,忽略地点吸引力,从而生成"个体简化模型",而在分析群体空间行为模式时,重点关注通用模型中的地点吸引力,忽略个体记忆效应,从而生成"群体简化模型"。该研究团队利用个体简化模型和群体简化模型成功推导出了个体和群体空间移动行为度量的标度律。

4.8 基于主成分分析法的居民空间位置预测

高维数据中通常包含了大量的冗余数据,而且隐藏了重要的数据相关性信息。因此,在实际应用中,经常要对高维数据进行降维,以消除数据冗余,同时减少需要处理的数据数量,而且空间复杂度的降低往往也会使时间复杂度同步减小。降维技术在数据分类以及模式识别等领域有着广泛应用。主成分分析法(Principal Component

Analysis,PCA)就是一种常用的降维方法。N. Eagle 等[7]提出了基于主成分分析法的居民空间位置预测模型,它与 CTRW 模型和探索与优先回归模型这类重点关注居民空间移动行为统计标度律的模型有较大不同。基于主成分分析法的居民空间位置预测模型相比探索与优先回归这类模型具有更高的预测精度。该研究团队先将居民空间行为数据转换为行为向量,并运用主成分分析法从行为向量中找出能代表居民空间行为特征的"行为空间",从而进一步对居民的空间移动行为进行重建和预测。

N. Eagle 等[7]分析了美国麻省理工学院 100 名志愿者在 2004 年和 2005 年的移动通信数据。志愿者的空间位置数据由 100 个预装了位置坐标记录功能的智能手机采集而得。根据志愿者报告的个人住址、工作单位的大概坐标,将志愿者的空间位置数据转换为三类地点标签,分别是住址、工作单位和其他地点。再加上没有手机信号以及手机处于关机状态,志愿者的状态标签共有五个,分别是:位于住址、位于工作单位、位于其他位置、缺少手机信号和手机关机。研究团队将一天划分为 24 个时间窗,每个时间窗的长度都是 1 h。在观测期内的每个时间窗,志愿者都处于且只处于上述五个状态中的一个状态。

N. Eagle 等[7]将观测期内每位志愿者的状态序列用一个二维数组 $B(x,y)$ 表示。$B(x,y)$ 的第一个维度 x 指明是某个实验日,第二个维度 y 对应每天的 24 个时间窗,$B(x,y)$ 的值是在相应的实验日和时间窗内志愿者所处的状态。研究团队提出的二维数组 $B(x,y)$ 将志愿者的出行数据用统一的格式存储起来。为了应用主成分分析法来分析志愿者的空间移动行为,N. Eagle 等[7]将 $B(x,y)$ 的第二个维度 y 由 24 列扩展为 24×5 列,每 24 列作为一组,对应一种状态标签。例如,用前 24 列表示在对应的时间窗,志愿者是否位于其住址,用 1 表示志愿者位于其住址,用 0 表示志愿者不在其住址;用最后的 24 列表示志愿者的手机在对应时间窗内是否关机等,而 $B(x,y)$ 的第一个维度 x 保持不变,仍然表示对应的实验日。该研究团队将转换后的二维数组用 B' 表示,B' 即志愿者的出行向量,进一步用 Γ_i 代表 B' 的一行,表示志愿者在第 i 天的行为。对于每个 Γ_i,其中 1 的数量都是 24 个,对应于志愿者在当天 24 个时间窗内所处的状态。

在获得志愿者的出行向量后,N. Eagle 等[7]利用主成分分析法求解了志愿者的特征行为向量:首先,计算出行向量 B' 的均值 Ψ;其次,计算出行向量 B' 中的每一行 Γ_i 与出行向量均值 Ψ 之间的偏差 $\Phi_i = \Gamma_i - \Psi$;最后,通过主成分分析法得到志愿者的特征行为。按照每个特征行为导致的总方差(即相对应的特征值)对特征行为排序,特征值越大的特征行为在个体空间行为重建和预测中越重要。基于主成分分析法的居民空间位置预测模型的应用主要体现在两个方面:一是重建个体的空间行为;二是根据个体在一天中前几个时间窗的出行行为,预测个体在后续时间窗的出行行为。N. Eagle 等[7]研究了选择不同数量的特征行为重建个体空间行为的准确率,结果表明,当利用前 6 个主要的特征行为时,商学院学生的空间行为重建准确率为 90%,而媒体实验室高年级研究生的空间行为重建准确率为 96%,说明媒体实验室高年级研究生的空间行为比商学院学生的空间行为更规律。在预测个体在一天中后续时间窗的出行行为方面，N. Eagle 等[7]利用个体在实验当天前 12 个小时的状态信息获取最主要的 6 个特征行为及其权重，从而建立个体的"行为空间"，并将行为空间中的主要特征行为进行线性组合，生成包含位于住址、位于工作单位和位于其他位置三种状态的 12 元向量，向量中的每个元素即为所预测的志愿者在后续 12 个小时的空间位置。N. Eagle 等[7]提出的方法能以较高的准确率(79%)预测志愿者在后续 12 个小时的空间位置。

4.9 TimeGeo 模型

交通需求信息是城市交通规划与管理的核心基础输入数据。传统交通需求估计大多依靠人口普查和交通调查。然而，人口普查和交通调查的成本较高，数据更新频率和采样率较低，无法满足低成本地获取、更新交通需求信息的要求。S. Jiang 等[21]提出了基于手机通话详单数据的 TimeGeo 模型，用于重构个体空间移动轨迹，并预测了城市交通需求分布。TimeGeo 模型框架预测手机用户出行轨迹的基本流程如下：对于每个时间窗 t，首先判断手机用户的空间位置是否发生改变，如果不发生改变，手机用户停留在原地，如果发生改变，则进一步判断手机用户是否会探索新地点，如果探索新地点，则选择一个手机用户没有去过的地点作为其下一个停留地点，否则，选择一个手机用户曾经到达过的地点作为其下一个停留地点。虽然，TimeGeo 模型与本书 4.3 节中介绍的探索与优先回归模型有相似之处，但是在个体出行时间和出行地点选择方面都有了很多改进。

探索与优先回归模型不仅没有考虑到个体在不同地点、不同时段移动概率不同这一点，也没有考虑到不同个体的空间移动行为习惯差异。S. Jiang 等[21]针对上述问题做了一系列改进，具体如下：

(1) 根据群体空间移动概率 $P(t)$ 与个体周均(home-based)出行数 n_w 的乘积 $n_w P(t)$，估计个体在时间窗 t 的空间移动概率，这样既考虑了居民空间移动行为在时间上的规律[空间移动概率 $P(t)$ 是日间大夜间小]，又顾及了个体空间移动行为特征(周均出行数 n_w 较大的活跃用户的空间移动概率更高)。该研究团队针对通勤者和非通勤者分别计算了空间移动概率 $P(t)$。

(2) 考虑了个体位于其他地点(非居住、非工作地点)时空间移动概率的增加。S. Jiang 等[21]定义了停留系数 β_1 来刻画个体位于其他地点时空间移动行为概率的增加($\beta_1 > 1$)。当个体位于其他地点时，空间移动概率提升至 $\beta_1 n_w P(t)$，个体在其他地点停留的时间比在居住地点停留的时间更短。

(3) 通过定义突发系数 β_2 来修正个体从其他地点返回居住地点的概率。当个体位于其他地点时，前往另一个其他地点的概率为 $\beta_2 n_w P(t)$，回到居住地点的概率为 $1 - \beta_2 n_w P(t)$。突发系数 β_2 表征个体在不同时段的出行倾向(在日间选择另一个其他地点的概率更高)。另外,活跃用户从一个其他地点前往另一个其他地点的可能性比非活跃用户要高。

在空间移动地点的选择方面,TimeGeo 模型和探索与优先回归模型的相同之处在于:个体都是以概率 P_{new} 探索新地点,以概率 $(1-P_{new})$ 返回曾经到达过的地点,其中,P_{new} 具有幂律函数形式,随着时间的推移,个体探索新地点的概率越来越小。TimeGeo 模型和探索与优先回归模型的不同之处在于:在探索与优先回归模型中,从群体的出行距离概率分布中按照概率随机选择一个出行距离,之后,随机假定一个出行方向,确定个体将要探索的新地点。显然,这种选择探索地点的方法过于随机化,所预测的个体空间位置与个体的实际空间位置偏差较大。为了解决上述问题,S. Jiang 等[21] 提出了"基于等级的探索与优先回归模型"(r-EPR 模型)。他们认为,当有多个功能类似的地点可以被选择时,居民倾向于选择距离较近的地点。在 r-EPR 模型中,首先根据备选地点与个体当前地点的距离对备选地点进行排序,选择某备选地点的概率是地点排名 k 的幂律函数 $P(k) \sim k^{-\alpha}(\alpha=0.86)$。

S. Jiang 等[21] 通过分析美国波士顿地区的手机通话详单数据,判别了近 200 万名手机用户的居住地点和工作地点,推断了手机用户在某地点所从事的活动类型,进一步从手机用户中筛选出至少有 50 次出行并且至少在居住地点停留 10 次的活跃用户,并使用活跃用户的空间位置数据标定了 TimeGeo 模型的相关参数。该研究团队利用 TimeGeo 模型重构了大量手机用户的出行轨迹。TimeGeo 模型在预测停留时间分布、日均到达地点数量分布、出行距离分布和交通需求方面都表现出了良好的性能。

4.10 基于 n-gram 模型的个体出行预测模型

就城市交通系统而言,准确预测个体出行对于交通需求管理和公交客流管控都十分重要。但前面介绍的方法所使用的居民空间位置数据都不能代表乘客个体的出行行为。钞票流通数据是由多个人的出行叠加产生的,并不能表征某个个体的出行规律;虽然移动通信数据能够反映个体空间位置的连续变化,但并不能完全捕捉到个体的出行规律。这是因为在产生两条连续手机通信记录的时间间隔内,手机用户可能并没有出行,或者手机用户在该段时间内的出行只是某次出行的一部分,也可能是几次出行的叠加。

随着信息技术的发展,更多种类的居民个体出行数据出现并得到了广泛应用。其中,地铁智能卡刷卡数据具有较高的时间精度和明确的出行起点与出行终点信息,近年来被广泛应用于研究乘客的出行行为、建立乘客出行预测模型。乘客出行预测的研究方向通常有两个:一是预测乘客下一次出行的目的地;二是预测下一个时间窗乘客所处的位置。如果能同时预测乘客下一次出行的出行时间、出行起点和出行终点,无疑会给交通管理部门提供更多的实用信息,辅助交通管理者制订更加有效的管理方案。本节以文献[8]中的研究工作为例,介绍基于地铁智能卡刷卡数据和 n - gram 模型的乘客个体出行预测模型。

Z. Zhao 等[8]提出的模型的主要思路是将地铁乘客的出行预测问题分为两个子问题,即"是否出行"预测和"出行属性"预测。"是否出行"预测的目标是判断乘客下一次出行是否会发生,"出行属性"预测的目标则是在已判断出乘客会发生下一次出行的前提下,预测乘客下一次出行的时间、起点和终点。该研究团队首先预测乘客在某天是否会发生第一次出行。如果预测结果是乘客不发生第一次出行,则该天的出行预测结束。如果预测结果是乘客会发生第一次出行,则进一步预测第一次出行的时间、起点和终点这三个出行属性,并根据这三个出行属性来预测乘客是否会发生第二次出行。如果会发生第二次出行,则进一步预测第二次出行的三个出行属性,接着预测乘客是否会发生第三次出行,以此类推,到判断乘客不再发生下一次出行为止。之后的每一天都重复该过程,直至研究周期结束。

乘客上一次出行的时间、起点和终点都会对下一次出行是否发生以及下一次出行的三个出行属性产生一定影响。例如,当本次出行的出行时间为深夜时,下一次出行大概率不会发生;本次出行的终点很有可能是下一次出行的起点等。考虑到这种连续出行间的相关关系,上述预测过程可以根据当前出行是否存在上一次出行而分为乘客每天第一次出行的出行行为预测和乘客后续出行的出行行为预测。对于乘客每天第一次出行,由于不存在"上一次"出行,因此需要根据乘客出行当天的属性(例如星期几、是否为节假日等)和历史出行记录(例如,昨天是否有出行、过去一段时间内有多少天有出行以及连续不坐地铁出行的天数等)来预测乘客是否会发生第一次出行以及第一次出行的时间、起点和终点。而对于乘客的后续出行,则可以根据乘客上一次出行的出行属性来预测本次出行的时间、起点和终点。

Z. Zhao 等[8]将乘客个体出行预测分为四个子问题,即 P1A,P1B,P2A 和 P2B。其中,P1A 根据乘客出行当天的属性和历史出行记录判断乘客是否会发生第一次出行;P2A 根据乘客出行当天的属性判断乘客第一次出行的时间、起点和终点;P1B 根据乘客上一次出行的出行属性预测下一次出行是否会发生;P2B 根据乘客上一次出行的出行属性预测下一次出行的时间、起点和终点。该研究团队使用逻辑回归模型对 P1A 和 P1B 两个过程进行了求解。然而,由于可行解空间太大,P2A 和 P2B 两个过程很难求解。以深圳市 2014 年的地铁网络为例,地铁网络中共有 118 个站点,地铁运营时间段为 5:00—24:00,共 19 个小时,再加上一周有 7 天,因此,P2A 的可能性总数为 $118 \times 117 \times 19 \times 7 = 1\ 836\ 198$,而 P2B 的可能性总数为 $118 \times 117 \times 7 \times 118 \times 117 \times 7 = 9\ 339\ 676\ 164$,解空间的大小接近一百亿。为了解决上述问题,Z. Zhao 等[8]提出通过链式法则将 P2A 的联合概率和 P2B 的联合概率分解为三个条件概率的乘积,并借助自然语言处理领域的 n - gram 模型求解链式法则分解后的条件概率。该研究团队将乘客的出行记录类比为自然语言处理中的上文材料,而将乘客未发生的出行行为类比为要预测的词或词组,个体出行行为预测问题就可以转化为自然语言处理中的预测问题。Z. Zhao等[8]利用英国伦敦 2014 年 9 月至 2016 年 9 月上万名匿名地铁乘客的地铁智能卡刷卡数据来验证他们提出的个体出行预测模型。Z. Zhao 等[8]成功地将自然语言处理领域的模型算法引入居民空间移动行为建模。这让人耳目一新,深受启发。笔者相信多学科方法交叉未来将会继续促进居民空间移动行为建模领域的发展。

4.11　小结

经过多年的发展,居民空间移动行为建模领域似乎已出现了两类模型,代表了两个不同的发展方向:一类模型重视探索居民空间移动行为的内在机理,如探索与优先回归模型、人口加权机会模型;另一类模型则重视居民空间移动行为的准确预测,如 TimeGeo 模型和 n-gram 模型。如果我们稍加观察,就会发现两类居民空间移动行为模型有着明显不同的特点。第一类模型的参数数量较少,模型形式简单,着重于居民空间移动行为机理的探索和解释;第二类模型的参数数量较多,模型形式复杂,着重于居民空间移动行为预测效果的提升。两类模型虽然各具特点,但没有孰优孰劣之分,反而是缺一不可,相互促进。机理探索类模型为居民空间移动行为建模提供了指导思想,而精准预测类模型为居民空间移动模型的实际应用铺平了道路。两类模型的相辅相成恰恰体现了科学和工程的相互促进。

根据模型描述和预测对象的不同,居民空间移动行为模型又可分为个体模型和群体模型,这点与交通规划中的非集计模型和集计模型非常相似。个体模型是针对居民个体空间移动行为的刻画和预测,而群体模型是针对居民群体空间移动行为的刻画和预测。基于主成分分析法的居民空间位置预测模型和 n-gram 模型是典型的居民个体空间移动行为模型,而辐射模型和人口加权机会模型则属于居民群体空间移动行为模型。居民空间移动行为的个体模型和群体模型之间并没有明显的界限,实际上,它们的关系还非常紧密。例如,虽然探索与优先回归模型属于个体模型,但模型的很多参数是利用群体空间移动行为特征信息标定的;又如,辐射模型虽然是群体模型,但模型的理论推导植根于个体的空间位置选择行为。另外,我们还可以将个体空间移动行为集计成群体空间移动行为,但在大多数情况下,我们并不这样做,因为以这种方式获得的居民群体空间移动行为精确度较低。当我们关注居民群体空间移动行为时,构建或直接使用居民群体空间移动行为模型通常更为有效。

参考文献

[1]　SONG C,QU Z,BLUMM N,et al. Limits of predictability in human mobility[J]. Science,2010,327(5968):1018-1021.

［ 2 ］ PEARSON K. The problem of the random walk[J]. Nature, 1905, 72(1865): 342.

［ 3 ］ VISWANATHAN G M, AFANASYEV V, BULDYREV S V, et al. Levy flight search patterns of wandering albatrosses[J]. Nature, 1996, 381(6581): 413 - 415.

［ 4 ］ BARTUMEUS F, PETERS F, PUEYO S, et al. Helical Levy walks: Adjusting searching statistics to resource availability in microzooplankton[J]. Proceedings of the National Academy of Sciences of the United States of America, 2003, 100(22): 12771 - 12775.

［ 5 ］ RAMOS-FERNANDEZ G, MATEOS J L, MIRAMONTES O, et al. Levy walk patterns in the foraging movements of spider monkeys (Ateles geoffroyi)[J]. Behavioral Ecology and Sociobiology, 2004, 55(3): 223 - 230.

［ 6 ］ SIMS D W, SOUTHALL E J, HUMPHRIES N E, et al. Scaling laws of marine predator search behaviour[J]. Nature, 2008, 451(7182): 1098 - 1102.

［ 7 ］ EAGLE N, PENTLAND A S. Eigenbehaviors: identifying structure in routine[J]. Behavioral Ecology and Sociobiology, 2009, 63(7): 1057 - 1066.

［ 8 ］ ZHAO Z, KOUTSOPOULOS H N, ZHAO J. Individual mobility prediction using transit smart card data[J]. Transportation Research Part C: Emerging Technologies, 2018, 89: 19 - 34.

［ 9 ］ BROCKMANN D, HUFNAGEL L, GEISEL T. The scaling laws of human travel[J]. Nature, 2006, 439(7075): 462 - 465.

［10］ BARABASI A L, ALBERT R. Emergence of scaling in random networks[J]. Science, 1999, 286(5439): 509 - 512.

［11］ SONG C, KOREN T, WANG P, et al. Modelling the scaling properties of human mobility[J]. Nature Physics, 2010, 6(10): 818 - 823.

［12］ PAPPALARDO L, SIMINI F, RINZIVILLO S, et al. Returners and explorers dichotomy in human mobility[J]. Nature Communications, 2015, 6(1): 8166.

［13］ WANG P, GONZALEZ M C, HIDALGO C A, et al. Understanding the spreading patterns of mobile phone viruses[J]. Science, 2009, 324(5930): 1071 - 1076.

［14］ GONZALEZ M C, HIDALGO C A, BARABASI A L. Understanding individual human mobility patterns[J]. Nature, 2008, 453(7196): 779 - 782.

［15］ CASEY H J. Applications to traffic engineering of the law of retail gravitation[J]. Traffic Quarterly, 1955, 9(1): 23 - 35.

［16］ SIMINI F, GONZALEZ M C, MARITAN A, et al. A universal model for mobility and migration patterns[J]. Nature, 2012, 484(7392): 96 - 100.

［17］ MASUCCI A P, SERRAS J, JOHANSSON A, et al. Gravity versus radiation model: on the importance of scale and heterogeneity in commuting flows[J]. Physics Review E, 2013, 88 (2): 022812.

［18］ REN Y, ERCSEY-RAVASZ M, WANG P, et al. Predicting commuter flows in spatial networks using a radiation model based on temporal ranges [J]. Nature Communications, 2014, 5 (5): 5347.

[19] YAN X，ZHAO C，FAN Y，et al. Universal predictability of mobility patterns in cities[J]. Journal of the Royal Society Interface，2014，11(100)：20140834.

[20] YAN X，WANG W，GAO Z，et al. Universal model of individual and population mobility on diverse spatial scales[J]. Nature Communications，2017，8(1)：1639.

[21] JIANG S，YANG Y，GUPTA S，et al. The TimeGeo modeling framework for urban mobility without travel surveys[J]. Proceedings of the National Academy of Sciences of the United Stated of America，2016，113(37)：E5370－E5378.

5 | 基于移动通信数据的交通需求估计

5.1 引言

居民个体空间移动行为是居民群体空间移动行为的基本组成元素,而居民群体空间移动行为是居民个体空间移动行为的时空聚合表现。在本书第3章、第4章中,笔者主要介绍了针对居民个体空间移动行为的分析与建模方法,同时,也介绍了一些居民群体空间移动行为的分析与建模方法。在本章中,笔者将进一步介绍居民群体空间移动行为的分析与建模方法在交通领域中的延伸应用,即基于移动通信数据的交通需求估计。在很多实际应用中,居民的群体空间移动行为信息更为重要,这是因为这些实际应用大多是以居民群体空间移动行为信息为基础输入数据或决策依据。例如,城市交通规划与管理中最重要的基础输入数据之一——OD矩阵,记录的就是表征居民群体空间移动行为的交通需求数据。在大型商业、娱乐活动中,城市管理人员更加关注人群聚集的速度与规模,而非个体的出行轨迹;在商业选址时,重点考察的是过往候选地点的人群总量,而不是某个过往候选地点单个行人的空间移动行为。

由于过去比较缺乏记录居民个体空间移动行为信息的数据,以往居民空间移动行为领域的研究更侧重于针对居民群体空间移动行为的分析与探索,代表性的居民群体空间移动行为的模型和方法主要包括重力模型、"四阶段"法和辐射模型。其中,重力模型已有上百年历史并且广泛应用于交通[1]、贸易[2]、通信[3]等领域。交通需求预测"四阶段"法是在20世纪50年代提出的,在当今交通科学研究与工程实践中应用都非常广泛,并且"四阶段"法是交通领域最基础、最核心的方法之一。随着蕴含大量居民空间移动行为信息的移动通信数据的出现,居民群体空间移动行为分析与建模研究领域迎来新的发展契机。近年来,很多新颖、有效的分析方法和建模手段被提出[4]。

与居民个体空间移动行为分析相比,居民群体空间移动行为分析对于居民空间移动行为数据的空间精度和记录频率的要求较低:即使有很多个体存在空间位置信息缺失,其他个体还是能够产生足够多的空间位置数据样本用于分析、预测居民的群体空间移动行为。例如,在手机通话详单(CDR)数据中,手机用户的空间位置记录非常稀疏,并且在时间上无规律可循,再加上手机用户出行前一小段时间打电话(发短信)和到达目的地后一小段时间打电话(发短信)的概率较小,所以,很难从CDR数据中获取个体手机用户的实际出行轨迹。然而,借助CDR数据记录时间长、覆盖区域广的优势,可以通过分析长期的CDR数据来获取各个时段的居民常规出行分布,进一步结合交通总量数据和交通方式分担数据,估计各个时段的日常(均值)交通需求OD矩阵。近年来,移动通信数据在交通需求估计研究与应用领域得到了广泛应用,有很多基于移动通信数据的交通需求估计的新方法被提出。

CDR数据在估计居民群体空间移动行为方面具有优势,各种基于CDR数据的交通需求OD估计方法本质上是利用了CDR数据覆盖面广、记录时间长的优点来弥补CDR

数据空间精度和采集频率较低的劣势。另外,从近年来专家学者利用 CDR 数据开展的研究工作来看,CDR 数据非常适用于分析居民群体空间移动行为的统计规律。另一类移动通信数据,手机信令数据(MS 数据)同样适用于居民群体空间移动行为分析。在 MS 数据中,居民空间位置信息的记录频率较高并且在时间上较为规律(一般手机用户的空间位置每一小时记录一次)。因此,在基于 MS 数据的居民群体空间移动行为分析中,一般不通过长时间的历史观测数据来估计居民群体空间移动行为的统计规律,而是直接估计居民个体空间移动行为,再通过聚合来获取居民群体空间移动行为特征。由于 MS 数据中的空间位置记录在时间上分布规律且密度较高,因此,在很多情况下,MS 数据被用于校验通过 CDR 数据计算得到的居民空间移动行为特征[5]。

尽管本书第 4 章中介绍的一些居民空间移动行为模型可用于描述或预测居民个体空间移动行为,理论上,可以通过对居民个体空间移动行为进行叠加以获取居民群体空间移动行为信息,但是,如果使用在时间上记录频率较低且不规律的 CDR 数据来估计居民个体空间移动行为,并将居民个体空间移动行为进行叠加,则个体空间移动行为的估计偏差很可能会被逐级放大,从而造成居民群体空间移动行为的估计效果不佳。因此,在基于 CDR 数据的居民群体空间移动行为研究方面,有一套区别于居民个体空间移动行为研究的方法和体系,在本章中,笔者将对这些方法以及现在仍然存在的问题做详细的介绍和讨论。

本章将介绍基于移动通信数据的交通需求估计方法,其中包括:基于手机通话详单(CDR)数据的交通需求估计方法,基于手机通话详单数据和视频监控数据融合的交通需求估计方法,基于手机信令(MS)数据的交通需求估计方法,基于手机信令数据和交通数据融合的交通需求估计方法。

此外,笔者还将介绍基于移动通信数据的交通方式划分方法。

5.2　基于手机通话详单数据的交通需求估计

交通需求 OD 信息是进行交通状态评价、交通流分配、交通规划与管理的基础输入数据。传统的交通需求 OD 信息一般通过交通调查采集获得,而交通调查需要耗费巨大的人力、物力。另外,交通调查一般时间跨度较长,很容易出现数据匮乏或数据过期的问题。而移动通信数据中蕴涵了大量的居民空间位置信息,这就为交通需求估计提供了新的数据来源,也为提高交通需求估计的准确性、降低成本提供了可能性。

进入 21 世纪,移动通信设备进入了快速普及阶段,当手机用户使用通信服务时,相应的移动通信基站就会被记录下来。由于移动通信基站在城市区域密集分布,因此可以较为精确地定位手机用户的空间位置,这便给研究人员和管理人员提供了海量的居民空间位置信息。相较于其他数据,从移动通信数据中提取的交通需求信息更具时效性,可以为交通规划与交通管理提供更为有效的基础输入数据。随着移动通信基站布设得越来越密集,手机用户数量在人口数量中的比例越来越高,从移动通信数据中获取的交通需求信息将会越来越精确,越来越全面,这将进一步促进移动通信数据在交通需求估计中更为广泛的应用。

虽然,手机通话详单(CDR)数据中的手机用户空间位置记录在时间上不规律并且比较稀疏,但可用于对手机用户的出行分布进行统计分析。手机信令(MS)数据中的手机用户空间位置记录往往具有规律的时间间隔,更有利于统计即时交通需求分布,但鉴于 MS 数据采集难度大且占用庞大的储存空间,因而大多 MS 数据记录持续时间较短。本小节将介绍基于 CDR 数据的交通需求估计方法。当使用 CDR 数据估计交通需求时,首先从 CDR 数据中获取手机用户的出行分布,其次根据交通小区内的人口数量和手机用户数量对手机用户出行进行扩样,最后划分每次出行所使用的交通方式,估计各个交通小区之间各种交通方式的出行总数。P. Wang 等[6]提出的基于 CDR 数据的交通需求估计方法如下。

1. 获取手机用户的出行信息,构建瞬态 OD 矩阵

由于 CDR 数据记录具有稀疏、不规律的特性,因此手机用户相邻两次空间位置记录的时间间隔一般较长(如第一次通信记录出现在早上 8:00,而第二次通信记录出现在晚上 6:00)。为了较为准确地获取交通需求 OD 信息,在处理 CDR 数据时通常需要选取发生时间间隔较短的相邻空间位置记录,但设定的时间间隔阈值也不能过短,以保证能够获取足够多的手机用户出行信息。P. Wang 等[6]指出,一个比较合适的时间间隔阈值为 1 h。该研究团队将一天划分为早、中、晚三个时间段,在每个时间段内,当手机用户的一次空间位移发生的时间间隔在 1 h 以内时,则将这次空间位移认定为手机用户的一次出行,并将其进一步用于出行分布统计分析。图 5-1 展示了一个手机用户在两个时间段的空间位置记录,根据上述手机用户出行筛选规则,位移 $A \rightarrow B$ 和位移 $B \rightarrow C$ 的时间间隔都在 1 h 以内,而位移 $C \rightarrow D$ 的时间间隔大于 1 h,因此,在两个时间段内该手机用户有 2 次空间位移被认定为出行。根据 P. Wang 等[6]提出的手机用户出行认定方法,位移 $C \rightarrow D$ 没有被认定为出行,原因在于手机用户从 C 点到 D 点的时间间隔过长,无法确定手机用户在此期间是否还有其他出行。为了较为准确地采集手机用户的出行信息,只有发生在 1 h 以内的空间位移才会被统计。虽然,手机用户的很多空间位移信息没有被使用,但长期海量的 CDR 数据可以弥补这一点,我们仍然能够获取到比较全面且可靠的交通分布信息。同时,P. Wang 等[6]选择 1 h 作为时间间隔阈值也考虑到了居民在市内出行的一般时长,他们认为居民在市内的出行时间很少超过 1 h。通过对不同类型手机用户进行分析发现,利用上述方法获得的交通分布与手机用户的空间位置记录数关系不大,即使用空间位置记录数较少的手机用户统计出的交通分布和使用空间位置记录数较多的手机用户统计出的交通分布相差不大。该研究团队过滤掉一些空间位置记录数过少或过多的手机用户后,将大部分手机用户的空间位置信息用于获取交通分布信息。

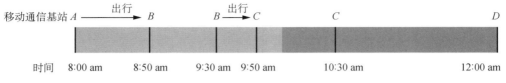

时间　8:00 am　　　 8:50 am　　　9:30 am　9:50 am　　　10:30 am　　　　　　12:00 am

图 5-1　CDR 数据中的手机用户出行认定规则示意

值得注意的是,如果一个手机用户在发生空间移动的过程中没有使用手机,那么该手机用户的空间位置信息将会丢失(没有在移动通信数据中记录)。例如,当我们从移动通信数据中识别出手机用户的一次出行 $B{\rightarrow}C$(手机用户在位置 B 和位置 C 使用了手机,有空间位置记录),但是这次出行的实际起点有可能是 A,实际终点有可能是 D。那么,$B{\rightarrow}C$ 仅为这次出行的一部分,P. Wang 等[6]将 $B{\rightarrow}C$ 定义为瞬态 OD 矩阵(t-OD)中的一次手机用户出行。虽然,从移动通信数据中获取的瞬态 OD 可能会丢失手机用户的部分出行信息,但是如果对上百万名手机用户的瞬态 OD 出行进行统计,就可以在一定程度上降低出行信息丢失的影响。当然,在这里我们假设手机用户丢失的部分出行信息在空间上是均匀分布的。针对本身就存在很多空间位置数据缺失的 CDR 数据,P. Wang 等[6]提出的手机用户出行提取方法是比较合理的。

2. 计算手机用户的出行分布

在获取了每个手机用户的出行信息之后,就可以统计某一时段从交通小区 i 到交通小区 j 的出行总数:

$$F_{ij} = \sum_{n=1}^{N} T_{ij}(n) \qquad (5-1)$$

式中　N——手机用户总数;

　　　$T_{ij}(n)$——某手机用户 n 在此时段从交通小区 i 到交通小区 j 的出行数。

进一步,我们可以计算手机用户在各小区之间的出行分布概率:

$$P_{ij} = F_{ij} \Big/ \sum_{ij} F_{ij} \qquad (5-2)$$

手机用户使用通信服务的频率会对出行信息的提取产生影响,手机用户的通信次数越多,采集到手机用户出行的概率就会越大。这样就会造成频繁通信的手机用户对交通分布信息的贡献量会比偶尔通信的手机用户对交通分布信息的贡献量大。为了分析通信频率对出行分布信息提取的影响,P. Wang 等[6]根据手机用户的通信频率对手机用户进行分类,并分别使用每一类手机用户的空间位置数据来估计出行分布。该研究团队发现:由每月通信 10~100 次的手机用户的空间位置数据估计的出行分布和由每月通信 100~500 次或 500~2 000 次的手机用户的空间位置数据估计的出行分布具有高度的相似性。这说明手机用户通信频率的差异在很大范围内不会影响交通需求分布的估计。但是,该研究团队也发现,由通信频率过低或过高的手机用户的空间位置数据估计的出行分布与由大部分手机用户的空间位置数据估计的出行分布有较大差异。因此,他们选取了大部分通信频率适中的手机用户的空间位置数据记录进行后续的出行分布计算。

3. 根据交通小区内的人口数量和手机用户数量校正出行分布

在大多数情况下,移动运营商在各个城市的市场占有率不同,在城市各个区域的市场占有率也不同。在上一步骤中计算的出行分布 P_{ij} 并没有考虑手机用户在城市各区域分布的不均匀性。同时,手机用户出行采样的不均衡性可能会导致出行分布估计误差,因此需要通过交通小区内的人口数量和手机用户数量对出行进行扩样。根据本书第 3 章介绍的职住地点判别方法可以定位手机用户的居住地点,这样就可以计算出交通小区 i 内的手机用户数量 $N_{user}(i)$;再通过城市人口分布数据计算交通小区 i 内的人口数量 $N_{pop}(i)$,则交通小区 i 内人口数量和手机用户数量的比例为

$$M(i) = \frac{N_{pop}(i)}{N_{user}(i)} \tag{5-3}$$

P. Wang 等[6]进一步通过对手机用户扩样来校正从交通小区 i 到交通小区 j 的出行量:

$$OD_{ij}^{all} = \sum_{k=1}^{A} \sum_{n=1}^{N_k} T_{ij}(n) \times M(k) \tag{5-4}$$

式中 N_k——第 k 个交通小区的手机用户总数;

$T_{ij}(n)$——手机用户 n 在某时段从交通小区 i 到交通小区 j 的出行总数,其中 n 居住在交通小区 k。

4. 估计小汽车出行方式的交通需求 OD 矩阵

地铁智能卡刷卡数据记录了地铁乘客的交通需求 OD 信息,公交车智能卡刷卡数据记录了公交车乘客的起点信息,部分公交车智能卡刷卡数据(如北京公交车智能卡刷卡数据)还记录了公交车乘客的终点信息。近年来,公交、地铁智能卡刷卡数据的大量出现使交通管理部门可以较为容易地获取城市公共交通需求 OD 信息。然而,小汽车方式的交通需求信息仍然不易获取,这是由于小汽车车主一般不愿意公开自己的出行轨迹。虽然,手机用户在使用地图软件、导航软件(如高德地图)时,车辆的实时 GPS 数据会被上传到软件数据中心,但使用导航软件的手机用户只占城市人口的一小部分,他们的 GPS 数据也很难用于估计整体交通需求。

在上一步骤计算出交通小区之间的出行分布后,P. Wang 等[6]利用交通调查数据来估计每个交通小区的小汽车使用人数。最简单的方法是根据每个交通小区的小汽车使用人数,随机指定使用小汽车出行的手机用户。该研究团队给出了一种小汽车使用率的计算方法:

$$VUR(i) = P_{car\ drive\ alone}(i) + P_{carpool}(i)/S \tag{5-5}$$

式中 $P_{\text{car drive alone}}(i)$ ——交通小区 i 中的出行者选择独自驾车的概率；

$\qquad P_{\text{carpool}}(i)$ ——交通小区 i 中的出行者选择拼车的概率；

$\qquad S$ ——平均拼车人数。

根据小汽车使用率，随机分配手机用户的出行方式，可以获取小汽车出行方式的交通需求 OD：

$$OD_{ij}^{\text{vehicle}} = \sum_{k=1}^{A} \sum_{n=1}^{N_k} T_{ij}(n) \times M(k) \qquad (5-6)$$

式（5-6）中的手机用户 n 是指使用小汽车出行的手机用户。P. Wang 等[6] 所使用的交通方式划分过程显然是比较粗糙的，没有考虑出行距离、手机用户的社会经济属性以及公共交通设施等方面的情况。我们可以通过多种方式来提高交通方式划分的合理性，例如，应用"四阶段"法中的 Logit 模型和 Probit 模型等。

P. Wang 等[6] 提出的基于移动通信数据的交通需求估计方法是建立在交通领域经典"四阶段"法上的，并对"四阶段"法做了适当调整。例如，该研究团队提出的方法并不从"四阶段"法的第一阶段"交通的发生与吸引"开始，而是首先求解交通分布，再利用交通出行总量、手机用户市场占有率等数据来校正求解的交通分布。研究团队提出的基于 CDR 数据的交通需求估计方法是将"四阶段"法的第一阶段"交通的发生与吸引"和第二阶段"交通分布"合并进行，而交通方式划分和"四阶段"法的第三阶段完全对应。另外，不同机构组织获取的 CDR 数据在格式和精度上略有不同，在对 CDR 数据的处理中也存在细节差异。

P. Wang 等[6] 使用美国旧金山湾区和波士顿地区的 CDR 数据估计了这两个地区每天不同时段的交通需求，首先按照上述方法提取手机用户的出行信息（如果手机用户的一次空间移动发生在 1 h 之内，则被认定为一次出行），进一步分析了由不同通信频率手机用户的空间位置信息计算的出行分布，并尽量减少手机用户通信频率的差异对交通需求估计的影响。美国旧金山湾区和波士顿地区的手机用户市场占有率在空间上都存在分布不均的现象，为了避免手机市场占有率不均造成的出行分布统计偏差，该研究团队根据交通小区居住人口数量和手机用户数量对出行进行扩样，并进一步计算了每个交通小区的小汽车使用率，以用于估计小汽车方式的交通需求 OD。该研究团队利用上述方法估计了美国旧金山湾区和波士顿地区的交通需求信息，并进一步利用交通需求信息估计了这两个地区的交通流分布。

5.3 基于手机通话详单数据和视频监控数据融合的交通需求估计

M. S. Iqbal 等[7] 利用孟加拉国首都达卡市中心城区约 690 万名手机用户的匿名通话记录数据（CDR 数据），以及在 13 个关键地点采集的视频监控数据，建立了基于 CDR

数据和视频监控视频数据融合的交通需求估计方法,发展了多源异构交通数据的融合技术。M. S. Iqbal 等[7]使用的 CDR 数据中记录了手机用户 ID、移动通信基站坐标、通话时间、通话时长和日期。该研究团队从 CDR 数据中提取了手机用户的出行信息,并估计交通需求 OD,再利用交通视频监控数据计算路段交通流量,从而对估计的交通需求 OD 进行修正。具体的实现方法如下。

首先从 CDR 数据中提取每个手机用户的空间位置记录信息,然后参照 P. Wang 等[6]提出的方法建立瞬态 OD 矩阵(t - OD),将手机用户在 10 min 到 1 h 内发生的空间位移定义为手机用户的出行,这样既可以避免由乒乓效应造成的假位移,又可以采集到足够的手机用户出行数据。M. S. Iqbal 等[7]进一步将每个手机用户出行的起始移动通信基站、到达移动通信基站与交通网络中的节点建立了映射关系,进而将基站级 t - OD 转换为节点级 t - OD。当某交通网络节点 i 与移动通信基站 t 的覆盖区域 A_t 重叠时,则将基站 t 与节点 i 相关联。如果移动通信基站 t 的覆盖区域 A_t 存在两个及以上的候选交通网络节点,则候选节点将会以与 A_t 的重叠占比进行排序,占比最大的节点排序为 1,以此类推。节点级 t - OD 矩阵存储了各种交通方式的交通需求,为了获取更符合实际交通状况的小汽车方式的交通需求 OD 矩阵,研究团队进一步利用 13 个关键路段的交通流量(由视频监控数据估计得到)校正节点级 t - OD 矩阵。

M. S. Iqbal 等[7]发现 t - OD 矩阵低估了非相邻起讫点之间的交通需求。为了估计实际交通需求 OD 矩阵(OD_{ij}),就需要校正节点级 t - OD 矩阵,使得校正后的交通需求产生的交通流与实际交通流吻合。该研究团队进而提出使用缩放因子 β_{ij} 对 t - OD 矩阵扩样以得到接近实际情况的交通需求 OD:

$$OD_{ij} = \sum_{ij} (t - OD_{ij}) \times \beta_{ij} \qquad (5-7)$$

式中,缩放因子 β_{ij} 将手机市场占有率、小汽车使用率等因素同时考虑在内。M. S. Iqbal 等[7]使用微观交通模拟平台 MITSIMLab 中的最优化模型计算缩放因子 β_{ij}。MITSIMLab 模拟平台的输入包括:道路网络数据、驾驶员行为模型参数和交通需求 OD 矩阵。通过 MITSIMLab 平台可以输出道路网络中某特定位置的交通流量。该研究团队将通过移动通信数据计算的节点级 t - OD 矩阵作为 MITSIMLab 平台使用的原始 t - OD 矩阵,将通过视频监控数据计算得到的路段交通流量作为实际交通流量,进一步对比由原始 t - OD 矩阵估算的仿真交通流量和实际交通流量,定义目标函数通过改变缩放因子 β_{ij} 实现实际交通流量和仿真交通流量的差异最小化。该最优化问题可以表示为

$$\text{Minimize}, Z = \sum_{k=1}^{K} (V_{\text{actural}}^k - V_{\text{simulated}}^k)^2$$
$$OD_{ij, t} = \sum_{i,j=1}^{N} (t - OD_{ij, t}) \times \beta_{ij} \qquad (5-8)$$

式中　$V^k_{simulated}$——仿真交通流量；

　　　$OD_{ij,t}$——在 t 时段节点 i 和节点 j 之间小汽车方式的实际交通需求 OD；

　　　$t\text{-}OD_{ij,t}$——在 t 时段节点 i 和节点 j 之间的瞬态 t - OD 矩阵；

　　　K——具有实际交通流量信息的路段数；

　　　N——道路网络中的节点数。

M. S. Iqbal 等[7]通过上述方法使用视频监控数据对基于 CDR 数据计算的 OD 矩阵进行校正，最终得到了高精度的交通需求估计。

5.4　基于手机信令数据的交通需求估计

在本书第 2 章中，笔者主要介绍了两类重要的移动通信数据类型：手机通话详单（CDR）数据和手机信令（MS）数据。在 5.2 节和 5.3 节中，笔者介绍了基于 CDR 数据的交通需求估计方法，在本节和 5.5 节中，笔者将介绍基于 MS 数据的交通需求估计方法。CDR 数据中的手机用户空间位置信息以主动方式记录，即手机用户需要通话或接发短信才会有空间位置记录；而 MS 数据中的手机用户空间位置信息以被动方式记录，即移动通信网络通过定期扫描方式更新手机用户的空间位置信息。从采集手机用户的空间位置记录的方式来看，MS 数据中记录的居民空间行为信息更为可靠、稳定，MS 数据用于交通需求估计时更为便捷，并且，获得的交通需求 OD 信息也更为可靠。从数据获取难度来看，MS 数据更加难以获取，主要原因在于 MS 数据占用的存储空间和资源比 CDR 数据大得多，而 CDR 数据则比较常见，几乎每个移动运营商都采集了大量的 CDR 数据作为对手机用户收费的依据。

李祖芬等[8]获得的移动通信数据既包括以主动方式采集的手机用户空间位置记录，又包括以被动方式采集的手机用户空间位置记录，但该研究团队仅使用了以被动方式采集的手机用户空间位置记录，并提出了一种基于 MS 数据的交通需求估计方法。他们所使用的 MS 数据的扫描周期约为 55 min，空间位置记录在时间上分布均匀，因此仅需判别手机用户是否在 1 h 内发生了空间位置变化，即可提取手机用户出行信息。当然，我们还可以通过对比相邻时间窗手机用户的空间位置来确定手机用户是否出行，这时，需要把手机用户的空间位置记录划分到各个时间窗中。另外，判断手机用户是否发生出行的时间阈值和时间窗一般都是 1 h，这是由 MS 数据的采集频率决定的（约每小时采集 1 次）。

在利用 MS 数据估计交通需求时，另一个重要的步骤是将 MS 数据中记录的手机用户空间位置映射到交通小区，可能有如下几种情况：① 手机用户的空间位置由移动通信基站坐标表示，并以交通小区作为交通需求的统计基本单位。在这种情况下，一般需要使用地理信息系统软件（如 ArcGIS）来计算移动通信基站的服务区（一般以 Voronoi 多边形表示）和各个交通小区的重叠面积，再按重叠面积的比例将手机用户分配到各个交通小区,进而实现移动通信基站级 OD 向交通小区级 OD 的转换。当然,有时也按移动通信基站服务区与各交通小区重叠区域覆盖的人口比例向交通小区分配手机用户。② 手机用户的空间位置用移动通信基站的坐标表示,并以移动通信基站服务区作为交通需求的基本统计单位。在这种情况下,只需要统计手机用户在移动通信基站服务区之间的空间移动即可。③ 手机用户的空间位置用经、纬度坐标点表示,并以交通小区作为交通需求的基本统计单位。在这种情况下,一般利用地理信息系统软件将手机用户的坐标点映射到交通小区,李祖芬等[8] 使用的 MS 数据就属于这种情况。

李祖芬等[8]根据交通调查结果,确定了北京市的早高峰和晚高峰时间段分别在 6:30—8:30 和 16:30—18:00,进一步分别估计了北京市早、晚高峰的交通需求 OD 矩阵。针对早高峰的交通需求估计,该研究团队将每个手机用户在 1:00—5:00 时间段的空间位置作为其出行起点,将每个手机用户在 9:00—11:00 时间段的空间位置作为其出行终点;针对晚高峰的交通需求估计,将每个手机用户在 14:00—16:00 时间段的空间位置作为其出行起点,将每个手机用户在 22:00—23:59 时间段的空间位置作为其出行终点。最后,该研究团队利用各区域的人口数量对通过 MS 数据计算的出行量进行扩样,以完成交通需求 OD 矩阵的估计。

根据上面的介绍,我们看到了 MS 数据和 CDR 数据在数据特征以及分析方法方面的不同。另外,不同的移动通信运营商采集的移动通信数据的空间位置记录格式也可能有所不同,需要有针对性地使用恰当的数据处理方法。在估计交通需求 OD 之前,一般需要根据移动通信数据的特征对数据进行预处理,如删除异常数据、提取同一手机用户的空间位置记录、对空间位置记录进行排序等。关于移动通信数据的预处理,在本书第 2 章有较为详细的介绍,此处不再赘述。

5.5 基于手机信令数据和交通数据融合的交通需求估计

前面章节中介绍的很多居民空间移动行为模型虽然揭示了居民个体出行行为的内在规律,但是难以直接应用于城市交通管理。以经济的、可持续的方式获取居民实时空间移动信息仍然是一个具有挑战的问题。在本节中,笔者将介绍 Z. Huang 等[9] 提出的基于 MS 数据和交通数据融合的交通需求估计模型。这个模型采用了数据融合技术,结合了 MS 数据、出租车 GPS 数据以及地铁智能卡刷卡数据的优势,可以较为经济地获取居民的实时交通需求信息。同时,Z. Huang 等[9] 建立的模型不仅能够准确估计日常情况下的交通需求量,而且还能有效地捕捉到大型人群聚集活动期间突然爆发的居民出行需求。

Z. Huang 等[9] 使用两类数据对深圳市居民的交通需求进行估计。第一类数据是深圳市一天的 MS 数据,第二类数据是深圳市三个月的交通数据(包括地铁智能卡刷卡数据和出租车 GPS 数据)。下面笔者将分别介绍这三种数据的特点、预处理方法以及基于多源数据融合的交通需求估计模型框架及其应用。

在 MS 数据的采集过程中,移动运营商通过定时扫描方式记录手机用户的空间位置信息。与 CDR 数据不同,MS 数据可以有规律地及时记录手机用户的空间位置信息,而不受手机用户是否正在使用手机的影响。Z. Huang 等[9] 使用的 MS 数据采集于 2012 年的一个普通工作日,在这个 MS 数据集中,每隔半小时至一小时,手机用户的空间位置就会被扫描一次,因此,手机用户的空间位置记录在时间上分布比较均匀。该研究团队对手机信令数据的预处理步骤如下。

步骤 1:删除具有相同手机用户 ID、时间戳和空间位置坐标的重复记录。对于重复记录,只取其中的一条记录进行后续分析。在此过程中,该研究团队从原始的 5.4 亿余条记录中选择了约 3.2 亿条记录。

步骤 2:由于智能电表等智能设备也使用移动运营商提供的用户识别模块(SIM)卡,因此,只有当手机用户的位置被多个移动通信基站记录时,才认为该手机用户的记录是有效的。该研究团队滤除了只被一个移动通信基站记录的手机用户 ID,最终保留了 3 亿余条手机用户空间位置记录。

步骤 3:如果连续不断地发现手机用户在两个相邻的移动通信基站之间来回跳跃且超过 3 次,则将该跳跃视为基站跳跃("乒乓效应")。产生基站跳跃的主要原因是手机用户距离两个移动通信基站都比较近,因此,两个基站都可以为手机用户提供通信服务,进而它们也都会记录手机用户的空间位置信息。该研究团队处理基站跳跃的方法是随机选择其中一个移动通信基站作为手机用户的空间位置。例如,当在两个相邻的移动通信基站 A 和 B 之间找到手机用户的连续跳跃记录(例如 $A—B—A—B—A—B$)时,在这些跳跃过程中观察到的手机用户空间位置都被分配给整个跳跃过程的起点(例如 $A—A—A—A—A—A$)。该研究团队使用这种方法在 3 亿余条记录中发现了约 180 万(约 0.6%)条基站跳跃记录。

步骤 4:该研究团队使用的移动通信基站的数量比交通小区的数量多很多。为了对比从 MS 数据中获取的交通出行量和从交通数据中获取的交通出行量,就需要将移动通信基站映射到对应的交通小区中。该研究团队以小时为单位,将一天划分为 24 个等长的时间窗。对于每个时间窗 t,计算每个手机用户所在移动通信基站对应的交通小区,进而得到手机用户在交通小区之间的出行信息。如果在连续的两条记录中手机用户处于两个不同的交通小区 z_1 和 z_2,则定义该手机用户在这两个时间窗内发生了 $z_1 \rightarrow z_2$ 的出行。该研究团队使用这种方式共识别了约 3 600 万次的手机用户出行。在连续的两条记录中,如果手机用户都停留在同一个交通小区 z_n,则认为手机用户本次出行结束,并得到手机用户的出行轨迹 $z_1 \rightarrow z_2 \rightarrow \cdots \rightarrow z_n$。他们发现,大约 61% 的出行中手机用户只有一次空间位移,即出行轨迹为 $z_1 \rightarrow z_2$;18% 的出行中手机用户移动了两次,即出行轨迹为 $z_1 \rightarrow z_2 \rightarrow z_3$ 或 $z_1 \rightarrow z_2 \rightarrow z_1$;其余 21% 的出行中手机用户有两次以上的空间位移。该研究团队发现,61.8% 的手机用户出行持续时间在 70 min 以内,在本步骤中识别了约 2 500 万次的手机用户出行。

步骤 5：假设手机用户的出行分布可以代表深圳市民的交通需求分布，则在时间窗 t 内，两个交通小区 i 和 j 之间的出行次数可以由 MS 数据计算得到的出行量乘以扩样因子得到。通过这种方法生成的手机用户出行流量 $T_M(i, j, t)$ 可以作为交通小区 i 和 j 之间的真实出行量，以校准地铁乘客和出租车乘客的出行量。

Z. Huang 等[9]选取地铁智能卡刷卡数据和出租车 GPS 数据这两种常见的城市交通数据来获取城市范围内居民空间移动的实时信息。根据行业标准《出租汽车服务管理信息系统》(JT/T 905—2014)，出租车的 GPS 坐标通常仅延迟 1 min 即可报告给数据中心。根据行业标准《城市轨道交通自动售检票系统技术条件》(GB/T 20907—2007)，地铁智能卡刷卡数据上传至地铁数据中心的频率约为 15 min/次。因此，我们认为交通数据是可以"实时"获取的。Z. Huang 等[9]在为期三个月(2014.10.1—2014.12.31)的研究周期内，共有 23 天的地铁智能卡刷卡数据或出租车 GPS 数据存在部分或全部缺失的情况。为了避免数据缺失导致出行量估计出现偏差，该研究团队仅使用其余 69 天采集的完整城市交通数据进行后续分析。

对于地铁智能卡刷卡数据，每次乘客通过闸机进/出地铁站时都会记录进/出站时间、地铁智能卡 ID、地铁站点和地铁线路名称。在三个月的研究周期内共有 3.259 亿乘客，地铁智能卡刷卡数据共包含 2.259 亿次刷卡记录。对每个长度为 1 h 的时间窗 t，计算从地铁站 i 进站、地铁站 j 出站的出行次数，记作 $N_{sub}(i, j, t)$。在 Z. Huang 等[9]使用的深圳地铁智能卡刷卡数据中，平均每天的乘客出行记录数为 162 万条，深圳地铁在 2015 年的日均客流量约为 284 万人次，即地铁智能卡刷卡数据记录的出行约占所有地铁乘客出行的 57%。该研究团队假定使用智能卡出行的地铁乘客出行分布可以代表所有地铁乘客的出行分布，则地铁乘客的出行量 $T_{sub}(i, j, t)$ 可以由地铁刷卡数据计算的出行量 $N_{sub}(i, j, t)$ 乘以扩样系数 β_{sub} 得到，即 $T_{sub}(i, j, t) = \beta_{sub} \times N_{sub}(i, j, t)$，其中 $\beta_{sub} = \dfrac{1}{0.57} \approx 1.75$。

Z. Huang 等[9]也使用了在相同数据收集期采集到的出租车 GPS 数据。深圳市每辆出租车上安装的 GPS 接收器大约每 20 s 记录一次出租车的 GPS 坐标。每辆出租车上安装的 GPS 接收器也会记录出租车的服务状态，即当前出租车是否载客。通过分析出租车的 GPS 数据，可以获取出租车的出行起、终点和出行路线。Z. Huang 等[9]对于出租车 GPS 数据的清洗、处理过程如下。

步骤 1：仅使用位于深圳市范围内的出租车 GPS 坐标记录，从 15 275 辆出租车生成的 4 415 684 424 条原始 GPS 坐标记录中删除了 8 712 104 条记录(约占坐标记录总数的 0.2%)。

步骤 2：使用 Haversine 函数计算出租车 GPS 轨迹 D 的总出行距离[Haversine 函数可以计算地球表面上任意两个坐标点之间的球面距离(Python 软件库"pyproj"提供

了 Haversine 函数)]：

$$D = \sum_{i=1}^{n-1} \text{Haversine}(v_i \cdot \text{long}, v_i \cdot \text{lat}, v_{i+1} \cdot \text{long}, v_{i+1} \cdot \text{lat}) \qquad (5-9)$$

式中　v_i——出租车 GPS 轨迹 D 中第 i 个位置点的坐标；

　　　n——出租车 GPS 轨迹 D 中 GPS 位置点的数量。

接下来，Z. Huang 等[9]根据出租车 GPS 数据记录的时间和坐标信息计算出一天中每辆出租车的平均速度 $\bar{v}$，并过滤掉 $\bar{v} > 120$ km/h 或 $\bar{v} < 3$ km/h 的出行记录。完成此步骤后，过滤掉约 5% 的出租车 GPS 记录，剩余 13 731 辆出租车的出行记录进行后续分析。

步骤 3：删除单次出行时长少于 60 s（总计 2 622 712 次）或超过 3 h（总计 404 988 次）的出租车出行记录。

经过以上三步数据预处理，最终剩余 43 471 766 条出租车出行记录用于研究出租车乘客的出行量。对于每个长度为 1 h 的时间窗 t，Z. Huang 等[9]计算了从交通小区 i 出发、以交通小区 j 作为目的地的出租车出行次数，记作 $N_{\text{taxi}}(i, j, t)$。由出租车 GPS 数据估计的出租车日均出行量为 43 万多次，而深圳市的出租车在 2015 年日均运送乘客 120 万人次，即出租车平均每次出行的载客人数为 2.774 人。出租车乘客的出行量 $T_{\text{taxi}}(i, j, t)$ 可以由出租车 GPS 数据得到的出行量 $N_{\text{taxi}}(i, j, t)$ 乘以扩样系数 β_{taxi} 计算得到，即 $T_{\text{taxi}}(i, j, t) = \beta_{\text{taxi}} \times N_{\text{taxi}}(i, j, t)$。

对于每个时间窗 t，可以按交通小区估计出租车乘客和地铁乘客的出行量之和，即

$$T(i, j, t) = T_{\text{sub}}(i, j, t) + T_{\text{taxi}}(i, j, t) \qquad (5-10)$$

交通出行量 $T(i, j, t)$ 可以用来实时感知城市居民的出行情况。Z. Huang 等[9]研究了地铁乘客和出租车乘客的平均出行量 $\langle T(i, j, t) \rangle$ 与手机用户出行量 $T_M(i, j, t)$ 之间的关系，并建立了多源数据融合模型来估计动态交通需求信息。由于研究团队使用的地铁智能卡刷卡数据和出租车 GPS 数据只是多种交通方式中的两种，因此需要使用扩缩样系数 $\beta(i, j, t)$ 考虑由其他交通方式产生的从交通小区 i 出发、以交通小区 j 作为目的地的出行量。扩缩样系数 $\beta(i, j, t)$ 的计算方法为 $\beta(i, j, t) = \langle T(i, j, t) \rangle / T_M(i, j, t)$。由于在不同交通小区之间各种交通方式产生的出行量相差很大，因此，扩缩样系数 $\beta(i, j, t)$ 与出行的起点小区 i、终点小区 j 密切相关。例如，城市中心区域地铁站间距较小、出租车也较多，扩缩样系数 $\beta(i, j, t)$ 通常较大；在城郊地区地铁和出租车服务都较为缺乏，扩缩样系数 $\beta(i, j, t)$ 通常较小。

当扩缩样系数 $\beta(i, j, t)$ 较大时，地铁乘客和出租车乘客的出行在交通小区 i 和交通小区 j 之间具有较为充足的样本采样率；当扩缩样系数 $\beta(i, j, t)$ 较小时，地铁乘客和出租车乘客的出行在交通小区 i、j 之间的样本采样率不足。由于有些出行起、终点之间的交通数据记录比较多，而有些出行起终点之间的交通数据记录较少或者没有，因

此 Z. Huang 等[9]分两种情况[扩缩样系数 $\beta(i, j, t) < \delta$ 和 $\beta(i, j, t) \geqslant \delta$]建立交通需求估计模型,并以时间窗 9:00—10:00 为例,分析两种情况下 OD 对间的出行量分布。其中,阈值 $\delta = 0.05$。

情况一:OD 对间的扩缩样系数 $\beta(i, j, t) < \delta$。

由于缺少小汽车、公交车、步行和其他交通方式的居民出行数据,因此在大多数情况下,平均乘客出行量 $\langle T(i, j, t) \rangle$ 小于手机用户出行量 $T_M(i, j, t)$。Z. Huang 等[9]发现,在三个月的研究时段内,大约有 54% 的 OD 对没有发现出租车乘客出行或地铁乘客出行,即 $\langle T(i, j, t) \rangle = 0$。而这些 OD 对之间的手机用户出行量大约占手机用户出行总量的 26%。这些 OD 对通常是两个紧邻的交通小区,或者是两个位于郊区的交通小区。对于紧邻的交通小区,居民通常选择步行出行方式,扩缩样系数 $\beta(i, j, t)$ 较小;而对于地处郊区的交通小区,扩缩样系数 $\beta(i, j, t)$ 较小的原因可能是这些交通小区地铁站点和出租车出行服务通常很少,这也从侧面反映了这些交通小区的公共交通服务有待提升。

情况二:OD 对间的扩缩样系数 $\beta(i, j, t) \geqslant \delta$。

对于扩缩样系数在 $0.05 \leqslant \beta(i, j, t) \leqslant 1$ 的 OD 对,地铁乘客和出租车乘客的出行量占总体出行量的比例较小。另外,还有平均乘客出行量 $\langle T(i, j, t) \rangle$ 大于手机用户出行量 $T_M(i, j, t)$ 的 OD 对。这些 OD 对通常位于两个距离较远且有地铁线路相连的交通小区。地铁站可以吸引邻近区域(尤其是郊区)的出行者,因此,进入地铁站的乘客可能并非全部来自地铁站所在的交通小区。乘客在进入地铁站前,可以通过其他交通方式到达地铁站。同样地,乘客离开地铁站后,也可能不会停留在地铁站所在的交通小区,而是通过其他交通方式到达最终的目的地。这个研究发现表明,在仅使用交通数据估计交通需求时,某些特定区域的交通量可能会被高估。

Z. Huang 等[9]进一步分析了扩缩样系数 $\beta(i, j, t) < 0.05$、$0.05 \leqslant \beta(i, j, t) \leqslant 1$ 和 $\beta(i, j, t) > 1$ 这三类 OD 对间的出行距离分布,发现扩缩样系数 $\beta(i, j, t) < 0.05$ 的绝大多数 OD 对间的出行距离都不超过 3 km,而 $\beta(i, j, t) > 1$ 的 OD 对间通常相隔很远。在获得 OD 对间的扩缩样系数 $\beta(i, j, t)$ 之后,就可以基于上述两种情况分别建立交通需求估计模型。

情况一:OD 对间的扩缩样系数 $\beta(i, j, t) < \delta$ 时的交通需求估计模型。

对于这些 OD 对,地铁乘客出行和出租车乘客出行在总出行量中占比很低,因此无法直接使用扩缩样系数 $\beta(i, j, t)$ 的倒数放大地铁和出租车乘客的出行量。相比之下,从手机信令数据中获得的出行量信息 $T_M(i, j, t)$ 更为可信。由于手机信令数据只有一天的数据,因此可以借助城市交通数据捕捉出行量的动态变化情况。Z. Huang 等[9]提出的具体方法如下:对扩缩样系数 $\beta(i, j, t) < \delta$ 的 OD 对,引入出行活跃度因子 $\gamma(i, j, t)$ 表示起点交通小区 i 和终点交通小区 j 之间的出行量动态变化情况。$\gamma(i, j, t)$ 的计算方法为

$$\gamma(i,j,t)=\frac{1}{2}\times\left[\frac{\sum_{<2\,\mathrm{km}}TP(i,t)}{\langle\sum_{<2\,\mathrm{km}}TP(i,t)\rangle}+\frac{\sum_{<2\,\mathrm{km}}TA(j,t)}{\langle\sum_{<2\,\mathrm{km}}TA(j,t)\rangle}\right] \quad (5-11)$$

式中　$\sum_{<2\,\mathrm{km}}TP(i,t)$——起点交通小区 i 及其 2 km 范围内的所有交通小区的地铁和出租车方式的交通发生量；

$\sum_{<2\,\mathrm{km}}TA(j,t)$——终点交通小区 j 及其 2 km 范围内的所有交通小区的地铁和出租车方式的交通吸引量；

$\langle\sum_{<2\,\mathrm{km}}TP(i,t)\rangle$，$\langle\sum_{<2\,\mathrm{km}}TA(j,t)\rangle$——分别表示三个月的研究周期内相应交通小区在时间窗 t 内的平均交通发生量和平均交通吸引量。

出行活跃度因子 $\gamma(i,j,t)$ 的计算方法中引入了邻近交通小区的出行发生量和出行吸引量，这么做的目的是获得足够量的数据样本，以避免由于某些交通小区的交通出行数据稀疏导致采样偏差。

出行活跃度因子 $\gamma(i,j,t)$ 封装了天气、季节、节假日和特殊事件等因素对交通出行量的影响，可以用来量化不同交通小区的出行需求随时间变化的情况。在日常情况下和发生大规模人群聚集活动时，出行活跃度因子 $\gamma(i,j,t)$ 的差别很大。即使在不同的工作日，出行活跃度因子也会有一定的波动。对于扩缩样系数 $\beta(i,j,t)<\delta$ 的 OD 对而言，从起点交通小区 i 到终点交通小区 j 的出行量 $T_{\mathrm{R}}(i,j,t)$ 可以由 MS 数据获得的手机用户出行量 $T_{\mathrm{M}}(i,j,t)$ 和出行活跃度因子 $\gamma(i,j,t)$ 得到，即

$$T_{\mathrm{R}}(i,j,t)=\gamma(i,j,t)\times T_{\mathrm{M}}(i,j,t) \quad (5-12)$$

在式（5-11）中，从 MS 数据获得的手机用户出行量 $T_{\mathrm{M}}(i,j,t)$ 保证了出行需求分布的可信性，出行活跃度因子 $\gamma(i,j,t)$ 则用于刻画出行量随时间波动的情况。

情况二：OD 对间的扩缩样系数 $\beta(i,j,t)\geqslant\delta$ 时的交通需求估计模型。

对于扩缩样系数 $\beta(i,j,t)\geqslant\delta$ 的 OD 对，城市交通数据的渗透率已经能够代表出行需求的实时分布情况，因此可以直接使用扩缩样系数 $\beta(i,j,t)$ 的倒数来放大地铁和出租车乘客的出行流量，即

$$T_{\mathrm{R}}(i,j,t)=T(i,j,t)\times[1/\beta(i,j,t)] \quad (5-13)$$

与静态的手机用户出行量 $T_{\mathrm{M}}(i,j,t)$ 不同，$T_{\mathrm{R}}(i,j,t)$ 具有时变特征，可以捕捉异常情况下的实时出行量。例如，当交通小区 j 发生大型人群聚集活动时，从其他交通小区到达交通小区 j 的出行量会突增。这种异常的人群聚集模式可以由交通出行量 $T(i,j,t)$ 捕捉，进一步通过估计的实时出行量 $T_{\mathrm{R}}(i,j,t)$ 体现。当在时间窗 t 内从起点交通小区 i 到终点交通小区 j 之间没有任何手机用户出行记录时，式（5-13）中使用默认扩缩样系数 $\beta(i,j,t)=1$。对于这些 OD 对，只用城市交通数据来估计实时出

行量 $T_R(i, j, t)$。 这些 OD 对之间的出行量占所有乘客出行量的 15.6%。换言之,Z. Huang 等[9] 提出的数据融合模型可以将 84.4% 的地铁智能卡刷卡数据和出租车 GPS 数据与 MS 数据相结合,以估计城市范围内的实时交通需求。

上述基于多源数据融合的交通需求估计模型的一个应用方向是预测城市驻留人数分布。为了展示模型效果,Z. Huang 等[9] 将各个交通小区的驻留人数(由交通需求估计模型推算得出)分为两个数据集,分别用于训练模型和测试模型。2014 年 10 月和 11 月的数据是第一部分,用于训练数据集。2014 年 12 月的数据是第二部分,用于测试数据集。研究团队将训练数据集表示为 $M_i = \{(x_1, y_1), (x_2, y_1), \cdots, (x_m, y_m)\}$, $i = 1, 2, \cdots, n$,其中,$x_m \in R^d$ 是输入特征,$y_m \in R$ 是输出结果,样本集大小 $m = 33$,即研究周期内没有数据缺失的工作日的数量,交通小区数 $n = 996$,数据维度 $d = 2 \times n$ 代表预测模型中需要输入的特征的数量。当预测时间窗 t 交通小区 i 的驻留人数时,研究团队把时间窗 t 作为目标时间窗,把交通小区 i 作为目标交通小区,把每个交通小区 x 在时间窗 $t = t_{target} - 1$ 和 $t = t_{target} - 2$ 的驻留人数 $N(x, t)$ 作为候选输入特征,这是数据维度 $d = 2 \times n$ 的原因。因为特征太多可能会导致模型过拟合,所以,选择合适数量的最相关特征作为预测模型的输入就显得十分重要。Z. Huang 等[9] 使用递归特征消除(Recursive Feature Elimination,RFE)算法筛选驻留人数预测模型最重要的输入特征。RFE 算法的基本思想是进行多次迭代生成线性回归模型,在每次迭代中选择最佳结果,并依次消除不相关的特征。为了评估模型预测的准确性,该研究团队选取均方根误差(RMSE)和平均绝对百分比误差(MAPE)作为评判指标:

$$RMSE = \sqrt{\frac{1}{n} \sum_{i=1}^{n} (y_i - \hat{y}_i)^2} \tag{5-14}$$

$$MAPE = \frac{100\%}{n} \sum_{i=1}^{n} \left| \frac{\hat{y}_i - y_i}{\hat{y}_i} \right| \tag{5-15}$$

式中 y_i——预测值;

     $\hat{y}_i$——真实值;

     n——交通小区的数量。

Z. Huang 等[9] 使用目标交通小区最重要的 p 个特征 $X_i^{1 \times p}$ 构建线性回归函数 $y = \omega_0 + \omega_1 x_1 + \cdots + \omega_p x_p$,预测目标交通小区的实时驻留人数。当选择 10 个最相关的特征(即 $p = 10$)来构建模型时,预测结果的 $RMSE$ 达到最小值,这说明当选择 10 个以上的特征时模型可能会过拟合。该研究团队建立的预测模型可以提前 1 h 准确预测目标交通小区的驻留人数,预测结果的 $MAPE$ 的均值为 14.25%,对于人口相对较多(即 $N > 10\,000$)的交通小区,$MAPE$ 的均值只有 2.52%。此外,这个预测模型还具有预测异常人群聚集情况的能力。在 2014 年 12 月 31 日跨年夜当晚,许多深圳市民参加了新年庆祝活动,深圳市内共发生了六次人群聚集活动。这导致许多交通小区午夜前后的驻留人数比日常情况下的驻留人数多出许多。Z. Huang 等[9] 建立的预测模型可以较好地预测发生人群聚集活动小区的驻留人数，为大型活动管理和交通流量管控提供了有效的基础信息支持。

5.6 基于移动通信数据的交通方式划分

交通方式划分一般指出行者在出行时选择各类交通方式的比例。大城市的主要交通方式包括地铁、公交车、小汽车、出租车、步行和自行车等。近年来，多种交通方式在共存中发展演变，出现了诸如共享单车、共享汽车等新型交通方式，各种交通方式的分担率也在不断地发生着变化。交通方式划分是交通需求估计的重要环节（"四阶段"法中的第三阶段），在交通方式划分阶段中，包含多种交通方式的 OD 矩阵将被转换为某种特定交通方式的 OD 矩阵，进而为"四阶段"法中的交通分配阶段提供数据输入。交通方式划分对于分析和优化城市交通运输结构具有十分重要的意义。

影响人们选择出行交通方式的因素有很多，这些因素主要包括出行距离、出行时间、出行目的、公共交通设施服务、出行者经济状况、是否拥有车辆和天气季节等。传统交通方式划分往往依靠交通调查，但交通调查一般实施周期较长，数据的时效性无法得到保障，并且交通调查往往会消耗大量的人力、物力。随着传感器技术、移动通信技术和信息技术的快速发展，大量移动通信设备被广泛应用于交通领域。例如，通过移动通信基站、车载 GPS 接收设备采集的移动通信数据和出租车 GPS 数据等被广泛应用于居民空间移动行为研究。

近年来，也有一些利用移动通信设备采集的数据进行交通方式划分的方法被提出，这些方法通常利用手机 GPS 接收器采集的手机用户空间位置坐标信息和手机加速度传感器采集的加速度信息等，分析手机用户的出行速度、出行时间或出行方向改变率等参数，进而识别出手机用户使用的交通方式。虽然，利用 GPS、加速度传感器等设备识别手机用户出行使用的交通方式具有较高的准确性，但 GPS、加速度传感器等设备一般仅在手机用户使用某些特定的地图服务软件时才会采集数据，因此，采集到的样本数量有限，难以用于大量居民出行交通方式的识别。

随着手机的使用率越来越高，移动通信数据为交通方式划分提供了新的途径。在通常情况下，当一个手机用户快速移动时，手机连接到的移动通信基站的数量将会增加，移动通信基站的信号强度也会发生变化。因此，手机用户的移动速率通常可以通过 GSM 网络中的信号强弱进行判定，进而推测手机用户出行使用的交通方式。T. Sohn 等[10]利用这种方法对手机用户出行交通方式进行判别，准确率可达 85%。此外，当出现移动通信基站信号转换时，可以通过基站信号的转换情况来计算基站变化序列的平均速度，进而通过速度分布规律对手机用户使用的交通方式进行判别[11]。

除了基于 MS 数据的交通方式划分方法，基于 CDR 数据的交通方式划分方法也被相继提出。CRD 数据与 MS 数据的不同之处在于：只有手机用户进行通话或接发短信时，CDR 数据中才会有手机用户的空间位置记录，因此，CDR 数据的记录是稀疏且不规则的，利用 CDR 数据进行交通方式划分的难度较大。换句话说，CDR 数据其实并不适用于分析居民出行的交通方式，这是由 CDR 数据自身的数据特点决定的。尽管如此，由于目前存在的大部分移动通信数据属于 CDR 数据类型，且 CDR 数据覆盖的人口数量巨大、记录持续时间长，因此研究基于 CDR 数据的交通方式划分的方法也具有重要意义。Y. Qu 等[12]利用美国波士顿地区的 CDR 数据估计居民通勤交通需求 OD 矩阵，并结合波士顿地区交通网络地理信息数据和传统 Logit 模型，提出了基于 CDR 数据的交通方式划分模型。

Y. Qu 等[12]首先选择在三周的观测期内有 100 次以上空间位置记录的手机用户，进一步通过分析这些手机用户的时空行为特征来估计他们的居住地点和工作地点（定义从 20:00 到第二天 7:00 手机用户通信记录出现次数最多的小区为手机用户的居住地点，定义从 7:00 到 17:00 手机用户通信记录出现次数最多的小区为手机用户的工作地点）。在定位了手机用户的居住地点和工作地点之后，该研究团队利用 CDR 数据构建了手机用户的通勤 OD 矩阵，并计算了通勤出行速度，具体步骤如下：

（1）获取手机用户每天 6:00—10:00 时间段内最后一次出现在居住地点的通信记录与第一次出现在工作地点的通信记录的时间差；

（2）获取手机用户每天 16:00—20:00 时间段内最后一次出现在工作地点的通信记录与第一次出现在居住地点的通信记录的时间差；

（3）选取步骤（1）、步骤（2）中的最短时间差作为通勤出行的有效出行时间，获取手机用户的居住地点与工作地点之间的距离，计算手机用户的通勤出行速度；

（4）以手机用户所在居住地点作为起点、所在工作地点作为终点，构建通勤 OD 矩阵。

在得到手机用户的通勤 OD 矩阵后，Y. Qu 等[12]通过以下步骤对手机用户通勤 OD 矩阵中的出行交通方式进行估计，具体如下：

（1）以 15 km/h 为出行速度分界，对通勤 OD 矩阵中的手机用户出行进行交通方式划分，定义高速出行为出行速度大于 15 km/h 的出行，低速出行为出行速度小于或等于 15 km/h 的出行。通常情况下，高速出行包括小汽车和公共交通方式的出行（如公交车出行、地铁出行或公交车与地铁换乘出行等）；低速出行包括步行或机动车方式的出行（由于临时停车或交通拥堵导致出行速度小于 15 km/h），机动车方式的出行包括小汽车和公共交通方式的出行；

（2）针对高速出行，进一步引入城市公共交通网络的地理信息数据，如果出行起点或出行终点的 500 m 范围内不存在公共交通站点，则认为该高速出行属于小汽车方式出行，否则需要对交通方式进行进一步划分；

（3）针对低速出行，将出行距离小于 3 km 且出行速度在 0～8 km/h 的出行判定为步行方式出行；将出行距离大于 3 km 且出行速度大于 8 km/h 的出行判定为机动车方式出行,对这部分机动车方式的出行通过步骤(2)进行进一步交通方式判别。

最后,Y. Qu 等[12]利用 Logit 模型进一步对机动车方式的出行进行交通方式划分,将某机动车出行的交通方式判别为通过计算出行方式概率 $P_n(i)$ 得到的最大概率对应的交通方式,具体计算方法如下:

$$P_n(i) = exp[V_n(i)]/ \sum_{i=1}^{K} exp[V_n(i)] \qquad (5-16)$$

式中　i——出行采用的交通方式,$i=1$ 表示公共交通方式出行,$i=2$ 表示小汽车方式出行;

　　　K——交通方式的数量(在这里是两种);

　　　$V_n(i)$——手机用户 n 选择交通方式 i 的时间效用函数,其具体计算方法如下:

$$V_n(2) = \alpha T_n(2) \qquad (5-17)$$
$$V_n(1) = \alpha T_n(1) + \gamma \qquad (5-18)$$

式中　$T_n(1)$——待划分交通方式的出行使用公共交通方式的出行时间;

　　　$T_n(2)$——待划分交通方式的出行使用小汽车方式的出行时间;

　　　α——出行时间参数。

Y. Qu 等[12]使用美国人口普查数据中的交通方式划分数据标定参数 γ,考虑到公共交通在中心城区和郊区具有不同的吸引力,故参数 γ 在波士顿中心城区和郊区的取值有所不同。

Y. Qu 等[12]利用美国波士顿地区的实际交通调查数据对交通方式划分结果进行验证,结果表明,模型估计值与调查数据比较一致,由此证明了使用 CDR 数据实现城市大规模交通方式划分的可行性。CDR 数据的大量出现为城市居民出行交通方式划分提供了一种便捷、经济的途径,在解决数据时效性问题的同时也避免了耗费大量的人力和财力,并易于在各国(包括欠发达国家)和各城市进行推广。当然,使用 CDR 数据对居民出行交通方式进行划分也存在很多局限性。由于 CDR 数据记录在时间上的稀疏特性,我们只能通过分析手机用户的长期历史空间移动行为数据来弥补数据本身的劣势。就像文献[12]一样,研究人员仅估计了居民日常通勤中可能使用的交通方式(通过分析手机用户的长期历史空间移动行为数据推测其通勤交通方式),而对于居民每次出行所使用的交通方式,利用 CDR 数据是很难做出判断的。随着交通信息采集设备的不断发展,未来交通方式划分的工作很可能会减少,因为每种交通方式的出行数据都将会被分别记录,例如,地铁智能卡刷卡数据记录的出行只可能是地铁方式出行,共享单车数据记录的出行只可能是共享单车交通方式出行。

5.7　小结

移动通信数据虽然在交通需求估计领域的应用时间并不长,但已被很多专家学者认为是估计交通需求 OD 矩阵最适合的数据之一,其主要原因在于移动通信数据的采集成本低、记录时间长,并且在人口中有很高的渗透率。然而,我们在看到移动通信数据诸多优势的同时,也要认识到移动通信数据存在一些不足之处,以及交通调查等传统方法的不可替代性,这些传统方法并没有"过时",它们仍然非常重要。从前面几节的介绍中我们可以发现,当移动通信数据被用于估计交通需求时,经常需要其他类型的数据(如交通调查数据、视频监控数据、出租车 GPS 数据等)加以辅助。例如,在使用移动通信数据时,最常见的问题是移动通信数据在各个区域采样不均,对此需要借助其他数据来对所提取的居民出行进行扩缩样处理;另一个常见的问题是 CDR 数据中存在手机用户空间位置信息缺失的情况,这会导致 CDR 数据不适用于实时交通需求估计。在处理移动通信数据相关的各类问题时,我们经常需要传统理论方法(如"四阶段"法)的指导以及传统交通数据的辅助。

目前,基于移动通信数据的交通需求估计仍是一个崭新的、热点的研究方向,很多城市的交通规划部门已经开始使用移动通信数据来估计城市的交通需求信息。笔者相信移动通信数据未来将在交通需求估计领域有更多、更广泛的应用。首先,移动通信数据与交通数据的融合方法和技术方兴未艾,当前,很多数据融合方法还比较粗糙,因此不同类型的数据之间的融合方法和技术还有待进一步发展和完善。其次,如何将移动通信数据应用于特定场景的交通需求估计是一个非常重要的研究方向,G. Zhong 等[13]利用上海市的移动通信数据研究了交通枢纽乘客活动区的识别方法和交通枢纽客流特征的分析方法,非常值得我们借鉴学习。另外,如何验证基于移动通信数据的交通需求估计结果是长期以来的研究短板,主要原因在于缺乏高采样率的验证数据。对此,我们还需要长期探索,继续论证移动通信数据用于交通需求估计的准确性,夯实移动通信数据用于交通需求估计的可行性。最后,在移动通信数据大量涌现的时代,如何革新传统交通需求估计方法是一个值得思考的问题。通过不断地总结、完善,未来我们或许可以发展出一套专门针对移动通信数据的交通需求估计普适模型框架。

参考文献

[1]　邵春福.交通规划原理[M].北京:中国铁道出版社,2004.

[2]　KEPAPTSOGLOU K, KARLAFTIS M G, TSAMBOULAS D. The gravity model specification for modeling international trade flows and free trade agreement effects: a 10 - year review of empirical studies[J]. The Open Economics Journal, 2010, 3:1 - 13.

[3]　LAMBIOTTE R, BLONDEL V D, KERCHOVE C D, et al. Geographical dispersal of mobile communication networks[J]. Physica A: Statistical Mechanics and its Applications, 2008, 387(21): 5317 - 5325.

[4]　SIMINI F, GONZALEZ M C, MARITAN A, et al. A universal model for mobility and migration patterns[J]. Nature, 2012, 484(7392):96 - 100.

[5]　GONZALEZ M C, HIDALGO C A, BARABASI A L. Understanding individual human

mobility patterns[J]. Nature，2008，453(7196)：779 - 782.

[6] WANG P，HUNTER T，BAYEN A M，et al. Understanding road usage patterns in urban areas[J]. Scientific Reports，2012，2：1001.

[7] IQBAL M S，CHOUDHURY C F，WANG P，et al. Development of origin-destination matrices using mobile phone call data[J]. Transportation Research Part C：Emerging Technologies，2014，40：63 - 74.

[8] 李祖芬，于雷，高永，等.基于手机信令定位数据的居民出行时空分布特征提取方法[J].交通运输研究，2016,2(1):51 - 57.

[9] HUANG Z，LING X，WANG P，et al. Modeling real-time human mobility based on mobile phone and transportation data fusion[J]. Transportation Research Part C：Emerging Technologies，2018，96：251 - 269.

[10] SOHN T，VARSHAVSKY A，LAMARCA A，et al. Mobility detection using everyday GSM traces[C]//UbiComp 2006：Ubiquitous Computing. Orange County：Springer，2006:212 - 224.

[11] XU D，SONG G，GAO P，et al. Transportation modes identification from mobile phone data using probabilistic models[C]//ADMA 2011：Advanced Data Mining and Applications. Beijing：Springer，2011：359 - 371.

[12] QU Y，GONG H，WANG P. Transportation Mode split with Mobile Phone Data[C]// 2015 IEEE 18th International Conference on Intelligent Transportation Systems. Gran Canaria：IEEE，2015：285 - 289.

[13] ZHONG G，WAN X，ZHANG J，et al. Characterizing passenger flow for a transportation hub based on mobile phone data[J]. IEEE Transactions on Intelligent Transportation Systems，2016，18(6):1507 - 1518.

6 | 基于移动通信数据的交通拥堵溯源

6.1 引言

交通拥堵在很多城市是非常普遍的现象,缓解交通拥堵已成为我国国民经济发展和社会发展中亟须解决的一个问题。交通拥堵是道路交通流量接近或超过其通行能力时的一般表象,但如果仅关注道路交通流量与其通行能力之间的关系,而忽视交通小区和道路使用之间的关联性,则难以深层次地分析道路交通流的来源和导致交通拥堵的根本原因。道路交通流由各个交通小区的出行者使用道路产生的,如果能够预测出产生交通拥堵的主要车辆来源,便可通过交通引导和限制手段来实施交通分流,以达到缓解交通拥堵的目的。我们把分析拥堵路段主要车辆来源的过程称之为"交通拥堵溯源"。交通拥堵溯源本质上是建立在交通需求预测基础之上的,但与传统交通需求预测相比,交通拥堵溯源能够为交通组织和规划提供更快捷、更准确的信息支持。移动通信数据为交通拥堵溯源提供了底层基础数据和研究条件。

交通拥堵溯源结合了由移动通信数据估计的交通需求 OD 信息和手机用户职住地点信息,体现了居民个体空间移动行为分析(职住地点)和居民群体空间移动行为分析(交通需求 OD)的融合建模思路。P. Wang 等[1]利用手机通话详单(CDR)数据估计了城市多时段日均交通需求 OD,探索了城市道路网络的使用模式,提出了构建"道路使用网络"从而关联交通小区和路段车流的交通拥堵溯源新思路。该研究团队发现,大部分路段的交通流仅由少部分交通小区的出行者产生,这个发现为交通拥堵溯源提供了理论支撑。在文献[1]发表之后,陆续出现了多种基于交通拥堵溯源信息的交通拥堵缓解策略和方法。

由于交通拥堵溯源与交通需求估计密切相关,因此,本章可以看作前面第 5 章内容的拓展。在本书 6.2 节中,笔者将首先介绍基于移动通信数据的交通拥堵溯源二分网络的构建方法,以及交通拥堵溯源方法和实例分析。在 6.3 节中,笔者将从交通限行、交通网络优化、路径诱导和交通管控四个方面介绍基于交通拥堵溯源信息的交通拥堵缓解策略和方法。最后,在 6.4 节中,笔者将介绍交通拥堵溯源技术在城市轨道交通中的推广应用。

6.2 基于移动通信数据的交通拥堵溯源方法

移动通信数据既可以用来估计交通需求和道路交通流,又可以用来判别手机用户的职住地点,因此非常适用于交通拥堵溯源。在对移动通信数据的分析处理过程中,P. Wang等[1]首先建立了手机用户空间位置记录表,为了避免引入统计偏差,因而剔除了通信记录数过多或过少的手机用户,完成手机用户的初步筛选工作。该研究团队进一步利用人口调查数据对各交通小区的手机用户出行量进行扩缩样处理,以避免手机用户空间分布不均带来的统计偏差;同时,借助各个交通小区的小汽车使用率数据来估计小汽车交通方式的出行分布。结合所研究区域的时变交通总量数据,该研究团队估计了不同时段的小汽车方式交通需求 OD 矩阵。

6.2.1 交通拥堵溯源二分网络的构建

交通拥堵溯源中最重要的一步是建立交通拥堵溯源二分网络模型。交通拥堵溯源二分网络的构建不仅需要借助居民空间移动行为的集计信息(如 OD 矩阵),还需要借助居民空间移动行为的非集计信息(如职住地点)。P. Wang 等[1]从大规模的移动通信数据中提取出手机用户的交通需求分布信息,估计了手机用户的住址小区,以用于构建"道路使用网络"和交通拥堵溯源预测模型。为了将手机用户的住址小区与道路交通拥堵关联起来,需要将交通小区 OD 转化为路网节点 OD,并将交通需求分配到路网上,以计算路段交通流量,从而分析路段与交通小区之间的关联,具体方法如下。

(1) 交通小区级 OD 矩阵到路网节点级 OD 矩阵的转化。

为了将交通需求分配到路网上,需要将交通小区级 OD 矩阵转化为路网节点级 OD 矩阵。当在出行起点交通小区和出行终点交通小区中存在多个路网节点(交叉口)时,随机选取交通小区中的一个节点作为出行起点或出行终点。在个别情况下,当交通小区内没有节点(交叉口)时,则在临近交通小区中随机选取一个节点作为出行起点或出行终点。通过上述方法,可以得到路网节点级交通需求 OD 矩阵。

(2) 利用交通分配算法将节点级交通需求分配到路网上。

① 全有全无交通分配法。全有全无交通分配法是最基本的交通分配方法。在全有全无分配方法中,路段阻抗被设定为常数(通常为自由流状态下的路段行驶时间),不考虑路段交通流量对路段阻抗的影响,将每个 OD 对之间的交通流量直接分配到 OD 对间的最短路径上。全有全无交通分配方法计算简便,只需计算一次就可以将 OD 对间的交通流量分配到路网上,但由于没有考虑路段的交通拥堵程度会对路段阻抗(一般指路段通行时间)产生影响,因此,当交通量较大时,无法反映实际道路交通状况。全有全无交通分配方法一般只适用于在非拥挤交通网络或没有通行能力限制的交通网络中进行交通分配。

② 增量分配法。全有全无交通分配法没有考虑路段交通流量对路段阻抗的影响,因此并不适用于城市道路网络中的交通分配。为了考虑实际道路交通拥堵状况,增量分配法在全有全无交通分配法的基础上考虑了路段交通流量对路段阻抗的影响。路段阻抗根据路段交通流量的变化不断调整,再利用调整后的路段阻抗进行交通分配。在使用增量分配法时,首先将 OD 交通量划分为 N 份,依次将每一份 OD 交通量分配到路网上(利用全有全无交通分配法),每次交通分配之后更新路段阻抗,再按更新的路阻计算 OD 间最短路径并将第二份 OD 交通量分配到路网上。如此往复,直到每一份 OD 交通量都被分配到路网上为止。OD 交通量在很多情况下会被划分为 4 份,分别占总交通

量的 40%,30%,20%和 10%。在增量分配法的 4 次交通分配过程中,分配的交通量逐渐递减。这样划分 OD 交通量的原因是路阻函数在路段交通流量变大时越来越敏感,为了保证交通分配的准确性,最后分配的交通量在总交通量中的占比越来越小。

(3) 构建交通拥堵溯源二分网络。

P. Wang 等[1]借鉴复杂网络领域的二分网络模型构建交通拥堵溯源二分网络。二分网络是复杂网络的一种重要表现形式,很多现实世界中的网络都存在二分结构。二分网络中的节点是由两种不同类型的节点构成的,网络中的边只存在于不同类型的节点之间。交通拥堵溯源二分网络的节点分别是路段和交通小区,边代表某交通小区的出行者使用某路段。该研究团队首先对 OD 间的交通流量进行交通分配,其次计算了手机用户出行使用的路径。进一步,在手机用户出行途经路段与手机用户住址小区之间搭建一条虚拟链接(交通拥堵溯源二分网络的边),将路段与交通小区关联起来,建立"道路使用网络",定位交通拥堵路段的车辆来源。在交通拥堵溯源二分网络(道路使用网络)中,一类节点为路网中的路段,另一类节点为交通小区,网络中的边由路段到交通小区的链接构成。例如,手机用户 n 的住址小区为 A,当手机用户 n 在出行中使用路段 l 时,路段 l 和交通小区 A 之间就会搭建一条链接。当多个交通小区都与某个路段有链接时,这些交通小区之间会存在内在关联,即来自这些交通小区的出行者共用这个路段;当一个交通小区同时与多个路段有链接时,这多个路段之间也会存在内在关联,即这些路段被来自这个交通小区的出行者共用。

在由交通小区和路段组成的二分网络中,一般用交通小区对路段交通流的贡献量表示边权重。定义小区 H 是基于职住分析判定的手机用户住址小区,小区 A 和小区 B 分别为手机用户一次出行的起点小区和终点小区。为了量化各交通小区对某一路段的车流量贡献,可以为每个路段定义一个数组变量 $S[x]$(x 为小区编号)。在关联手机用户出行经过的路段与手机用户的住址小区时,如果某一路段是路径的一部分,数组变量 $S[x=$手机用户住址小区编号]的计数增加 1。对所有手机用户的所有出行路径进行上述统计分析,可以求解得到各交通小区的出行者在这一路段上的车流量贡献,用此方法,可以将每个路段和居民的住址小区相关联。

6.2.2　交通拥堵溯源方法

在构建"道路使用网络"之后,我们可以得到各个交通小区 x 对路段 a 的交通流贡献量 S_a^x。通过分析各个交通小区对拥堵路段 a 的交通流贡献量,并将交通流贡献量按照从大到小的顺序排序(反映出交通小区和路段流量的关联程度),从而我们能够定位导致道路交通拥堵的主要交通小区,即道路拥堵车源。P. Wang 等[1]这样定义拥堵车源:将各交通小区对路段 a 的交通流贡献量排序,按从大到小顺序累加交通流贡献量,当累加值达到路段交通流量的 80%时停止,参与交通流贡献量累加的交通小区即为路段 a 的拥堵车源(也称为主要车源 Main Drive Source,MDS)。

利用同样的方法,我们还可以将手机用户的出行路径和居民的工作单位所在小区相关联。由于手机用户住址与工作单位地址都是固定地点,所以以上方法属于静态车源定位。利用静态车源信息,只能从城市全局角度分析各交通小区出行者的道路使用情况,而无法用于改善实时交通状况。如果我们定位动态车源,就可以解决这个问题。在定位路段上的动态车源时,与路径关联的是手机用户当前出行的起点小区(即 A 小区),而不是手机用户的住址小区。如果某一路段属于路径的一部分,则路段的数组变量 $S[x=$ 当前出行起点所在小区编号$]$ 的计数增加 1。对所有手机用户的所有出行路径进行上述统计,就可以求解各交通小区出行者对这一路段上车流量的当前贡献。由于只考虑当前出行的起点,定位的主要车源具有动态特性,因此称为动态车源定位。

与静态车源定位类似,我们可以将各出行的起点小区对路段 a 的交通流贡献量排序,按从大到小顺序累加交通流贡献量,当累加值达到路段交通流量的 80% 时停止,参与交通流贡献量累加的出行起点小区被定义为路段 a 的动态拥堵车源。动态车源与静态车源的不同之处在于,动态车源不针对居民的固定活动场所,而是针对居民当前出行的起点位置。另外,我们还可以通过上述方法将路段与出行终点相关联,这样就可以获取途径交通拥堵路段的出行者的主要目的地了。静态车源定位针对居民的主要活动地点,可用于全局政策制定方面,例如,车辆限行政策的制定、城市交通规划、道路网络设计与优化等。在动态车源定位中,与出行路径相关联的是车辆到达路段前一小段时间内的位置。因此,动态车源定位更适用于实时交通管控,可对交通拥堵进行提前疏导或提前控制交通需求,从而避免产生严重的交通拥堵。

在获得城市道路车源信息之后,我们还可以对道路使用网络做进一步分析。在"道路使用网络"中,一个路段的度 K_{road} 是指这个路段的主要车源个数,而一个交通小区的度 K_{source} 则是指该交通小区作为路段主要车源的次数。对于一个路段而言,如果它的度 K_{road} 值较大,说明来自许多交通小区的出行者都使用了该路段,各主要车源对路段交通流量的贡献较小,车源比较分散;当度 K_{road} 值较小时,说明少数几个交通小区贡献了该路段的大部分的交通流量,在这种情况下,我们可以更有效、更容易地调控该路段的交通流量(即只需要控制少数几个交通小区的交通需求)。对于一个交通小区而言,度 K_{source} 的大小代表来自该交通小区的出行者对路段的使用情况,K_{source} 值较大,表示从该交通小区出发的出行者使用的路段较多,而 K_{source} 值较小时则恰好相反。研究发现,在一般情况下,从每个交通小区出发的出行者使用了相近数量的路段,而 K_{road} 服从对数正态分布,大部分路段的主要车源数量都很少。这说明通过控制少量区域的交通需求便可在很大程度上缓解路段的交通拥堵状况。由此可见,拥堵车源概念的提出为缓解城市交通拥堵带来了新的思路和方法。

P. Wang 等[1]提出的额外行驶时间 t_e 是描述道路交通拥堵程度的一个重要指标。对于一个路段而言,它的拥堵级别可以通过额外行驶时间来衡量,即实际行驶时间 t_a 与自由流行驶时间 t_f 的差值。当经过拥堵路段时,出行者将会付出大量的额外行驶时间

t_e。 为了定位付出大量额外行驶时间的出行者所在的交通小区,该研究团队计算了每个交通小区的总额外行驶时间 T_e,即从该交通小区出发的所有出行者所付出的额外行驶时间 t_e 的总和。在定位路段车源时,我们可以定位对某个路段交通流贡献量最大的交通小区,但是,在制订交通拥堵缓解策略时,我们往往需要对造成整个城市交通拥堵的主要区域进行交通需求控制。该研究团队将总额外行驶时间 T_e 按从大到小排序,排在前面的少量交通小区被定义为城市交通拥堵源。类似于静态车源和动态车源的分类,城市交通拥堵源也可分为静态拥堵源和动态拥堵源。

6.2.3　交通拥堵溯源案例及应用

P. Wang 等[1]和 J. Wang 等[2]分别利用上述方法分析了美国波士顿地区和旧金山湾区的路段静态车源[1]和路段动态车源[2]。研究团队通过比较路段交通流量和通行能力来判别交通拥堵路段。为了分析不同交通小区出行者使用路段的情况,研究团队计算了交通小区对各个路段的交通流量贡献,并按照贡献量从大到小的顺序进行排序。当排序在前的几个交通小区的交通流量的贡献总和超过了该路段交通流量的 80% 时,记录下这些交通小区,它们被称为主要车源。

一个路段的度 K_{road} 量化了使用路段的出行者的多样性。例如,美国旧金山湾区戴利城的 Hickey 大道中某一路段和坎贝尔城的 E Hamilton 大道中某一路段具有相似的小时交通流量(约为 400 pcu/h),然而,两个路段的度 K_{road} 却有着很大的不同。Hickey 大道路段的度 $K_{road}=12$,表明该路段主要车源 MDS 仅有 12 个(且分布在附近),而 E Hamilton 大道路段的度 $K_{road}=51$,表明路段的主要车源 MDS 有 51 个,这些主要车源不仅分布在该路段附近,还分布在一些偏远地区。同时,两个地区的交通小区的度 K_{source} 均服从正态分布,旧金山湾区和波士顿地区的交通小区的度 K_{source} 在 1 000 左右达到峰值,表明每个交通小区的出行者使用相似数量的路段。两个地区路段的度 K_{road} 服从对数正态分布,并且大部分路段的度集中在 $K_{road}=20$ 附近,表明大部分路段的主要使用者只来自少数交通小区。换句话说,只要控制少量交通小区的出行即可实现对目标路段交通流量的控制,这为从源头上控制路段交通流以及缓解交通拥堵提供了可行性。

P. Wang 等[1]还发现:各个交通小区对城市交通拥堵的贡献有很大不同,通常仅有少量交通小区产生了导致交通拥堵的大部分车流。为了从全局角度分析造成主要交通拥堵的区域,该研究团队分别计算了各交通小区车辆在拥堵路段的总额外出行时间。为了验证交通拥堵溯源技术在缓解交通拥堵中的重要作用,该研究团队将额外出行时间最大的少量目标小区作为城市交通拥堵车源,通过多种方式对来自城市交通拥堵车源的车流进行控制,有针对性地实施控制策略。其中,最直接的方法是通过减少目标小区的机动车出行量来降低总额外出行时间。P. Wang 等[1]建立了仿真模型,在仿真模型中减少少量拥堵车源的交通发生量,整个城市的总额外出行时间会明显下降。同时,研究团队分析了将整个城市的交通发生量均匀降低时（即采取随机策略减少出行）额外出行时间的减少量。通过对比基于拥堵车源信息的有针对性的车辆限行和整体均匀车辆限行在减少额外出行时间上的效果，证明了交通拥堵溯源技术在缓解城市交通拥堵中的重要作用。与随机交通需求控制策略相比，控制拥堵车源的交通需求对缓解交通拥堵更加有效。在实际交通管控中，可以通过交通信号控制、错峰出行、开通公交线路等措施实现有针对性的拥堵车源交通需求控制。

J. Wang 等[2]基于城市道路交通拥堵溯源技术和复杂网络渗流理论，提出了城市拥堵路段群的搜索方法。不同于以往搜寻交通拥堵点的方法，拥堵路段群中的路段相互连接，可以保证交通管控措施实施的空间连续性。该研究团队发现：在一天中的各个时段，拥堵路段群在城市空间中的分布区域不同，表明拥堵路段群能将时变交通需求封装在交通网络中。该研究团队还通过建立仿真模型，分析了对拥堵路段群实施限速或扩容措施后的交通拥堵缓解效果。仿真结果表明：合理降低拥堵路段群的限速或提高拥堵路段群中路段的通行能力，可以有效减少出行者的额外行驶时间，缓解城市交通拥堵。此外，将交通拥堵源信息应用于路径诱导也可以有效地缓解交通拥堵。

6.3 　交通拥堵溯源技术在缓解交通拥堵方面的应用

传统的交通数据获取方式主要依靠交通调查，然而，交通调查往往耗费大量的人力、物力，同时，获取的交通信息往往精度有限且不具有较好的时效性。随着信息技术的发展，各种高精度的电子设备［如视频监控摄像头、环形线圈检测器、卫星定位系统（GPS）等］被应用于交通数据采集。然而，道路视频监控摄像头和环形线圈检测器以道路交通状况为主要探测目标，难以获取出行者的职住分布情况，且设备安装和维护成本较高；GPS信号接收设备虽然可以用于获取高精度的车辆轨迹信息，但通常GPS信号接收设备只安装在出租车或公交车等公共交通车辆上，无法大范围地获取居民的空间行为信息。相比之下，移动通信设备（手机）在人口中的渗透率很高，可以采集大量的居民空间行为信息，为制订合理的交通政策、提高交通管理水平提供了大数据基础。近年来，大量基于移动通信数据的交通限行模型、交通网络优化模型和交通路径诱导策略不断被提出。在本节中，笔者将介绍基于移动通信数据和交通拥堵溯源技术的交通拥堵缓解方法和策略。

6.3.1　基于交通拥堵源信息的交通限行策略

"道路使用网络"可以帮助我们从城市全局视角认识城市交通系统的运行状况，使我们在交通拥堵的疏导过程中，目光不仅仅局限在拥堵路段附近的路段或交通小区。P. Wang等[1]发现，通过限制主要交通小区的交通需求，即减少主要交通小区对交通拥堵路段车流量的贡献，能够更高效地缓解城市交通拥堵。在本小节中，笔者将结合文献

[1]介绍基于交通拥堵车源信息的交通限行策略。P. Wang 等[1]利用移动通信数据估计了美国旧金山湾区和波士顿地区的交通需求,使用增量分配法将交通需求分配到路网上,并分别建立了美国旧金山湾区和波士顿地区的"道路使用网络"。他们研究发现,拥堵路段的主要交通流是由少部分交通小区产生的,且可以找到总额外出行时间 T_e 很大的少部分交通小区。通过定义具有最大总额外出行时间 T_e 的前 X 个(或前 $X\%$)小区为拥堵车源小区,将这些小区的交通发生量减少至原交通发生量的 $Y\%$。通过有针对性地对造成城市主要交通拥堵的区域进行交通限行,可以提高缓解交通拥堵的效率。

P. Wang 等[1]分别选取了美国旧金山湾区和波士顿地区总额外出行时间 T_e 最大的前 1.5% 的交通小区(共 12 个)和前 2% 的交通小区(共 15 个)。该研究团队在仿真实验中减少了这些交通小区的出行数,减少值占交通小区所有出行数的比例为 m(m 的取值为 0.1%~1%)。其中,在旧金山湾区,交通小区出行数的减少幅度为 2.7%~27%;在波士顿地区,交通小区出行数的减少幅度为 2.5%~25%。仿真结果表明,在减少总额外出行时间方面,限制拥堵源小区的出行比随机限行有更好的交通拥堵缓解效果。在旧金山湾区,总额外出行时间减少量 δT 随 m 线性增长,$\delta T = k(m - b)$($R^2 > 0.90$)。当 $m = 1\%$ 时,$\delta T = 26\,210$ min,这个数值相当于旧金山湾区早高峰 1 h 总额外出行时间的 14%。但是,当采用随机限行措施时,对应的总额外出行时间减少量 $\delta T = 9\,582$ min,约为拥堵车源限行策略 δT 的三分之一。在波士顿地区,有针对性的限行策略能够获得更好的结果,当 $m = 1\%$ 时,$\delta T = 11\,762$ min,这个数值相当于波士顿地区早高峰 1 h 总额外出行时间的 18%,而随机限行时总额外出行时间减少量 $\delta T = 1\,999$ min,约为拥堵源限行策略 δT 的六分之一。

6.3.2　基于交通拥堵源信息的交通网络优化

通过直接控制拥堵车源的交通需求可以有效缓解交通拥堵,但是,在实际交通管理中直接控制出行需求往往不易被人们接受。因此,可以考虑寻找与拥堵车源密切关联的路段团簇,通过增加道路通行能力来减少额外出行时间或通过降低道路限速从而减少道路使用(即降低道路对出行者的吸引力),进而优化路网交通效率。J. Wang 等[2]首先利用本章 6.2 节中介绍的动态车源定位方法定位路段的动态车源,并通过定位路网中的拥堵路段团簇来优化交通网络,缓解城市交通拥堵,具体过程如下。

(1)分析拥堵车源居民使用的主要路段。J. Wang 等[2]定位了总额外出行时间 T_e 值排名前 2% 的拥堵车源,并分析拥堵车源的出行者使用的城市道路网络。研究团队进一步通过广度优先搜索算法对拥堵车源的出行者使用的路段进行遍历,通过遍历发现,拥堵车源出行者使用的路段可以形成一个大的路段团簇,该团簇为连通图,网络中最大团簇的路段数占网络中所有路段数的比例(团簇系数)为 1。

(2)逐步删除路段团簇连通图中流量较小的路段。J. Wang 等[2]分析了拥堵车源出行者使用的路段团簇的总额外出行时间 T_e,VOC(Volume over Capacity,流量/容量)和流量 V 等参数,发现这些参数在路段团簇中的值比在整个路网中的值都大。这个结果表明,来自拥堵车源的出行者使用的路段团簇是路网中相对拥堵的路段。该研究团队将初始路段团簇中流量较小的路段逐步删除,直至找到少部分交通拥堵程度最高的路段,从而大大缩减了城市规划中关键路网团簇的搜寻时间。

相变现象是指物质在两个相之间的转变,例如水变成冰。J. Wang 等[2]发现,在拥堵团簇路段不断减少的过程中,团簇系数存在相变现象,具体表现如下:前期删除很大一部分路段时,团簇系数仅有微小减少,几乎等于1;当删除的路段数达到某临界值时,团簇系数陡降。同时,拥堵团簇路段中剩余路段的额外出行时间 t_e、VOC(流量/容量)和流量 V 的平均值与路网所有路段相应参数的平均值的比值 R_{te}、R_{VOC} 和 R_V 也存在突变现象。这种突变现象表明,拥堵车源出行者使用次数最多的路段不仅是车流量较大的拥堵路段,还是造成城市交通网络拥堵的瓶颈所在。因此,确定相变点附近剩余的路段团簇对解决城市交通拥堵问题具有重要意义。

(3) 生成目标路段团簇。J. Wang 等[2]在找到旧金山湾区的团簇相变点后,发现剩余路段数量仍然较大。为了方便实施交通控制与管理措施,需要进一步降低剩余路段的数量,缩小交通拥堵瓶颈路段的搜索范围。该研究团队进一步提高了旧金山湾区和波士顿地区的团簇路段删除比例 f,直至两个地区的剩余路段数目均为 1 000 或 500。此时,剩余路段中大部分团簇包含的路段数量 $N_c<10$,且大部分剩余路段都集中在少数的几个较大的团簇中,这些少数几个相对较大的团簇被定义为目标团簇。该研究团队分析了美国旧金山湾区和波士顿地区目标团簇的空间地理分布,发现了早、中、晚三个时段这两个地区目标团簇的地理位置分布及其团簇大小(分析了 $N_r=500$ 和 1 000 两种情况下的结果)。目标团簇在不同时段显示出不同的地理空间分布,说明交通拥堵区域的时变特性。该研究团队还发现,较小的路段团簇占了极高的比例,这部分路段团簇分布零散,不利于实施交通控制和管理措施,而目标路段团簇要大得多,便于开展交通需求控制和交通网络优化。

(4) 基于拥堵路段群的交通拥堵缓解策略。J. Wang 等[2]利用交通拥堵溯源方法定位影响城市交通的瓶颈路段群,即前文所述的目标路段团簇。目标路段团簇的交通拥堵参数值明显大于整个路网的交通拥堵参数值,因此,在目标路段团簇中实施措施能够更加有针对性地缓解城市交通拥堵,以提升路网交通效率。该研究团队分别对目标路段团簇采取了降低限速和扩大通行能力的方法,通过衡量总额外出行时间 T_e、总出行时间 T 及拥堵路段数量 $N(VOC>1)$ 三个指标来评估交通拥堵缓解的效果。在模拟实验中,J. Wang 等[2]对美国旧金山湾区和波士顿地区的目标路段团簇分别降低限速 10%,20% 和 30% 以及增加路段通行能力 10%,20% 和 30%。为了证明拥堵路段团簇定位的有效性,研究团队在每个时段随机从两个地区的路网中挑选 5 组与目标路段团簇规模、数量相同的路段团簇,并实施相同的扩容、限速方案,计算相应的总额外出行时间 T_e、总出行时间 T 和拥堵路段数量 $N(VOC>1)$。进一步比较 5 组随机实验的各交通拥堵指标的平均值和目标团簇方案中各交通拥堵指标的平均值。结果表明,当选择目标路段团簇开展限速或扩容时,总额外出行时间的减少量 ΔT_e 和拥堵路段数量的减少量 $\Delta N(VOC > 1)$ 均要优于随机方案。这也证明了利用交通拥堵溯源方法确实可以定位到影响城市交通网络运行效率的关键路段和区域。

笔者认为交通供给、交通需求、路径诱导是缓解城市交通拥堵的三个重要渠道。J. Wang等[2]从优化交通网络(交通供给)方面利用交通拥堵溯源信息来缓解交通拥堵;P. Wang等[1]从减少交通需求方面利用交通拥堵溯源信息来缓解交通拥堵。在下一小节中,笔者将介绍缓解城市交通拥堵的另一个重要手段——路径诱导,以及如何从路径诱导方面利用交通拥堵溯源信息来缓解交通拥堵。

6.3.3 基于交通拥堵源信息的路径诱导策略

在缓解交通拥堵的各类措施中,路径诱导相比于控制交通需求和改善道路网络结构成本更低,也更利于交通管理部门实施。路径诱导模型的发展可以追溯到最短路径算法的提出,Dijkstra算法[3]和 Floyd 算法[4]都是求解最短路径问题的经典算法,在此之后,又不断出现新的算法对 Dijkstra 算法和 Floyd 算法进行改进。结合本章 6.2 节提出的交通拥堵溯源方法,如何利用交通拥堵源信息进行更有效的路径诱导是一个值得思考的问题。本小节将介绍两种基于移动通信数据和交通拥堵溯源信息的路径诱导方法。

K. He 等[5]研究了两种路径选择模式:最短路径和最小成本路径。其中,最小成本路径指交通管理部门对每一位出行者的路径进行规划,使交通系统达到系统最优均衡状态时的出行路径。在道路网络中,通常使用从出行起点到出行终点的实际旅行时间作为出行费用。K. He 等[5]利用 BPR 阻抗函数计算路段出行费用:

$$c_{ij}(f) = t_a(f) = \left[1 + \alpha\left(\frac{f}{M}\right)^\beta\right]t_f \qquad (6-1)$$

式中 f——路段交通流量;

　　　M——路段通行能力;

　　　t_f——自由流状态下的路段旅行时间;

　　　α,β——系数,通常情况下 α 和 β 分别取 0.15 和 4。

系统最优数学模型的目标函数为

$$C_{MC} = \sum f_{ij}\, c_{ij}(f_{ij}) \qquad (6-2)$$

式中 f_{ij}——路网中两个节点之间(某路段)的交通流量;

　　　c_{ij}——路网中两个节点之间(某路段)的出行费用。

当我们把阻抗函数改为 $c_{ij}(f_{ij}) = c_{ij}(f_{ij}) + f_{ij}\dfrac{\mathrm{d}c_{ij}(f_{ij})}{\mathrm{d}f_{ij}}$ 时,用户均衡分配结果就

是系统最优分配结果。因此，K. He 等[5]在对阻抗函数进行上述变换后，使用 Frank-Wolfe 算法对目标函数进行求解。尽管，当所有出行者使用最小成本路径时，交通拥堵的缓解效果最好，可是由于需要所有出行者都使用规划路径（很多出行者的出行成本甚至会有所提高），管理部门实施起来难度较大，不易被出行者接受。

K. He 等[5]提出了将最短路径策略和最小成本路径策略相结合的混合路径策略来提高路径诱导方案的可行性。混合路径策略的具体实施步骤如下：

第一步，计算最短路径下出行者在每个 OD 对间的额外行驶时间和总出行时间；

第二步，分别根据额外行驶时间和总出行时间对所有的出行进行排序（从大到小排序），令排在前 $P\%$ 的出行使用最小成本路径，剩余（$1-P\%$）的出行仍然使用最短路径；

第三步，更新每个路段的旅行时间，按照第二步的方式继续进行交通分配；

第四步，重复第三步直至满足算法收敛条件。

K. He 等[5]使用美国旧金山湾区的路网数据和约 50 万名手机用户为期三周的移动通信数据来对混合路径诱导策略进行验证。根据上文介绍的基于移动通信数据的交通需求 OD 估计方法，将 6:00—10:00 划分为早高峰、16:00—20:00 划分为晚高峰，把交通小区作为一次出行的出发地或目的地，将一小时内发生的空间移动定义为一次出行，并利用小汽车使用率数据计算小汽车方式的交通需求 OD 矩阵。由于所计算的小汽车方式交通需求 OD 矩阵是整个旧金山湾区的 OD 矩阵，该研究团队进一步从整个旧金山湾区的 OD 矩阵中抽取出旧金山市内的交通需求 OD 矩阵。K. He 等[5]定义"内部出行"为出行起点和出行终点都位于旧金山市内的出行。当出行起点或出行终点位于旧金山市外（"内外出行"或"外内出行"），或出行起点和出行终点都位于旧金山市外（"外外出行"）时，需要将这些出行匹配到旧金山市的路网上，再估计这些出行在旧金山市内产生的交通需求。K. He 等[5]提出的方法是：利用最短路径算法计算每个出行第一次进入旧金山市内的路网节点和最后一次出现在旧金山市内的路网节点，将它们分别作为该次出行在旧金山市的出行起点和出行终点，进而估计旧金山市内的交通需求 OD。

在得到旧金山市的交通需求 OD 后，K. He 等[5]首先根据总出行费用的大小对所有出行进行排序（从大到小排序）。根据上面介绍的路径诱导方法，选择排在前 $P\%$ 的出行使用最小成本路径，剩余（$1-P\%$）的出行使用最短路径。该研究团队使用总出行时间和额外出行时间来衡量交通拥堵状况，并发现当只有一小部分出行者使用最小成本路径时（即 P 值很小时），就可以达到所有出行者使用最小成本路径时的交通拥堵缓解效果。随后，K. He 等[5]选取第二种模式（即额外出行时间）对所有出行者进行排序，结果显示两种路径选择方式可以达到相似的效果。为了证明选取特定出行者使用最小成本路径这一方式的重要性，该研究团队随机地选取了 $P\%$ 的出行使用最小成本路径，剩余（$1-P\%$）的出行使用最短路径。结果证明，随着 P 的增加，交通拥堵缓解效率提升十分缓慢，当 $P=80$ 时，才能接近所有出行使用最小成本路径时的交通拥堵缓解效果。

K. He 等[5]还讨论了路径信息发布的可行方案。通过结合本章前文提出的车源概念,该研究团队选取了 5 对额外出行时间最大的 OD,这些 OD 对大约贡献了总额外出行时间的 65.2%,约有 5% 的出行者途经这 5 对 OD,当这 5% 的出行者选用最小成本路径出行时,将接近最佳的交通拥堵缓解效果,因此可以向从这 5 对 OD 出发的出行者发布路径诱导信息。K. He 等[5] 提出的路径诱导信息发布方法可以增强路径诱导策略在实践中的可行性。

基于交通拥堵溯源信息的路径诱导方案虽然减少了路径诱导策略的实施范围,提高了路径诱导的可执行性,但交通系统效率的提高是建立在一些出行者牺牲个人出行时间基础上的。为了制订更加人性化的路径诱导策略,使出行者更愿意接受并使用所建议的路径,S. Colak 等[6] 在道路路段的路阻函数中引入了社会效益参数 λ,通过改变社会效益参数 λ 的值来控制个人效益(个人出行时间)与社会效益(居民总出行时间)之间的平衡。该研究团队将路径选择问题描述为每个出行者 i 根据个人的出行成本 $u_i = \sum_{e \in p} c_e(x_e)$ 选择一条到达终点的路径 p(出行成本为备选路径上每个路段的出行成本之和)。通过路段 e 的出行成本定义为在路段车流量为 x_e 时的路段旅行时间 $c_e(x_e) = t_e(x_e)$,因此,居民的总出行成本定义为 $C = \sum_{e \in E} x_e t_e(x_e)$。 在获得了交通需求信息以及交通网络中路段的通行能力、路阻函数等信息后,就可以利用交通分配法来估计交通流,并定位交通拥堵路段等。用户均衡交通分配和系统最优交通分配是两种最基本的平衡交通分配算法。求解系统最优状态下的交通流分配结果就是求解使居民总出行成本 C 达到最小值时的交通流分配结果。然而,在大多数情况下,出行者以个人利益最大化(出行成本最小)为标准进行路径选择。此时,交通系统将无法达到系统最优状态。当然,无论是系统最优状态还是用户均衡状态,都是理论上的交通系统状态,S. Colak 等[6] 通过对 5 个城市的实证数据进行分析,推测出现实中的居民路径选择行为可能是介于系统最优假设和用户均衡假设之间的情况。

S. Colak 等[6] 的创新工作在于重新配置了出行者的出行成本函数,将出行者的出行成本和出行者路径选择所带来的边际成本通过线性组合构成出行成本效益函数: $c_e^\lambda(x_e) = (1-\lambda) t_e(x_e) + \lambda \frac{\mathrm{d}[x_e t_e(x_e)]}{\mathrm{d}x_e} = t_e(x_e) + \lambda x_e \frac{\mathrm{d}t_e(x_e)}{\mathrm{d}x_e}$,其中,$\lambda$ 被定义为社会效益的权重,取值范围在 0~1 之间。当社会效益权重 λ 接近 1 时,表明出行者在选择路径时充分考虑了路径选择给其他出行者带来的边际成本,交通分配结果将接近系统最优状态。当社会效益权重 λ 接近 0 时,表明出行者仅考虑了个人出行成本,交通分配结果更接近用户均衡状态。S. Colak 等[6] 利用提出的出行成本效益函数 $c_e^\lambda(x_e)$ 求解了在不同社会效益权重下的交通分配结果。研究团队构建了一个小型路网,用于观测社会效益权重 λ 变化时路段交通流量和出行者平均出行成本的变化情况。他们发现,当社会效益权重 $\lambda = 0.1$ 时,出行者开始考虑社会利益,平均出行时间的减少几乎达到系统最优状态下平均出行时间减少的 40%;当 $\lambda = 0.5$ 时,平均出行时间的减少已经基本达到系统最优状态下的平均出行时间的减少,这意味着不需要出行者完全考虑社会效益便可达到全部考虑社会效益的效果,这样可以提高建议路径的接受度。

S. Colak 等[6]计算了不同社会效益权重 λ 下的出行者平均通勤时间,发现随着社会效益权重 λ 的增大,出行者的平均通勤时间逐渐减少。另一个重要的发现是,往往较小的社会效益权重就可以比较明显地减少出行者的通勤时间,即当出行者适当地考虑社会效益时,就可以使平均出行时间有明显的减少。当考虑社会效益时,部分出行者可能会牺牲自己的出行时间,所以,在进行路径诱导时也需要考虑部分出行者出行时间的增加在可接受范围内。该研究团队以从 Union Square 到 San Francisco 机场的路径为例研究了这个问题。结果表明,当考虑少量社会效益进行路径诱导时,既可以缓解交通拥堵,又不会使部分出行者的出行时间过度增加,路径诱导策略容易被出行者接受。

社会效益权重 λ 的引入使得路径诱导的选择性更多,交通管理部门可以提供一些奖励措施以促进考虑社会效益的路径诱导策略的有效实施。另外,为了便于路径诱导方案的实施,减少受影响的出行者,还可以利用交通拥堵溯源信息对考虑社会效益的路径诱导方案加以改进,按交通拥堵源小区和其他小区对路径诱导方案进行分类制订。C. Wang 等[7]开展了相关的研究工作,通过同时考虑社会效益权重和交通拥堵溯源信息建立了一种基于射频识别(RFID)数据的路径诱导模型。

C. Wang 等[7]利用射频识别数据来估计动态交通需求,分析了导致交通拥堵的动态车源,提出了一个既考虑个人利益与社会利益平衡又充分利用交通拥堵溯源信息的车辆路径诱导模型。该研究团队仅对来自交通拥堵源的车辆规划路径诱导线路,从而进一步提高路径诱导策略的可行性和交通拥堵的缓解效率。该研究团队还提出了路径诱导模型参数合理范围的确定方法,使得路径诱导模型能更好地适应动态交通状况。下面对文献[7]中的研究工作和研究方法做详细介绍。

C. Wang 等[7]使用的南京市道路网络数据中包含了 3 917 个交叉口和 4 986 个路段,路网覆盖南京市中心城区,路段限速信息由该研究团队使用百度地图街景手动采集,他们结合道路等级信息估计了各个路段的单车道通行能力 c,以及总通行能力 $C = c \times l$(其中 l 为路段的车道数)。C. Wang 等[7]使用 RFID 数据采集了具有较高时间分辨率的车辆空间位置信息,当配备了 RFID 感应设备的车辆通过 RFID 监测点时,RFID 监测点就会记录当前时间以及通过车辆的 ID。该研究团队使用的 RFID 数据集中共有 339 个 RFID 监测点,这些 RFID 监测点共识别出 242 551 辆车的 2 820 678 条空间位置记录。其中,95 个 RFID 监测点没有坐标信息或监测的车流方向信息,因此,该研究团队只使用了 244 个 RFID 监测点所采集的车辆 ID 数据和时间数据来估计研究区域的动态交通需求。C. Wang 等[7]在对 RFID 数据进行清洗的过程中舍弃了缺少时间信息的 10 条记录,并删除了 1 100 条重复记录(占原始记录的 0.04%)。该研究团队进一步将每个 RFID 监测点投影到一个道路交叉口,具体投影方法如下:首先测量 RFID 监测点与附近路段之间的垂直距离，其次将 RFID 监测点投影到具有相同车辆行驶方向的最近路段，最后将 RFID 监测点投影到与该路段距离最近的道路交叉口。同时，该研究团队还对部分 RFID 监测点的投影位置进行了人工修正。

C. Wang 等[7]将 6:00—24:00 的每个小时划分为一个时间窗，将每个时间窗内记录车辆的第一个 RFID 监测点和最后一个 RFID 监测点作为车辆的出行起点和出行终点，过滤掉距离小于 500 m 或直线速度大于 100 km/h 的出行，进而估计了每个时间窗的交通需求 OD 矩阵，时间窗 t 内从监测点 i 出发到达监测点 j 的车辆数量用 $T_0(i, j, t)$ 表示。由于有些车辆没有配备 RFID 感应设备，无法被 RFID 监测点记录，因此，需要利用当天采集的视频监控数据对交通需求 OD 进行扩样校正，具体方法如下：时间窗 t 内由 RFID 监测点 i 识别的车辆数记为 $n_r(i, t)$，由 RFID 监测点 i 或位于监测点 i 的视频监控设备识别的车辆数记为 $n_{rv}(i, t)$，监测点 i 在时间窗 t 的车辆记录率即为 $\beta_r(i, t) = n_r(i, t)/n_{rv}(i, t)$。如果在 RFID 监测点 j 处没有视频监控设备，则使用时间窗 t 各个监测点的平均车辆记录率作为监测点 j 的车辆记录率，即 $\beta_r(j, t) = \langle \beta_r(i, t) \rangle$。由于跨时间窗出行可能不会被用于估计交通需求 OD 矩阵，所以将时间窗 t 的数据丢失率 $\beta_l(t)$ 定义为交通需求 OD 矩阵中识别的车辆数除以所有 RFID 监测点识别的车辆数，最终总扩样率为 $\gamma(i, t) = 1/[\beta_r(i, t) \times \beta_l(t)]$，时间窗 t 从监测点 i 出发到达监测点 j 的车辆数由 $T(i, j, t) = T_0(i, j, t) \times \gamma(i, t)$ 校正。通过将 RFID 数据与视频监控数据相融合，C. Wang 等[7]估计了研究区域的动态交通需求 OD 矩阵。

C. Wang 等[7]对早高峰时段（8:00—9:00）、晚高峰时段（17:00—18:00）和中午非高峰时段（12:00—13:00）的交通需求进行了分析，并利用连续平均法（Method of Successive Averages，MSA）进行交通流分配，求解路网交通流。MSA 的具体流程如下：

（1）初始化 $n=1$，使用 Dijkstra 算法将交通需求分配到路网上，获得每个路段 x_i^1 的交通流，其中，$i \in L$，L 是路段集合。

（2）令 $n=n+1$，更新每个路段的出行费用。

（3）使用更新的出行费用重新分配交通需求，获取每个路段的附加交通流量 y_i^n。

（4）计算每条路段 x_i^n 的流量：$x_i^n = [(n-1)x_i^{n-1} + y_i^n]/n$。

（5）如果 $\sqrt{\sum_{i \in L}(x_i^n - x_i^{n-1})^2} / \sum_{i \in L} x_i^{n-1} < \varepsilon$，令路段交通流 $f(i) = x_i^n$（ε 设置为 0.000 1）；否则，令 $n=n+1$ 并返回步骤（1）。

C. Wang 等[7]将交通流量 f 与道路通行能力 C 之比记为 VOC，并将 $VOC > 0.6$ 的路段定义为拥堵路段，采用两个指标量化城市道路的拥堵程度。第一个指标是拥堵路段的数量 N_c，第二个指标是总额外出行时间 T_e：

$$T_e = \sum_{i \in L}[t_a(i) - t_f(i)]f(i) \qquad (6-3)$$

式中　$t_a(i)$——由 BPR 阻抗函数估计的通过路段 i 的实际出行时间；

　　　$t_f(i)$——路段 i 的自由流行驶时间；

　　　$f(i)$——交通流量；

　　　$C(i)$——通行能力；

　　　L——路段的集合。

BPR 阻抗函数系数 α 取 0.566 8，β 取 1.443 1。由于手机数据记录在时间上较为稀疏，一般通过对历史数据进行统计分析来获取交通拥堵源信息，这种交通拥堵源信息适用于长期交通规划，而该研究团队使用 RFID 数据估计的交通拥堵源信息具有较高的时间分辨率，更适用于动态路径诱导（每个 RFID 监测点被认为是一个车辆来源）。C. Wang 等[7] 利用从 RFID 监测点 n 出发的出行总额外行驶时间来识别交通拥堵源：

$$t_e(n) = \sum_{(n, s_j) \in NS} \left\{ \sum_{i \in K_{ns_j}} [t_a(i) - t_f(i)] \right\} q_{ns_j} \qquad (6-4)$$

式中　q_{ns_j}——从监测点 n 到监测点 s_j 的出行数；

　　　$t_a(i)$，$t_f(i)$——分别为从监测点 n 到监测点 s_j 的路径通过路段 i 所需的实际出行时间和自由流行驶时间；

　　　K_{ns_j}——从监测点 n 到监测点 s_j 的路径上的路段集合；

　　　NS——以监测点 n 为出行起点的 OD 对的集合，$NS = \{(n, s_1), (n, s_2), (n, s_3) \cdots\}$。

C. Wang 等[7] 通过总额外行驶时间 $t_e(n)$ 确定了 8 个时间窗的交通拥堵源（45 个具有最大额外出行时间 $t_e(n)$ 的 RFID 监测点），并发现交通拥堵源在空间上的分布随时间动态变化，说明使用实时数据获取交通拥堵源信息的必要性。

C. Wang 等[7] 探索了平衡个人利益（出行时间）和社会利益（总出行时间）的路径诱导策略，具体实施方法是在交通分配的过程中将社会效益权重 λ 计入通过路段的出行成本 $c_\lambda(f)$ 中：

$$c_\lambda(f) = (1 - \lambda)t(f) + \frac{\lambda d[ft(f)]}{df} = t(f) + \frac{\lambda f d[t(f)]}{df} \qquad (6-5)$$

式中　f——路段的交通流量；

　　　$t(f)$——通过路段的出行成本；

　　　$\lambda f d[t(f)]$——出行者给他人带来的边际成本。

当社会效益权重 $\lambda = 0$ 时，出行成本 $c_\lambda(f) = t(f)$，这种情况下不考虑边际成本，交通系统达到用户均衡状态；当社会效益权重 $\lambda = 1$ 时，出行成本 $c_\lambda(f) = t(f) + \frac{f d[t(f)]}{df}$，这种情况下充分考虑了边际成本，交通系统达到系统最优状态。

C. Wang 等[7] 首先分析了平衡个人利益和社会利益的路径诱导策略，以用户均衡状态下（$\lambda=0$）的总额外行驶时间 $T_e(0)$ 和拥堵路段数量 $N_c(0)$ 作为考虑一定社会效益的路径诱导策略的参照，以总额外行驶时间减少量 $\Delta T_e(\lambda)=T_e(0)-T_e(\lambda)$ 和拥堵路段减少量 $\Delta N_c(\lambda)=N_c(0)-N_c(\lambda)$ 来衡量交通拥堵的缓解效果。该研究团队发现，随着社会效益权重的增加，总额外行驶时间和拥堵路段数量都在不断减少［$\Delta T_e(\lambda)$ 和 $\Delta N_c(\lambda)$ 增加］。该研究团队通过计算路径变化率 P_t（多少比例的出行改变了路径）、路径变更率 $P_r=1-P_s$（P_s 为诱导路径和原始路径都通过的路段数量除以原始路径通过的总路段数量）和使用诱导路径的出行时间增加 Δt，分析了路径诱导对出行者出行的影响。他们发现，P_t 和 $<P_r>$ 都随着社会效益权重的增加而增加，表明缓解交通拥堵的代价是更多的出行者改变了大部分路径，另外，一小部分出行者的出行时间增加了，但最大增量小于 0.6 min，在大多数出行者的承受范围之内。在高峰时段，$\lambda=1$ 时的诱导路径与原始路径有很大偏差，很可能被拒绝使用，而 $\lambda=0.2$ 时的诱导路径与原始路径略有差异，更易被接受；在非高峰时段，$\lambda=0.2$ 和 $\lambda=1$ 时的诱导路径与原始路径并无差异。上述发现表明，需要根据不同的交通状况考虑不同的社会效益权重。

C. Wang 等[7]在平衡个人利益和社会利益的路径诱导模型的基础上进一步提出了针对性路径诱导模型。在针对性路径诱导模型中，仅对于从 N_s 个交通拥堵源出发的出行考虑社会效益权重，从其他地区出发的出行并不考虑社会效益。该研究团队发现，当仅在少量交通拥堵源实施路径诱导时，总额外行驶时间 T_e 和拥挤路段数量 N_c 就会明显减少，表明仅将路径诱导策略应用于少量出行起点即可有效缓解交通拥堵。例如，在早高峰时段对来自 $N_s=30$ 个交通拥堵源（占所有出行起点的 12%）的出行实施路径诱导，其效果相当于对所有出行实施路径诱导的大约 50%，非高峰时段也有类似的结果。同时，该研究团队发现，针对性路径诱导模型导致的路径变化率 P_t 和平均路径变化部分 $<P_r>$ 与未考虑针对性路径诱导的模型没有明显差异，在早高峰时段，出行时间最大仅增加约 1.5 min，在非高峰时段，出行时间最大仅增加约 0.8 min。

C. Wang 等[7]针对社会效益权重 $\lambda=0.5$ 和交通拥堵源数量 $N_s=45$ 的情况进行了进一步分析。研究结果表明：对于从其他区域（RFID 监测点）出发的出行，大约有 5% 的出行改变了路径，98.2% 的出行时间减少或不变，1.8% 的出行时间增加，但增加量少于 0.2 min。对于从交通拥堵源出发的出行，路径变化率较高，但大部分出行的路径变更率 $P_r<0.25$，88.8% 的出行时间减少或不变，11.2% 的出行时间增加且增加量在 2.1 min 以内，在大多数出行者的接受范围之内。最后，该研究团队还挖掘了满足 P_t，$<P_r>$ 和 Δt 约束条件的社会效益 λ 和交通拥堵源数量 N_s 的可行组合，可行组合方案在高峰时段和非高峰时段显示出不同的特征，交通管理部门可以根据实际情况选择适合的 λ 和 N_s 组合方案。

6.3.4 基于交通拥堵溯源信息的交通管控策略

交通管控是调节城市交通流、缓解交通拥堵的重要手段之一。对于交通管控的研究始于对单一道路交叉口的交通信号控制,目的是减少车辆延误和排队长度,以获得更大的道路通行能力。然而,单点信号优化并没有考虑不同道路交叉口之间的相关性,只适用于小流量的情况。在大流量情况下,单点信号优化可能会导致车辆在道路交叉口堆积,因此,区域交通管控近年来得到了越来越多的重视。在本小节中,笔者将介绍一种结合手机信令(MS)数据和出租车 GPS 数据开发的区域交通管控方法。P. Wang 等[8]利用在人口中渗透率较高的手机信令数据获取目标区域的出行需求信息,利用精度较高并且能实时采集的出租车 GPS 数据获取路段实时车速信息,用以调整交通管控的强度。仿真结果表明,P. Wang 等[8]提出的区域交通管控方法可以缓解瓶颈路段的交通拥堵。

P. Wang 等[8]主要使用了三类数据:深圳市路网数据、MS 数据和出租车 GPS 数据。所使用的深圳市路网包括 13 109 个道路交叉口和 21 115 段道路。路网数据中还记录了各类路段属性,包括每个路段的长度、限速、车道数和方向信息。MS 数据是在 2012 年的一个普通工作日收集的。在 MS 数据中,无论手机用户是否使用手机,每隔一个固定周期,都会产生一条标记手机用户空间位置的记录(大约每小时记录一次)。手机用户的空间位置由提供移动通信服务的移动通信基站的坐标表示,通过构建移动通信基站的 Voronoi 多边形可以估计每个移动通信基站的服务范围。该研究团队进一步删除了 MS 数据中的重复记录。出租车 GPS 数据的收集时间段共有两个,第一个时间段是从 2016 年 8 月 15 日到 2016 年 8 月 19 日,第二个时间段是从 2016 年 8 月 22 日到 2016 年 8 月 26 日。在这 10 个工作日内,共收集到由 14 307 辆出租车采集的 47 亿条 GPS 坐标数据(出租车 GPS 数据的平均数据记录频率约为 20 s/次)。通过分析出租车的坐标和服务状态(即当前有没有载客),可以获得出租车每次载客出行的出发地、目的地和行驶路线。P. Wang 等[8]仅使用了出租车载客期间产生的出行轨迹记录,这是因为出租车在寻客过程中可能会出现行驶速度降低甚至停车等客的情况。

P. Wang 等[8]对出租车 GPS 数据的预处理过程如下。

步骤 1:如果两条连续 GPS 记录之间的时间间隔大于 36 s,或两条连续记录之间的欧式距离大于 1 500 m,则将出租车 GPS 轨迹分为两段。在这一步预处理之后,可得到每辆出租车的出行子轨迹。

步骤 2:如果出行子轨迹的持续时间小于 180 s 或大于 3 600 s,又或者出行子轨迹的总出行距离小于 0.5 km 或大于 32 km,则将该出行子轨迹过滤掉。删除这些子轨迹是因为非常长的子轨迹(持续时间很久或总出行距离很长)有时是由 GPS 设备故障引起的,而非常短的子轨迹则只包含非常少的出行记录。在这一步预处理之后,可得到有效子轨迹 2 316 316 条。该研究团队利用地图匹配算法将各子轨迹匹配到路网上,从而得到各子轨迹途径的道路交叉口序列。根据交叉口间的距离和子轨迹的出行时间,计算每个时间窗(30 min)内各路段 i 的平均车速 $\bar{v}(i)$。每个路段 i 的旅行时间计算公式为 $t(i) = l(i)/\bar{v}(i)$,其中,$l(i)$ 为路段 i 的长度。

MS 数据具有覆盖空间范围广、在人口中渗透率高等优点,因此,该研究团队通过 MS 数据来获取时变交通需求信息;出租车 GPS 数据具有高空间分辨率和高记录频率等优点,可以被实时采集和分析,因此,该研究团队将出租车 GPS 数据用于估算路段的交通状态。下面具体介绍基于交通拥堵源信息的交通管控方法。

(1) 为了消除 MS 数据在交通小区间的"乒乓效应"(即手机用户在相邻的两个或多个移动通信基站之间连续且频繁地移动),如果在两条连续记录中手机用户都停留在同一个移动通信基站附近,或者两条记录中移动通信基站的位置虽然不同,但移动通信基站之间的距离小于 500 m,则认为该位置为手机用户的停留位置。例如,如果手机用户的第一条位置信息由移动通信基站 A 记录,第二条位置信息同样由移动通信基站 A 记录,则认为基站 A 是手机用户的一个停留位置。如果手机用户的第一条位置信息由移动通信基站 A 记录,第二条位置信息由移动通信基站 B 记录,且基站 A 和基站 B 之间的距离大于 500 m,则移动通信基站 A 不是手机用户的停留位置,手机用户在移动通信基站 A 和移动通信基站 B 之间产生了一次出行,基站 A 和基站 B 分别是这次出行的起点和终点。

(2) 由于在移动通信基站的服务范围内通常包含多个道路交叉口,因此仅根据 MS 数据无法确定手机用户具体在哪个道路交叉口附近。P. Wang 等[8]融合了 MS 数据和出租车 GPS 数据,通过出租车乘客上、下车地点的地理空间分布推测出 MS 数据被记录时手机用户所处的位置,具体方法如下:计算移动通信基站服务区内的出租车出行起点和出行终点的空间概率分布,并将手机用户出行起、终点按照出租车出行起、终点空间概率分布分配至路网上。出行起点和出行终点的空间概率分布的计算方法如下:将出租车的出行起点和出行终点分别映射到距离最近的道路交叉口,计算在每个移动通信基站服务区内以道路交叉口 i 作为出行起点的概率 $P_O(i)$ 和以道路交叉路口 j 作为出行终点的概率 $P_D(j)$。如果移动通信基站服务区内没有道路交叉口,则将出行起点或出行终点分配给最邻近的移动通信基站服务区内的道路交叉口。P. Wang 等[8]发现,出行起、终点位于主干道上的概率要高于位于次干道上的概率。如果没有使用出租车 GPS 数据,则手机用户的出行起点和出行终点只能在移动通信基站服务区内的所有道路交叉口中随机选择。然而,通过这一步处理,所有基于移动通信基站的出行都可以转换为基于道路交叉口的出行。

(3) MS 数据与出租车 GPS 数据相比在时间上的精度较低,无法反映交通拥堵的产生、传播和缓解的规律,因此,P. Wang 等[8]提出使用出租车 GPS 数据确定个体出行时间的思路。首先,通过出租车 GPS 数据获得每个移动通信基站服务区内出行起始时间的分布。以 2 min 作为一个时间窗,计算各个时间窗 t 内出租车出行的发生概率 $P_O(t)$。该研究团队假定手机用户出行起始时间的概率分布与出租车乘客的出行起始时间的概率分布一致,并根据从出租车 GPS 数据中获得的出行起始时间分布 $P_O(t)$,为手机用户的各次出行分配出行起始时间。

（4）考虑到 MS 数据只提供了手机用户的空间位置信息，而并没有提供手机用户的交通方式，因此需要获取不同交通方式的分担比例。基于深圳市小汽车的方式分担率 $P_{vehicle}$ 和平均载客数 $P_{carpool}$，按照不同交通方式的出行比例，将手机用户随机划分到不同的交通方式。考虑到中国小汽车的平均载客数 $P_{carpool}$ 约为 1.5，从小汽车出行手机用户中随机选择 2/3 的手机用户，这些手机用户的空间位置数据将被用于生成小汽车出行。考虑到移动运营商的市场占有率，最后还需要将得到的出行进行扩样。

（5）确定步骤（4）中每次出行开始的时间窗。P. Wang 等[8]利用每个路段在时间窗内的旅行时间均值计算每次出行的最短路径。在交通流仿真中，该研究团队将最短路径作为车辆的实际行驶路径，并使用各条路段的旅行时间计算每辆车到达各个道路交叉口的时间。他们将所有出行都分配到路网上后，按时间窗统计路段交通流量。

由于拥堵路段的通行效率较低，因此将拥堵路段定义为瓶颈路段。对于瓶颈路段，将其最大交通流量的 80% 作为正常交通流量的上限 f_b，将交通流量大于 f_b 的时段定义为交通繁忙时段。P. Wang 等[8]设定交通管控时段比交通繁忙时段的开始时间早 15 min，比交通繁忙时段的结束时间晚 15 min。为了防止在瓶颈路段发生严重的交通拥堵，选择瓶颈路段的上游区域作为交通管控区域。交通管控区域内有交通信号灯的所有道路交叉口都可以作为实施交通管控方案的候选交叉口。交通管控方案只控制通往瓶颈路段的方向。由于每个交通信号灯可以控制道路交叉口的直行和左转两个方向，因此，在每个道路交叉口可以控制八个方向。

P. Wang 等[8]进一步计算了从每个候选道路交叉口 r 到瓶颈路段的交通流量 C_r，并选择对瓶颈路段贡献交通流量最多的候选道路交叉口作为交通管控交叉口，进一步使用遗传算法生成交通管控方案。在交通管控期间，每 15 min 调整一次交通流量控制方案。在遗传算法中，交通管控方案被编码为染色体 $C = \{g_1^1, g_2^1, \cdots, g_i^j, \cdots, g_n^t\}$，其中，$n$ 是交通管控的道路交叉口数量，t 是实施交通管控方案的时间窗数量。每个基因 g_i^j 代表车辆在时间窗 j 通过道路交叉口 i 时由于等待而产生的额外行驶时间。考虑到出行者的忍耐限度，基因 g_i^j 的取值范围约束在 0~60 s。在每一次算法迭代中，获取所有交通管控方案的交通仿真结果。当车辆到达交通管控交叉口 i 时，车辆在交通管控交叉口需要花费额外的时间 t_e。在各个交通管控方案中，可以延迟某些车辆到达瓶颈路段的时间，从而减少瓶颈路段的最大交通流量。通过使用适应度函数，可以获得每种流量控制方案的适应度，其中适应度函数定义为

$$F = 1 / \Big[\sum_{f_i > f_b} \lambda (f_i - f_b)^2 + \sum_{f_i < f_b} (1 - \lambda)(f_b - f_i)^2 \Big] \qquad (6-6)$$

式中　f_i——每 2 min 时间窗内瓶颈路段的交通流量；

　　　f_b——瓶颈路段日常交通流量的上限；

　　　λ——惩罚系数，设为 0.8。

P. Wang 等[8]将上述基于交通拥堵溯源信息的交通管控模型应用到实际案例中，

研究了深圳市两条拥堵问题十分严重的路段。其中,一条是梅关路,它是从深圳市郊区到深圳市中心的关键路段。根据深圳市年度交通报告和主要网站上的新闻,梅关路一直是深圳市最拥堵的十大道路之一(特别是在早高峰期间)。另一条是深南大道,它是连接深圳市东西区域的主要干道。深南大道同样也是深圳市最拥堵道路之一。梅关路在 7:00 和 8:00 前后,有两个出行高峰,深南大道在 17:15 前后,有一个出行高峰。该研究团队分别计算了两个瓶颈路段正常交通流量的上限 f_b,其中梅关路为 717 车/2 min,深南大道为 240 车/2 min。梅关路的交通流量从 6:00 开始快速增加,交通繁忙时段($f > f_b$)会持续约 2 h。深南大道的交通流量从 17:00 开始迅速增加,交通繁忙时段会持续约 0.5 h。由此确定梅关路的交通管控时间为 6:00—8:30,深南大道的交通管控时间为 16:45—17:45。

P. Wang 等[8]选择了约 30 个交通流量贡献最大的道路交叉口作为交通管控交叉口。对于梅关路,选定的交通管控交叉口位于瓶颈路段附近。距离较远的一些主要干道(如民治路)也为瓶颈路段带来了大量交通流量。对于深南大道,选定的交通管控交叉口主要为深南大道的分支路段。该研究团队使用上文介绍的遗传算法分别生成针对两个瓶颈路段的交通管控方案,并分别求解每个道路交叉口的交通管控时间 t_r。有趣的是,车辆不一定在瓶颈路段附近的道路交叉口受到最大强度的交通管制,一些交通管控强度较大的道路交叉口与瓶颈路段反而有一定距离,这表明上游交通管控对于缓解瓶颈路段的交通拥堵至关重要。交通管控方案随时间动态变化,表明上述方法模型可以根据实际路况用于动态交通管控。

6.4　城市轨道交通客源预测与脆弱性分析

私家车保有量和使用量的迅速增长给城市道路带来了巨大压力,许多城市的交通管理部门都鼓励人们使用公共交通出行。大多数大城市都有两种类型的公共交通方式供居民选择,一类是常规公交,另一类是城市轨道交通。常规公交在路线规划方面灵活性较强,而且建设成本和运营成本也较低。城市轨道交通的特点是速度快,容量大,它是城市公共交通的骨干。然而,由于两个轨道交通站点之间通常缺少替代路径,因此城市轨道交通网络具有较高的脆弱性。J. Wang 等[9]使用了美国旧金山市的日通勤数据和波士顿市的移动通信数据获取城市轨道交通乘客的早高峰出行需求,并识别了旧金山市和波士顿市的城市轨道交通网络中的脆弱运行区间。通过综合考虑城市轨道交通运行区间故障导致的出行失败率和运行区间的主要客源及客流目的地数量,该研究团队对城市轨道交通运行区间的脆弱性提出了更深层次的理解。

J. Wang 等[9]使用的美国旧金山市的日通勤数据由美国人口普查局提供,该数据记录了每对城市街区之间的通勤次数。旧金山市共有 7 372 个城市街区,这些数据提供了有关人们生活和工作地点的详细信息,据此可以计算在旧金山市居住和工作的居民的出行次数和每日上班通勤 OD 矩阵。由于没有获取到波士顿市的日通勤数据,该研究团队利用移动通信数据来估计通勤交通量。J. Wang 等[9] 使用的波士顿市的移动通信数据是 CDR 数据,当手机用户每次通信时,通信时间和估计的手机用户坐标都会被记录下来。该研究团队假设手机用户在 21:00 至次日 6:00 停留次数最多的位置是家庭住址,9:00—17:00 停留次数最多的位置是工作地点,因此,手机用户的通勤出行就是从其家庭住址到其工作地点的出行。通过汇总所有手机用户的通勤数据便可获得波士顿市的通勤 OD 矩阵。虽然,移动通信数据在人口中的渗透率较高,但仍然无法记录全体居民的出行行为,需要使用人口普查数据对手机用户的出行量进行校正,即用扩样系数 $E(i)$ 来调整 OD 矩阵:

$$E(i) = \frac{N_{pop}(i)}{N_{user}(i)} \qquad (6-7)$$

式中,$N_{pop}(i)$ 和 $N_{user}(i)$ 分别表示人口普查区 i 中的总人口数量和手机用户数量。从而可以得到位置 i 和位置 j 之间的通勤出行数 T_{ij}:

$$T_{ij} = \sum_{n=1}^{N_i} T_{ij} \times E(i) \qquad (6-8)$$

式中,N_i 是人口普查区 i 中的手机用户数。如果手机用户 n 的通勤出行目的地是位置 j,则 $T_{ij}(n)=1$,否则,$T_{ij}(n)=0$。

由于移动通信数据中并没有记录手机用户使用的交通方式,因此还需要进一步对通勤出行进行交通方式划分。J. Wang 等[9] 假设选择步行的居民的出行距离都小于 1 km。对于从人口普查区 i 出发且出行距离大于 1 km 的出行,根据该人口普查区的公共交通使用率 $PUR(i)$ 随机分配手机用户出行使用的交通方式。公共交通使用率 $PUR(i)$ 的计算方法如下:

$$PUR(i) = \frac{N_p(i)}{N(i) - N_h(i) - N_w(i)} \qquad (6-9)$$

式中　$N_p(i)$——在人口普查区 i 中使用公共交通的居民人数;

　　　$N(i)$——人口普查区 i 的总人口;

　　　$N_h(i)$——在家办公的居民人数;

　　　$N_w(i)$——步行上班的居民人数。

该研究团队假定对于乘坐城市轨道交通出行的乘客,其出行起点和出行终点都位于距相应的城市轨道交通站点 500 m 范围内,并将出行起点和出行终点都匹配到最近的站点,以生成早高峰城市轨道交通方式的交通需求 OD 矩阵。J. Wang 等[9] 估计旧金山市和波士顿市的早高峰时段城市轨道交通出行量分别为 13 005 次出行/h 和 33 500 次出行/h,计算的出行量与旧金山市地铁和波士顿市地铁的日均乘客数量较为一致。

当轨道交通在运行区间发生故障时,若发生故障的运行区间是某些乘客的必经之路,那么,这些乘客就无法到达目的地,此次出行也无法完成。在获得了城市轨道交通乘客的出行起点和出行终点信息的基础上,J. Wang 等[9]使用 Dijkstra 算法计算出每位乘客出行的最短路径作为乘客的出行路径,进而计算了通过每个运行区间的客流量。研究结果表明,旧金山市轨道交通网络中 76% 的运行区间的客流量 $V < 1\,000$ 乘客/h,但最繁忙运行区间的客流量超过 $7\,000$ 乘客/h,运行区间客流分布遵循幂律分布 $P(V) = 437.4 V^{-1.26}$。J. Wang 等[9]在波士顿市轨道交通网络中观察到了类似的客流分布规律,不同运行区间的客流分布同样遵循幂律分布 $P(V) = 61.6 V^{-0.96}$,其中,运行区间的最大客流量接近 $9\,000$ 乘客/h。

这些客流量较大的运行区间通常是整个城市轨道交通系统中的重要出行通道。J. Wang等[9]借助复杂网络指标——介数 b_c,研究了这些运行区间在城市轨道交通系统中的重要性。介数 b_c 的计算方法为

$$b_c(v) = \sum \frac{\sigma_{st}(v)}{\sigma_{st}} \tag{6-10}$$

式中 σ_{st} ——从站点 s 到站点 t 的最短路径数量;

$\sigma_{st}(v)$ ——从站点 s 到站点 t 的最短路径中通过运行区间 v 的最短路径数量。

旧金山市和波士顿市的城市轨道交通运行区间的介数 b_c 都可以通过高斯分布来近似。其中,旧金山市地铁运行区间的介数典型值 $b_c \sim 0.05$,波士顿市地铁运行区间的介数典型值为 $b_c \sim 0.03$,这表明城市轨道交通网络中运行区间的使用情况受乘客实际出行需求的影响。无论是旧金山市还是波士顿市,城市轨道交通运行区间的客流量 V 和介数 b_c 之间的皮尔逊相关系数(PCC)都非常大,表明拓扑重要性高的运行区间客流量都较大。

可想而知,如果轨道交通系统中客流量较大的运行区间发生故障,大量地铁乘客将无法顺利地使用城市轨道交通到达目的地。J. Wang 等[9]用出行失败率 f_r 来量化城市轨道交通运行区间故障对乘客出行的影响。结果表明,旧金山市城市轨道交通运行区间故障导致的出行失败率 f_r 的概率分布服从指数分布 $P(f_r) = 0.33\,e^{-25f_r}$,大约 67% 的运行区间的出行失败率 $f_r < 0.02$,但是,少数运行区间的出行失败率 $f_r > 0.15$,其中最大的出行失败率是 $f_r = 0.63$。这意味着如果该运行区间发生故障,63% 的地铁乘客出行将被中断。虽然部分乘客的出行没有被中断,但是由于要绕行,总出行时间会有较大增长。为了量化这种影响,该研究团队提出了相应的度量指标,即每个运行区间故障导致的出行时间增加率 t_r。该研究团队发现,可以用幂律分布 $P(t_r) = 0.000\,31\,t_r^{-1.24}$ 近似地拟合故障期间出行时间增加率 t_r 的概率分布。其中,t_r 的最大值为 0.26,这意味着当该运行区间发生故障时,乘客的平均出行时间会增加 26%,这极大地降低了城市轨道交

通网络的效率。而且,在波士顿市的轨道交通网络中,J. Wang 等[9]也观察到了类似的规律,这再一次印证了有些城市的轨道交通关键运行区间是十分脆弱的,一旦发生故障,会影响大量乘客的出行。

出行失败率 f_r 量化了运行区间故障所影响的乘客出行数量,但是无法量化故障影响的范围,因此,只用 f_r 来刻画运行区间的脆弱性是不全面的。例如,如果运行区间的乘客只来源于有限的几个小区,或者到达较少的几个目的地,即使该运行区间发生故障,也可以通过少量公交车接驳城市轨道交通,因此,该运行区间从应急措施执行方面来看并不是那么"脆弱"。相反地,如果运行区间的乘客来源和目的地都较多,则当该运行区间发生故障时,其影响范围会很大,不容易开展公交接驳应急,对此需要重点关注。J. Wang等[9]借鉴了城市道路网络中路段主要车源的定义方法,定义了城市轨道交通网络运行区间的主要客源(MPS)和主要客流目的地(MPD),从更深层次来理解城市轨道交通网络的脆弱性。简而言之,运行区间的主要客源是指为该运行区间贡献最多客流量的人口普查区,运行区间 MPS 的数量用 N_{MPS} 表示,主要客流目的地 MPD 的数量用 N_{MPD} 表示。如果城市轨道交通运行区间故障导致的出行失败率 f_r 相同,则 N_{MPS} 和 N_{MPD} 值较大的运行区间更为脆弱,这是因为具有较大 N_{MPS} 和 N_{MPD} 值的运行区间,其乘客来源和目的地分布更为广泛,因此,如果该运行区间发生故障,则难以开展公交接驳应急,该运行区间更为"脆弱",需要交通管理部门予以更多关注以确保其正常运转。

J. Wang 等[9]的研究结果表明,大部分城市轨道交通运行区间的客源分布比较集中。例如,旧金山市的城市轨道交通近 90% 的运行区间的主要客源数 N_{MPS} 少于 12 个,这说明可以轻松定位大部分城市轨道运行区间的客源。此外,旧金山市的城市轨道交通运行区间的最大 N_{MPS} 只有 17 个,这表明许多居民都集中在相对较少的居住区中。但是,也存在少量运行区间主要客源和主要客流目的地的空间分布非常复杂,这对于线路故障应急处理提出了巨大挑战。例如,波士顿市的城市轨道交通运行区间的最大 N_{MPS} 高达 54 个,即一旦该运行区间发生故障,在波士顿地区会有至少 54 个人口普查区的乘客出行受到影响。在主要客流目的地方面,旧金山市和波士顿市的城市轨道交通运行区间的 N_{MPD} 最大值都超过 30,运行区间故障同样会影响大范围的居民出行。

J. Wang 等[9]将轨道交通线路故障引起的出行失败率 f_r 与运行区间的主要客源数量 N_{MPS} 和主要客流目的地数量 N_{MPD} 相结合,对轨道交通网络的脆弱性提出了更深层次的理解:轨道交通运行区间的脆弱性不仅取决于线路故障造成的出行失败率 f_r 的大小,还取决于该运行区间的主要客源数量 N_{MPS} 和主要客流目的地数量 N_{MPD}。如果 N_{MPS} 或 N_{MPD} 的值很大,说明该运行区间一旦发生故障,相应的应急处理是非常困难的,且这类运行区间相比于 f_r 相似但 N_{MPS} 和 N_{MPD} 值较小的运行区间更为脆弱。

6.5 小结

　　缓解交通拥堵是我国社会经济发展中亟须解决的一个问题。通过借鉴复杂网络领域的二分网络模型,构建"道路使用网络",可以在道路和道路使用者居住小区之间建立起关联,定位拥堵路段交通流源头,实现交通拥堵溯源。利用交通拥堵溯源方法计算始于每个交通小区的总额外出行时间,能够量化各交通小区对城市交通拥堵的贡献。研究发现,不同交通小区对城市交通拥堵的贡献存在很大差异,导致城市交通拥堵的大部分车流仅来自少量交通小区。这项研究发现得到了多位专家学者的重视和认可,纽约大学的 Steven Koonin 教授称赞:"该研究发现指明了改善城市交通的工作重点,应集中力量调整少量拥堵车源的居民通勤行为,而不是试图改变整个城市的通勤行为";空间网络分析知名专家 Marc Barthelemy 称赞:"道路使用网络是一个非常有趣的创新思路,这种方法一定会为居民空间移动行为这个非常活跃的研究领域开辟崭新途径。"[10]

　　交通拥堵溯源信息能够使各类交通拥堵缓解措施和方法更加有针对性且更加有效。例如,交通拥堵溯源信息能够辅助提高交通需求控制的效果,降低少量拥堵车源的交通发生量,使总额外出行时间明显下降,通过控制拥堵车源的交通需求,从而更加有效地缓解交通拥堵。美国麻省理工学院新闻(MIT News)和加州大学伯克利分校新闻(UC Berkeley News)报道了这项研究发现,并评述该研究发现具有广阔的应用前景[10,11]。交通拥堵溯源信息也能够用于优化交通网络、提高路径诱导和交通管控的效率效能。交通拥堵溯源技术提出的时间虽然不长,但这项技术已经受到交通管理部门的重视。例如,交通拥堵溯源技术已集成在深圳交警的交通溯源平台,交通拥堵溯源技术已在改善深圳市道路服务水平中发挥了重要的作用[12,13]。

参考文献

[1] WANG P, HUNTER T, BAYEN A M, et al. Understanding road usage patterns in urban areas[J]. Scientific Reports, 2012, 2: 1001.

[2] WANG J, WEI D, HE K, et al. Encapsulating urban traffic rhythms into road networks[J]. Scientific Reports, 2014, 4: 4141.

[3] DIJKSTRA E W. A note on two problems in connexion with graphs[J]. Numerische Mathematik, 1959, 1(1): 269 - 271.

[4] FLOYD R W. Algorithm 97: shortest path[J]. Communications of the ACM, 1962, 5(6): 345.

[5] HE K, XU Z, WANG P, et al. Congestion Avoidance Routing Based on Large-Scale Social Signals[J]. IEEE Transactions on Intelligent Transportation Systems, 2016, 17(9): 2613 - 2626.

[6] COLAK S, LIMA A, GONZALEZ M C. Understanding congested travel in urban areas[J]. Nature Communications, 2016, 7: 10793.

［7］ WANG C，XU Z，DU R，et al. A vehicle routing model based on large scale radio frequency identification data[J]. Journal of Intelligent Transportation Systems，2020，24(2)：142－155.

［8］ WANG P，WANG C，LAI J，et al. Traffic control approach based on multi-source data fusion [J]. IET Intelligent Transport Systems，2019，13(5):764－772.

［9］ WANG J，LI Y，LIU J，et al. Vulnerability analysis and passenger source prediction in urban rail transit networks[J]. PloS One，2013，8(11)：e80178.

［10］ BREHM D. Cellphone data helps pinpoint source of traffic tie-ups[EB/OL].[2012－12－20]. https://news.mit.edu/2012/cellphone-data-helps-pinpoint-source-of-traffic-tie-ups-1220.

［11］ SANDERS R. Cellphone，GPS data suggest new strategy for alleviating traffic tie-ups[EB/OL].［2012－12－20］. https://vcresearch. berkeley. edu/news/cellphone-gps-data-suggest-new-strategy-alleviating-traffic-tie-ups.

［12］ 深圳公安.告别红灯，大数据打造 7.6 公里最长双向绿波带，让你一路畅行！［EB/OL］.［2017－08－18］. https://www. sohu. com/a/165631022_480190.

［13］ 深圳新闻网.全程 7.6 公里一路绿灯 深圳最长"绿波带"让你一路畅行[EB/OL].[2017－08－15]. http://idapeng.sznews.com/content/2017-08/15/content_17019975.htm.

7 | 基于移动通信数据的居民空间分布感知

7.1 引言

　　"行"与"停"是居民空间行为的两个基本要素。本书第 5 章介绍的居民交通需求估计方法针对的是居民空间行为中的"行",而本章将要介绍的居民空间分布感知方法则针对的是居民空间行为中的"停"。居民空间分布感知并不是一个新鲜事物,如每隔一段时间开展的人口普查,而近几十年来出现的卫星遥感数据使居民空间分布"自动化"感知成为现实。虽然,基于人口普查和遥感数据的居民空间分布感知方法都已非常成熟,但耗费巨大人力、物力的数据采集过程使得这些方法无法用于动态感知居民空间分布。大数据时代的到来为居民空间分布感知带来了新的契机。在各个国家和地区,移动通信数据都非常丰富,它们记录了海量的居民空间行为信息,是实现低成本、高质量感知居民空间分布的天然优质数据源,为动态、实时感知居民空间分布提供了一条崭新途径。

　　居民的空间分布信息不仅是城市规划和商业选址的重要参考依据,也是应对居民空间分布突变(如人群聚集)的重要决策依据。由于日常居民空间分布信息可以通过人口普查等传统方法获得,本章将聚焦于居民空间分布动态变化的典型体现——人群聚集,并围绕人群聚集的感知和预警,介绍基于移动通信数据的居民空间分布感知方法。

　　在大型商业、娱乐活动中,大量人群同时向活动地点汇聚,城市交通系统承受了极大的压力,极易发生严重的交通拥堵甚至局部交通瘫痪。更严重的是当聚集活动地点的人群密度超过 4 人/m² 时[1],人群将会处于比较危险的状态,有可能会发生威胁人民生命安全的人群聚集事故。大规模人群聚集是居民空间群体行为的一个典型实例,也是居民空间分布突变的一个典型体现。对大规模人群聚集及时预警、合理管控,不仅关系到城市交通系统的正常运行,还关系到人民的生命安全。近年来,各大城市都非常重视大型活动中的人群管理,提出并实施了多种人群聚集防控和应急措施(如景点限流、增加警力等)。很多学者也对人群聚集的动力学过程进行了深入研究,这些研究大多集中在微观和宏观层面的人群聚集动力学规律分析及建模仿真方面。

　　瑞士苏黎世联邦理工学院的 D. Helbing 教授是微观人群聚集动力学研究领域的知名代表学者。D. Helbing 教授提出了社会力模型(social force model)的建模方法,并应用社会力模型研究了行人队列的自组织形成模式和突发事件中的高效人群疏散策略[2]。在后续的研究工作中,元胞自动机模型、流体力学模型、动物实验方法和认知学方法等新思路、新方法也被陆续提出,并用于研究人群聚集的微观动力学过程[3-7]。近年来,视频监控技术的快速发展和视频监控设备的大量布设为微观人群聚集动力学研究提供了有力的数据支撑。D. Helbing 教授曾利用沙特阿拉伯麦加的视频监控数据发现了高密度人群聚集中的停走波(stop-and-go wave)现象和湍流(turbulence)现象,并指出湍流现象可能是发生人群聚集事故的前兆[8]。随着各类蕴含居民空间行为信息的大数据出现,宏观层面的人群聚集动力学研究也得到了快速发展,学者们利用 GPS 数据、公交地铁智能卡刷卡数据、移动通信数据分析了聚集人群的空间移动特征和动态分布特征[9, 10]。

微观层面和宏观层面的人群聚集动力学研究方法各具优势,可以相互补充。例如,基于视频监控数据估计的人群聚集密度更为精确可靠,但视频监控设备只能采集到局部区域的人群密度信息,无法用于分析人群聚集的形成过程;虽然交通数据或移动通信数据可用于分析人群聚集的形成过程,但这些数据仅能用于估计区域人群聚集密度均值(空间分辨率较低)。微观方法与宏观方法的特点决定了它们各自不同的适用场景和适用情况:宏观方法更适用于对人群聚集进行预警,对人群聚集的活动地点进行粗略定位,对人群聚集密度进行粗略估计;微观方法则更适用于研究聚集人群的微观行为,精确计算局部的人群聚集密度,校正利用宏观方法估计的人群聚集密度。

本章的主要内容包括以下三部分:在 7.2 节中,笔者将对几类居民空间分布感知方法做简要介绍;在 7.3 节中,笔者将详细介绍基于移动通信数据和交通数据融合的居民空间分布动态推演模型。移动通信数据覆盖面广的优点和交通数据精确并能实时采集的优点在居民空间分布动态推演模型中得到了很好的结合。在 7.4 节中,笔者将介绍基于复杂网络建模方法和信息论方法相结合的居民异常移动网络模型,利用这个模型可以在人群聚集密度达到峰值前的数小时对人群聚集进行预警。

7.2　居民空间分布感知方法简介

7.2.1　传统居民空间分布感知方法

居民空间分布信息在城市规划、交通管理、应急管控等方面具有十分重要的意义。人口普查是获取居民空间分布信息最直接也最传统的方法。人口普查数据中记录的居民空间分布信息非常可信、可靠,因此,人口普查数据常被用于校验由其他方法模型估计的居民空间分布结果。然而,开展人口普查要消耗巨大的人力、物力,人口普查数据也无法及时更新,不能用于分析居民空间动态分布。从 20 世纪 70 年代开始,基于卫星遥感技术的居民空间分布感知方法快速发展,形成了包括基于能耗、建成区面积、建筑数量、土地利用类型和光谱反射特性等的各类居民空间分布感知模型。然而,遥感数据并不容易获取,难以用于居民空间分布的实时动态感知。近年来,随着信息技术的快速发展,出现了一些记录居民空间行为信息的大数据,为居民空间分布感知方法的发展提供了新的途径。在此,笔者介绍两个分别基于互联网查询数据和移动通信数据的居民空间分布感知方法。

7.2.2 基于互联网查询数据的居民空间分布感知

J. Zhou 等[11]指出传统基于视频监控设备和计算机视觉技术的人群聚集监测方法存在很多局限性,如容易受到环境噪声影响、视频监控设备布点比较局限、无法提前感知人群聚集等。通过分析百度地图查询数据和百度公司采集的手机定位数据,该研究团队提出了一个基于百度地图查询数据的人群聚集预警模型和一个机器学习模型,以用于预测人群聚集密度。该研究团队发现,人们在出发去一些地点前经常会使用百度地图来规划路线,在某区域某时间段百度地图的查询量与百度手机定位数据记录的手机用户数量呈现强相关关系。2014 年跨年夜上海外滩有新年庆祝活动,当晚 23:35 发生了一起严重的人群聚集事故。J. Zhou 等[11]分析了当晚 23:00—24:00 时间窗的百度手机定位数据,并对上海外滩的人群密度分布进行了感知,识别出了人群聚集事故的发生地点。该研究团队进一步发现,百度地图查询数据能提前数小时体现手机用户数量的动态变化特征,因此,百度地图查询数据可以作为一个提前感知居民空间分布突变的重要信号。J. Zhou 等[11]根据上述研究发现建立了一个人群聚集预警模型,该模型能够提前 1～3 h 对人群聚集进行预警。该研究团队还建立了一个 GBDT（Gradient Boosting Decision Tree）模型,用于预测某时段位于某区域的手机用户数量,进而对潜在的人群聚集活动风险进行评估。J. Zhou 等[11]建立的 GBDT 模型中有 47 个输入特征,包括某区域前 1～4 h 的手机用户数量、前 1～7 天相同时段的手机用户数量、某区域前 1～2 h 的百度地图查询量、当前小时时段、星期几、是否是工作日和节假日等。该研究团队发现,某区域前 1 h 的手机用户数量和某区域前 1 h 的百度地图查询量是预测人群聚集密度最重要的两个特征。

百度地图查询数据具有实时性好、易于分析的优点,这便使得 J. Zhou 等[11]提出的方法能够低成本、实时地感知居民空间分布。该研究团队提出的居民空间分布感知与预测方法得益于移动通信技术和互联网技术的快速发展。正是由于大量手机用户使用了百度地图,才有了大量手机用户的定位数据;也正是由于大量网友使用百度地图规划路线,才有了百度地图查询数据。然而,J. Zhou 等[11]提出的方法并不易于推广。一是由于这种方法采用的百度地图查询数据属于百度公司内部数据,可获取的渠道非常有限;二是在我国偏远地区以及一些欠发达国家和地区,这类互联网大数据非常匮乏,甚至没有。

7.2.3 基于手机通话详单数据的居民空间分布感知

近年来,随着手机用户在人口中的渗透率不断提高,手机已经成为采集居民空间行为信息的重要移动传感器。移动通信数据中记录了手机用户的海量时空信息,这种实时性好、获取成本低、数据量大的新兴数据为动态感知居民空间分布提供了新的途径。居民的空间动态分布信息对于城市交通管理非常重要,只有获取了城市居民的动态分布信息,才能提前预测交通流情况,及时疏导车流,减少交通拥堵;只有获取了城市居民的动态分布信息,才能有效地对人群聚集进行应急管控和应急疏散。另外,移动通信数据在各个国家和地区普遍存在、采集成本低,基于移动通信数据的方法和技术往往具有较好的可推广性。

P. Deville 等[12]提出了基于移动通信数据的居民空间分布动态感知方法,并与基于遥感数据的方法进行了对比分析。该研究团队发现利用移动通信数据和遥感数据估计的居民空间分布在国家尺度上非常相似,并且与利用人口普查数据估计的居民空间分布结果吻合。然而,各种居民空间分布感知方法在城市尺度上的空间精度有着很大的不同,基于移动通信数据的方法的空间精度取决于移动通信基站的分布密度,而基于遥感数据的方法的空间精度取决于空间地理数据的空间精度。P. Deville 等[12]发现基于移动通信数据的居民空间分布感知方法具有较低的精度和较高的准确度,而基于遥感数据的居民空间分布感知方法恰好相反。为了解决这个问题,该研究团队进一步建立了一个融合移动通信数据和遥感数据的居民空间分布感知方法,以期提高居民空间分布感知的准确度。该研究团队使用非线性方程 $\rho_c = \alpha (\sigma_c)^\beta$ 来描述人口密度与手机用户密度的超线性关系,其中,σ_c 表示小区 c 的夜间手机用户密度,ρ_c 表示小区 c 的人口密度,参数 α 大体估计了人口密度与手机用户密度的比值,参数 β 描述了人口密度与手机用户密度之间的超线性关系。P. Deville 等[12]还分析了居民空间分布的季节性差异和时间性差异,进一步证明了基于移动通信数据的居民空间分布感知方法的有效性和可行性。

7.3 基于移动通信数据和交通数据融合的居民空间分布感知

本书 7.2 节中介绍的几种居民空间分布感知方法虽然各有特点,各有优势,但是也都存在一些不足。借助移动通信数据感知居民空间分布虽然准确度较高,但是还不能做到实时感知,而且居民空间分布感知的精度也受限于移动通信基站的空间分布密度;而基于百度地图查询数据的居民空间分布感知方法由于数据门槛较高,并不容易在欠发达地区推广。考虑到不同类型的数据各有优势和不足,一个自然而然的想法就是将多种数据进行合理融合,扬长避短,在保证数据获取难度不大的前提下,实现居民空间分布的动态感知。在本节中,笔者将介绍一种较为经济的居民空间分布动态推演模型。这个模型采用了数据融合的思路,结合了 MS 数据和交通数据各自的优势,为经济、实时地获取居民空间分布信息提供了一个有效的工具。Z. Huang 等[10]建立的居民空间分布动态推演模型不仅能够准确地估计日常情况下的城市居民空间分布,即使在发生大型人群聚集活动的情况下,也能够有效捕捉到聚集活动发生地异常增长的人群密度。

7.3.1 手机信令数据和交通数据的预处理

Z. Huang 等[10]使用两类数据对深圳市动态居民空间分布进行了推演。第一类数据是深圳市一天的手机信令（MS）数据；第二类数据是深圳市三个月的交通数据（包括地铁智能卡刷卡数据和出租车 GPS 数据）。

在 MS 数据中，移动运营商通过定时扫描方式记录手机用户的空间位置信息。Z. Huang等[10]使用的 MS 数据采集于 2012 年的一个普通工作日，在这个 MS 数据集中，每间隔半小时至一小时手机用户的空间位置会被扫描一次，因此手机用户的空间位置记录在时间上的分布比较均匀。该研究团队首先对 MS 数据进行了预处理，具体步骤如下。

（1）删除具有相同手机用户 ID、时间戳和坐标的重复记录。对于重复记录，只取其中的一条进入后续步骤分析。

（2）鉴于智能电表等智能设备也使用了移动运营商提供的用户识别模块（SIM）卡，因此删除只被一个移动通信基站记录位置的手机用户。

（3）如果连续不断地发现手机用户在两个相邻的移动通信基站之间来回跳跃，且超过 3 次，则将该跳跃视为"乒乓效应"，并随机选择其中一个移动通信基站作为手机用户的空间位置。

（4）将一天划分为 24 个等长的时间窗，对于每个时间窗 t，计算每个手机用户所在移动通信基站对应的交通小区，获得手机用户在交通小区之间的出行信息。如果在两条连续的记录中手机用户处于两个不同的交通小区，则定义该手机用户在这两个时间窗内发生了出行；当在两条连续的记录中，手机用户都停留在同一个交通小区，则认为手机用户本次出行结束。

Z. Huang 等[10]假设手机用户的交通需求分布可以代表深圳所有市民的交通需求分布。在时间窗 t 内，两个交通小区 i 和 j 之间的出行次数通过对由 MS 数据计算的出行量乘以扩样因子得到。将通过上述方法生成的手机用户出行流量 $T_M(i, j, t)$ 作为交通小区 i 和 j 之间居民的实际出行量，用以校准交通小区 i 和 j 之间地铁乘客和出租车乘客的出行量。

Z. Huang 等[10]选取两种常见的城市交通数据（地铁智能卡刷卡数据和出租车 GPS 数据）来获取城市范围内居民空间移动实时信息。对于地铁智能卡刷卡数据，每次乘客通过闸机进出地铁站时都会记录进出站时间、地铁智能卡 ID、地铁站点和地铁线路名称。该研究团队对于每个时间窗 t 计算从地铁站 i 进站、地铁站 j 出站的出行次数，记作 $N_{sub}(i, j, t)$。Z. Huang 等[10]假定使用智能卡出行的地铁乘客的出行分布可以代表地铁乘客群体的客流量分布，则地铁乘客的出行量 $T_{sub}(i, j, t)$ 可以由地铁智能卡刷卡数据计算的出行量 $N_{sub}(i, j, t)$ 乘以扩样系数 β_{sub} 得到，即 $T_{sub}(i, j, t) = \beta_{sub} \times N_{sub}(i, j, t)$。对于出租车 GPS 数据，该研究团队首先对数据进行清洗和处理：① 仅使用位于深圳市范围内的出租车 GPS 坐标记录；② 根据出租车 GPS 数据记录的时间和坐标信息计算出一天中每辆出租车的平均速度 $\bar{v}$，过滤掉 $\bar{v} > 120$ km/h 或 $\bar{v} < 3$ km/h 的出租车出行记录；③ 删除单次出行时长少于 60 s 或超过 3 h 的出租车出行记

录。对于每个时间窗 t，Z. Huang 等[10]计算了从交通小区 i 出发、以交通小区 j 作为目的地的出租车出行次数，记作 $N_{\text{taxi}}(i,j,t)$。出租车乘客的出行流量 $T_{\text{taxi}}(i,j,t)$ 可以由出租车 GPS 数据得到的出行量 $N_{\text{taxi}}(i,j,t)$ 乘以扩样系数 β_{taxi} 得到，即 $T_{\text{taxi}}(i,j,t)=\beta_{\text{taxi}} \times N_{\text{taxi}}(i,j,t)$。对于每个时间窗 t，进一步按交通小区估计出租车乘客和地铁乘客的出行量之和，即 $T(i,j,t)=T_{\text{sub}}(i,j,t)+T_{\text{taxi}}(i,j,t)$，以此来实时感知城市居民出行情况。

7.3.2 基于手机信令数据和交通数据融合的交通需求估计

Z. Huang 等[10]研究了地铁乘客和出租车乘客的平均出行量 $\langle T(i,j,t) \rangle$ 与手机用户出行量 $T_{\text{M}}(i,j,t)$ 之间的关系，建立了多源数据融合模型以估计动态交通需求信息。由于使用的地铁智能卡刷卡数据和出租车 GPS 数据只是多种交通方式中的两种，因此需要使用扩缩样系数 $\beta(i,j,t)$ 将其他交通方式产生的出行量考虑在内，即 $\beta(i,j,t)=\langle T(i,j,t) \rangle / T_{\text{M}}(i,j,t)$。当扩缩样系数 $\beta(i,j,t)$ 较大时，说明地铁乘客和出租车乘客的出行在交通小区 i 和 j 之间具有较充足的样本采样率；当扩缩样系数 $\beta(i,j,t)$ 较小时，说明地铁乘客和出租车乘客的出行在交通小区 i 和 j 之间的样本采样率不足。针对交通数据对全体出行采样率的不同，Z. Huang 等[10]分两种情况建立交通需求估计模型。

情况一：OD 对间的扩缩样系数 $\beta(i,j,t)<\delta$，其中，阈值 $\delta=0.05$。

对于这些 OD 对，地铁乘客出行和出租车乘客出行在总出行量中的渗透率非常低，因此无法直接使用扩缩样系数 $\beta(i,j,t)$ 的倒数放大地铁和出租车乘客的出行量。相比之下，从 MS 数据中获得的出行量信息 $T_{\text{M}}(i,j,t)$ 则更为可信。由于 MS 数据只有一天的数据，因此可以借助城市交通数据来捕捉出行量的动态变化情况。Z. Huang 等[10]提出的具体方法是：对扩缩样系数 $\beta(i,j,t)<\delta$ 的 OD 对，引入出行活跃度因子 $\gamma(i,j,t)$ 来表示起点交通小区 i 和终点交通小区 j 之间的出行量动态变化情况。$\gamma(i,j,t)$ 的计算方法如下：

$$\gamma(i,j,t)=\frac{1}{2} \times \left[\frac{\sum_{<2\,\text{km}} TP(i,t)}{\langle \sum_{<2\,\text{km}} TP(i,t) \rangle} + \frac{\sum_{<2\,\text{km}} TA(j,t)}{\langle \sum_{<2\,\text{km}} TA(j,t) \rangle} \right] \qquad (7-1)$$

式中 $\sum_{<2\,\text{km}} TP(i,t)$ ——起点交通小区 i 及其 2 km 范围内的所有交通小区的地铁和出租车出行方式的交通发生量；

$\sum_{<2\,\text{km}} TA(j,t)$ ——终点交通小区 j 及其 2 km 范围内的所有交通小区的地铁和出租车出行方式的交通吸引量；

$\langle \sum_{<2\,\text{km}} TP(i,t) \rangle$，$\langle \sum_{<2\,\text{km}} TA(j,t) \rangle$ ——分别表示研究周期内相应交通小区在时间窗 t 内的平均交通发生量和平均交通吸引量。

出行活跃度因子 $\gamma(i,j,t)$ 的计算方法中引入了邻近交通小区的出行发生量和出行吸引量,这么做能获得足够的数据样本,以避免某些交通小区的交通出行数据稀疏导致采样偏差。出行活跃度因子 $\gamma(i,j,t)$ 封装了天气、季节、节假日和特殊事件等因素对交通出行量的影响,可以用来量化不同交通小区的出行需求随时间变化的情况。在日常情况下和发生大规模人群聚集活动时,出行活跃度因子 $\gamma(i,j,t)$ 的差别很大。在不同的工作日,出行活跃度因子也会有一定的波动。对于扩缩样系数 $\beta(i,j,t)<\delta$ 的 OD 对而言,从起点交通小区 i 到终点交通小区 j 的出行量 $T_{\mathrm{R}}(i,j,t)$ 可以由 MS 数据获得的出行量 $T_{\mathrm{M}}(i,j,t)$ 和出行活跃度因子 $\gamma(i,j,t)$ 得到,即 $T_{\mathrm{R}}(i,j,t)=\gamma(i,j,t)\times T_{\mathrm{M}}(i,j,t)$。这样,从 MS 数据获得的手机用户出行量 $T_{\mathrm{M}}(i,j,t)$ 保证了出行需求分布的可信性,而出行活跃度因子 $\gamma(i,j,t)$ 则用于刻画出行量随时间波动的情况。

情况二:OD 对间的扩缩样系数 $\beta(i,j,t)\geqslant\delta$,其中,阈值 $\delta=0.05$。

对于扩缩样系数 $\beta(i,j,t)\geqslant\delta$ 的 OD 对,城市交通数据的渗透率已经能够代表出行需求的实时分布情况,因此可以直接使用扩缩样系数 $\beta(i,j,t)$ 的倒数来放大地铁和出租车乘客的出行流量,即 $T_{\mathrm{R}}(i,j,t)=T(i,j,t)\times[1/\beta(i,j,t)]$。与静态手机用户出行量 $T_{\mathrm{M}}(i,j,t)$ 不同,$T_{\mathrm{R}}(i,j,t)$ 具有时变特征,可以捕捉异常情况下的实时出行量。例如,当交通小区 j 发生大型人群聚集活动时,从其他交通小区到交通小区 j 的出行量会突然大增。这种异常的人群聚集模式可以由交通出行量 $T(i,j,t)$ 捕捉到,进一步通过估计的出行流量 $T_{\mathrm{R}}(i,j,t)$ 来体现。当在时间窗 t 内从起点交通小区 i 到终点交通小区 j 之间没有任何手机用户出行记录时,式(7-1)中使用默认扩缩样系数 $\beta(i,j,t)=1$。对于这些 OD 对,只用城市交通数据来估计出行量 $T_{\mathrm{R}}(i,j,t)$。

7.3.3 基于手机信令数据和交通数据融合的居民空间分布推演

Z. Huang 等[10] 在估计了城市范围的实时交通需求之后,进一步计算了各交通小区在各个时段的驻留人数变化量,即居民空间分布。如果要计算交通小区在不同时间段的驻留人数,还需要获取各个交通小区在一天开始时的人口数量。对于这个问题,多源数据的优势又一次得到了体现。虽然,我们无法从交通出行数据直接获得交通小区的驻留人数信息,但我们可以通过 MS 数据推断交通小区的驻留人数信息。该研究团队首先将 22:00 到次日 6:00 手机用户驻留次数最多的交通小区作为手机用户的住址小区,并认为在一天开始的时候,手机用户都位于其住址小区。由于研究的时间范围是 5:00—24:00,因此假设从 0:00 到 5:00 手机用户的位置都没有发生变化。这样,5:00 时各个交通小区的初始驻留人数就可以由 MS 数据估计,进一步根据上一节中计算的交通小区在各时间窗的驻留人数变化量,就能推断出每个时间窗的动态居民空间分布了。

为了展示居民空间分布动态推演的效果,Z. Huang 等[10] 将各个交通小区的驻留人数(由交通需求估计模型推算得出)分为两个数据集,分别用于训练模型和测试模型。

2014 年 10 月和 11 月的数据是第一部分,作为训练数据集。2014 年 12 月的数据是第二部分,作为测试数据集。研究团队将训练数据集表示为 $M_i = \{(x_1, y_1), (x_2, y_2), \cdots, (x_m, y_m)\}$,$i = 1, 2, \cdots, n$,其中,$x_m \in R^d$ 是输入特征,$y_m \in R$ 是输出结果,样本集大小 $m = 33$,即研究周期内没有数据缺失的工作日数量,交通小区数 $n = 996$,数据维度 $d = 2 \times n$ 代表预测模型中需要输入的特征的数量。当预测时间窗 t 交通小区 i 的驻留人数时,该研究团队把时间窗 t 作为目标时间窗,把交通小区 i 作为目标交通小区,把每个交通小区 x 在时间窗 $t = t_{target} - 1$ 和 $t = t_{target} - 2$ 的驻留人数 $N(x, t)$ 作为候选输入特征,这是数据维度 $d = 2 \times n$ 的原因。由于特征太多可能导致模型过拟合,因此,选择合适数量的最相关特征作为预测模型的输入十分重要。Z. Huang等[10]使用递归特征消除(Recursive Feature Elimination,RFE)算法筛选驻留人数预测模型最重要的输入特征。RFE 算法的基本思想是进行多次迭代生成线性回归模型,在每次迭代中选择最佳结果,并依次消除不相关的特征。

Z. Huang 等[10]使用目标交通小区最重要的 p 个特征 $X_i^{1 \times p}$ 构建线性回归函数 $y = \omega_0 + \omega_1 x_1 + \cdots + \omega_p x_p$,以预测目标交通小区的动态驻留人数。当选择 10 个最相关的特征来构建模型时(即 $p = 10$),预测结果的均方根误差(RMSE)达到最小值,这说明当选择 10 个以上的特征时,模型可能会过拟合。研究团队建立的预测模型可以提前 1 h 准确预测目标交通小区的驻留人数,预测结果的平均绝对百分比误差(MAPE)的均值为 14.25%,对于人口超过 1 万人的交通小区,MAPE 的均值只有 2.52%。此外,这个预测模型还具有预测异常人群聚集情况的能力。在 2014 年 12 月 31 日跨年夜当晚,许多深圳市民参加了新年庆祝活动,使得深圳市内共发生了六次人群聚集活动,导致许多交通小区午夜前后的驻留人数比日常情况下的驻留人数多出很多。Z. Huang 等[10]建立的预测模型可以较好地预测发生人群聚集活动小区的驻留人数,进而为大型活动管理和交通流量管控提供有效的基础信息支持。

7.4 基于复杂网络和信息论方法融合的人群聚集预警

在居民空间分布感知领域,有一类情况特别需要城市相关管理部门注意,这种情况就是大规模人群聚集。在过去的十年里,由人群聚集引发的踩踏等事故已致全球数千人死亡。做好人群聚集管控工作对于保障城市居民人身安全非常重要。当人群聚集密度接近安全阈值时再进行人群管控和疏导固然可行,但往往收效甚微。如果不能提前发现人群聚集的动向并做好相应的预防工作,一旦发生人群聚集事故,可能会造成严重后果。判断是否发生人群聚集最直接的方法是计算聚集地点的人群密度,有学者指出人群密度的安全阈值为 4 人/m²,因此,如果通过计算得出聚集地点的人群密度大于该安全阈值时,则有必要考虑进行适当的人群聚集管控。尽管人群密度可以反映人群聚集的发展态势和严重程度,但当计算出的人群聚集密度超标时,高密度聚集人群其实已经形成,此时难以快速、安全地疏散聚集人群。因此,需要建立人群聚集预警的方法体系和模型技术,在人群密度超标前就进行恰当的人群管控。

在人群聚集密度估计方面,现有方法主要基于视频监控数据。通过对视频数据进行挖掘分析,我们可以获得较为准确的人群聚集密度信息。然而,视频监控设备往往只能覆盖城市的局部空间区域,在大部分区域并没有视频监控信息。另外,视频监控数据也无法用于分析人群聚集的形成过程和演化规律。为此,Z. Huang 等[13]利用地铁智能卡刷卡数据、出租车 GPS 数据等长周期、高分辨率的居民空间行为数据构建了居民异常移动网络模型。居民异常移动网络模型不仅能用于提前识别人群聚集活动的发生区域,还能用于揭示形成大规模人群聚集的居民异常出行模式,为预测和避免危险性人群聚集提供了新的思路和途径。下面笔者将以深圳市为例,介绍基于多源交通大数据的人群聚集密度的计算方法,以及居民异常移动网络的构建过程及应用效果。

7.4.1 基于多源交通数据的人群聚集密度估计

深圳是一个人口众多、经济繁荣的大城市。在深圳,经常会举办大型商业、娱乐活动。这些大型商业、娱乐活动吸引了大量市民和游客参与,容易引起人群聚集态势。Z. Huang等[13]从官方报道以及社交媒体上获取了 2014 年 10 月到 12 月在深圳市举办的大型活动信息,共收集到 14 个人群聚集活动信息。例如,在 2014 年 10 月 31 日深圳世界之窗以及欢乐谷举办了万圣节活动,吸引了大量市民参加,活动举办过程中的人群聚集密度较高,受到了媒体的广泛关注。

聚集地点的人群密度在人群聚集活动进行的过程中不断变化:在人群聚集形成阶段,人群聚集密度会逐渐变大;在人群聚集疏散阶段,人群聚集密度会逐渐变小。当我们计算当前时间窗特定区域的人群密度时,需要获取以下信息:① 研究区域的面积;② 研究区域在上一个时间窗的驻留人数、当前时间窗居民进出研究区域的情况。在计算研究区域的面积时,我们可以直接利用已经划分好的交通小区。然而,深圳地铁的很多站点位于多个交通小区的交界处,而并非某个交通小区的中心,因此无法准确判断地铁乘客出站将要到达的交通小区。有时,如果仅把地铁站点所处的交通小区作为地铁乘客的目的地进行分析,容易造成部分交通小区的人群密度估计偏高,而部分交通小区的人群密度估计偏低。为了解决上述问题,研究团队将深圳地铁站点附近 500 m 范围内的用地地块提取出来,重新划分交通小区,对于不包含地铁站点的交通小区也进行了合并或划分处理。

在交通小区驻留人数估计方面,首先需要收集深圳市居民的出行数据,进一步分析居民在不同时间窗、不同交通小区的进出情况,进而计算交通小区的驻留人群。Z. Huang等[13]收集了深圳市 2014 年 10 月 1 日至 12 月 31 日地铁智能卡刷卡数据以及出租车 GPS 数据。其中,地铁智能卡刷卡数据和出租车 GPS 数据在某些时间窗存在数据缺失的情况,而这会导致对交通小区的出行人数判断不准,因此需要删除这些存在时间窗数据缺失的数据。该研究团队经过筛选,发现共有 69 天的交通数据在各个时间窗都不存在缺失,因此,这 69 天的交通数据被用于进行后续分析。

地铁智能卡刷卡数据中记录了乘客的 ID,进入或离开地铁站点的时间以及进入或离开站点的站点名称。Z. Huang 等[13] 将一天平均分为 48 个时间窗,每个时间窗 30 min,用 $N_{sub}(i, j, t)$ 表示在时间窗 t 内从交通小区 i 乘坐地铁到达交通小区 j 的乘客人数。地铁智能卡刷卡数据显示深圳市地铁日均出行次数为 162 万人次,而 2014 年官方所发布的深圳地铁日均出行次数为 284 万人次,说明有大约 43% 的地铁乘客是通过买单程票(没有使用智能卡)乘坐地铁的,换言之,原始地铁智能卡刷卡数据只能覆盖约 57% 的地铁乘客出行。为了考虑到所有地铁乘客的出行量,研究团队假设刷卡乘客的出行需求分布能够代表全体地铁乘客的出行需求分布,并使用扩样系数 $\beta_{sub} = 284/162 \approx 1.75$ 对刷卡乘客的出行量进行扩样,进而估计在某个时间窗 t 从交通小区 i 到交通小区 j 的地铁方式出行量,即 $T_{sub}(i, j, t) = \beta_{sub} \times N_{sub}(i, j, t)$。

深圳市的出租车安装了 GPS 接收器,GPS 接收器会以平均 20 s 一次的频率采集出租车的空间位置信息,并把出租车的空间位置坐标发送到数据中心。Z. Huang 等[13] 使用 $N_{taxi}(i, j, t)$ 表示在第 t 个时间窗内从交通小区 i 到交通小区 j 的出租车出行数量,计算结果显示深圳市出租车的日均行程数为 43 万次,而 2014 年官方发布的出租车日均客运量为 120 万人次,这是由于每趟出租车行程可能会搭载多名乘客。因此,该研究团队计算了每次出租车行程的平均载客人数 $\beta_{taxi} = 120/43 \approx 2.79$,进而计算了在某个时间窗 t 从交通小区 i 到交通小区 j 的出租车方式出行量,即 $T_{taxi}(i, j, t) = \beta_{taxi} \times N_{taxi}(i, j, t)$。

除了地铁智能卡刷卡数据与出租车 GPS 数据,公交车和小汽车方式的交通数据也可以反映居民的出行情况。但是,由于 Z. Huang 等[13] 使用的公交车数据没有记录乘客的下车站点信息,而小汽车方式的出行数据又比较缺乏,因此,研究团队仅将地铁出行量与出租车出行量相加,得到两种交通方式的出行量:

$$T(i, j, t) = T_{sub}(i, j, t) + T_{taxi}(i, j, t) \qquad (7-2)$$

在估计了各个时间窗各个交通小区之间的出行量之后,就可以计算各个交通小区的驻留人数变化情况。Z. Huang 等[13] 以深圳市世界之窗为例计算每个时间窗在世界之窗所在交通小区的驻留人数。由于深圳地铁从 6:00 开始运营,而在 6:00 之前,乘坐出租车的人也比较少,因此,研究团队设定世界之窗在 5:00 时的驻留人数增长为 0,根据出行量 $T(i, j, t)$ 计算 5:00—5:30 到达和离开世界之窗所处交通小区的人数。可以认为,在这个时间段内,世界之窗的驻留人数增长等于初始驻留人数增长 0 加上到达世界之窗的人数再减去离开世界之窗的人数,并把此时世界之窗的驻留人数增长作为下个时间窗的起始驻留人数增长。以此类推,可以得到世界之窗在时间窗 t 时的驻留人数增长 $N(z, t)$,其中,z 表示的是交通小区(本例中,z 代表世界之窗),t 是时间窗。

由于 $N(z,t)$ 中没有包含公交车和私家车的数据,故该研究团队采用了深圳市 2014 年交通发展年度报告中的公交车出行总数和私家车出行总数对 $N(z,t)$ 进行扩样。该研究团队计算了交通小区的额外停留人数 $N_e(z,t) = N(z,t) - \langle N(z,tp)\rangle$,以用于估计交通小区的聚集人群数量。其中,$\langle N(z,tp)\rangle$ 为交通小区 z 在时间窗 t 所在时段的驻留人数增长均值,代表该时间窗在小区从事惯常活动的人数波动;实时停留人数增长 $N(z,t)$ 相对于其均值 $\langle N(z,tp)\rangle$ 的增量用于估计由交通小区内大型活动吸引而产生的停留人数增量。该研究团队假设交通小区的额外停留人数等于参加人群聚集活动的人数 $Pop(z,t)$,由此进一步计算了聚集活动中的人群聚集密度 $\rho(z,t)$:

$$\rho(z,t) = Pop(z,t)/A_c(z) \tag{7-3}$$

式中,$A_c(z)$ 为聚集活动发生地的面积。计算结果表明,2014 年 10 月 31 日世界之窗的人群聚集密度 $\rho(z,t)$ 的峰值达到了 2.3 人/m^2,接近安全阈值 4 人/m^2。

7.4.2 基于异常移动网络的人群聚集预警

尽管我们可以利用多源交通数据估计世界之窗万圣节活动的人群聚集密度,但是估计的人群聚集密度在时间上具有相对的滞后性,因此不能用于对人群聚集的提前预警。Z. Huang 等[13]提出了基于交通小区间出行信息的居民异常移动网络模型,通过该模型可以实现:① 定位将要发生人群聚集的地点区域;② 异常移动网络中的节点度 k_{in} 可以作为人群聚集预警的重要参数指标。下面笔者详细介绍居民异常移动网络的构建过程以及该方法在人群聚集预警和演化阶段分析中的应用。

在研究居民的出行规律时,构建居民出行网络的常用方法是将各个交通小区作为居民出行网络中的节点,如果两个交通小区之间存在一定的出行量,则在两个交通小区之间搭建链接,其中链接的权重取决于交通小区之间出行量 $T(i,j,t)$ 的大小。需要注意的是,由于交通小区之间的出行是双向的,因此居民出行网络属于有向加权网络。然而,居民出行网络并不能反映出日常情况下和发生人群聚集活动时宏观出行量之间的差别。为此,Z. Huang 等[13]提出了一种居民异常移动网络的构建方法。与常规居民出行网络构建方法不同的是,仅当两个交通小区之间的出行量发生较大异常时,才会在两个交通小区之间搭建一条链接。Z. Huang 等[13]筛选异常出行量的方法如下:

$$\delta(i,j,t) = \frac{T(i,j,t) - T(i,j,tp)}{\sigma(i,j,tp)} > \delta_{thr} \tag{7-4}$$

式中　$\delta(i,j,t)$——在时间窗 t 从交通小区 i 到交通小区 j 出行量的异常度;

$T(i,j,tp),\sigma(i,j,tp)$——分别表示时间窗 t 所在时间段 tp 的出行量 $T(i,j,t)$ 的平均值和标准差。

如果当某时间窗 t 的出行量 $T(i,j,t)$ 的异常度 $\delta(i,j,t)$ 超过阈值 δ_{thr} 时,在居民异常移动网络中将生成从交通小区 i(节点)到交通小区 j(节点)的有向边。考虑到工作日和周末出行情况存在较大区别,对应的出行量均值和标准差也有所不同,因此,Z. Huang 等[13]对工作日的出行量数据和周末的出行量数据分别进行处理分析。

在建立居民异常移动网络的过程中,Z. Huang 等[13]根据 $\delta(i,j,t) > \delta_{thr}$ 这一条件筛选出生成异常移动网络的链接。当 $\delta_{thr} = 0$ 时,生成的居民异常移动网络就是常规的居民空间移动网络;但随着 δ_{thr} 的增加,居民异常移动网络中的链接会变得越来越稀少,因此筛选阈值 δ_{thr} 的确定对于居民异常移动网络的构建十分重要。该研究团队借助信息论中的 Jensen-Shannon 散度方法计算链接筛选阈值 δ_{thr}。Jensen-Shannon 散度方法通常用于测量两个概率分布之间的相似性,当 Jensen-Shannon 散度接近 0 时,说明两个概率分布非常相似;当 Jensen-Shannon 散度接近 1 时,说明两个概率分布很不相似。

Z. Huang 等[13]以 2014 年 10 月 31 日和 10 月 17 日两个周五为例,说明居民异常移动网络中链接筛选阈值的选择过程。2014 年 10 月 31 日,在深圳世界之窗的前广场上举办了万圣节活动,10 月 17 日则为一个普通周五。该研究团队首先设定链接筛选阈值 δ_{thr},进一步建立了 10 月 31 日和 10 月 17 日这两天在 19:00—19:30 时间窗的居民异常移动网络,分别用 N_1 和 N_2 表示,此时可以得到 N_1 和 N_2 中的链接权重(以出行量表示)分布 P 和 Q。Z. Huang 等[13]采用 Jensen-Shannon 散度测量链接权重分布 P 和 Q 的相似程度 $JSD(P \parallel Q)$。由于世界之窗在 10 月 31 日发生了大规模的人群聚集活动,而在 10 月 17 日并没有特别事件发生,因此设定的链接筛选阈值应该使这两天的链接权重分布 P 和 Q 的相似程度 $JSD(P \parallel Q)$ 接近 1。该研究团队发现,随着筛选阈值 δ_{thr} 的增加,链接权重分布 P 和 Q 之间的 Jensen-Shannon 散度 $JSD(P \parallel Q)$ 也在不断增大,当阈值 δ_{thr} 等于 3 时,可以在大部分时间窗获得 $JSD(P \parallel Q) \approx 1$,说明当把链接筛选阈值设定为 $\delta_{thr} = 3$ 时,就可以将异常移动网络 N_1 和 N_2 很好地区分开。虽然,继续增加筛选阈值 δ_{thr} 可以使得链接权重分布 P 与 Q 的相似程度变得更小,但是也会导致居民异常移动网络中的边变得越来越稀少,使异常移动网络中所包含的信息大幅减少。因此,筛选阈值 $\delta_{thr} = 3$ 是较为合适的参数设置。Z. Huang 等[13]还对其他人群聚集活动进行了类似分析,同样发现筛选阈值 δ_{thr} 设定为 3 是比较合适的。

在构建了居民异常移动网络之后,我们可以非常方便地利用居民异常移动网络来识别人群聚集活动发生的地点。居民异常移动网络中的节点代表交通小区,链接代表两个交通小区之间存在出行量异常,网络中节点的大小反映从其他交通小区 j 指向交通小区 i 的链接数量,即节点 i 的入度,与节点 i 的入度相对应的是,节点 i 的出度指从交通小区 i 指向其他交通小区 j 的链接数量。节点的度越大,表明链接交通小区 i 的异常链接(出行量)越多。Z. Huang 等[13]将筛选阈值 δ_{thr} 设定为 3,构建了 2014 年 10 月 31 日和 10 月 17 日这两天 19:00—19:30 时间窗内的居民异常移动网络 N_1 和 N_2,发现居民异常移动网络 N_1 中有两个明显的核心节点(节点入度很大),分别位于世界之窗和华侨城,这与官方公告和社交媒体中报道的人群聚集地点是一致的;而在居民异常移

动网络 N_2 中没有发现具有很多链接的节点(入度很大的节点),各个节点的度的大小基本一致,表明在 10 月 17 日没有发生人群聚集活动。

我们还可以利用居民异常移动网络来判定人群聚集活动的演化阶段。Z. Huang 等[13]通过分析不同时间窗居民异常移动网络中节点的入度和出度的变化规律,发现在人群汇聚阶段,居民异常移动网络中存在入度很大的节点,但没有出度很大的节点;而在人群聚集消散阶段,居民异常移动网络中存在出度很大的节点,但没有入度很大的节点。该研究团队还对其他人群聚集活动进行了类似分析,同样发现了相似的节点入度、出度演化特征。通过分析居民异常移动网络中节点入度和节点出度的分布,就可以判别人群聚集活动的演化阶段,进而执行合理的应急管理措施。

Z. Huang 等[13]建立的居民异常移动网络模型除了可用于直观地展示人群聚集的发生地点和演化阶段外,还可用于对人群聚集活动的开始时间和结束时间进行定量估计。该研究团队发现,在所研究的 14 个人群聚集活动中,多个时间窗都能发现大入度节点(节点入度远大于日常情况下的节点入度),这说明节点入度 k_{in} 可以作为一个简洁而有效的参数指标来判断人群聚集及活动的开始时间和结束时间。通过采用复杂网络中节点的入度、出度对居民异常移动网络进行定量分析,确定节点入度 k_{in} 的临界阈值,可以建立人群聚集的预警模型。在居民异常移动网络中,节点的入度 k_{in} 指的是以某个交通小区作为出行终点的其他交通小区的数量,节点的出度 k_{out} 表示从某个交通小区出发到达的其他交通小区的数量。当有大型活动举办时,从其他交通小区出发到达聚集活动发生地所在交通小区的客流量会大幅增加,满足异常移动网络链接筛选阈值 $\delta(i, j, t) > \delta_{thr}$ 的交通小区会更多,在异常移动网络中,聚集活动发生地所在交通小区对应节点的入度 k_{in} 也会很大,因此可以把 k_{in} 作为分析人群聚集形成时间的重要度量指标。当节点入度 k_{in} 大于节点入度阈值 k_c 时,可以认为人群聚集开始形成。

Z. Huang 等[13]借助基于密度的空间聚类算法(Density-Based Spatial Clustering of Application with Noise,DBSCAN)来确定节点入度阈值 k_c。首先,根据每天每个时间段深圳市各个交通小区的出行量构建居民异常移动网络,共得到 $69 \times 48 = 3\,312$ 个居民异常移动网络(69 天、每天 48 个时间窗),计算求得每个居民异常移动网络中世界之窗所在交通小区对应节点的入度 k_{in}。随后对所有的节点入度 k_{in} 根据最大最小化原则进行归一化处理,采用 DBSCAN 算法对入度进行聚类,k_c 即是最大簇中 k_{in} 的最大值。DBSCAN 的具体实现过程如下。

(1)针对每个交通小区,计算每个时间窗的节点入度 k_{in} 数据点与其他时间窗的节点入度 k_{in} 数据点之间的欧几里得距离,并据此找到与某时间窗节点入度 k_{in} 数据点的距离小于 ε 的其他时间窗的节点入度数据点 $P = \{P_1, P_2, \cdots, P_n\}$,且要求 P 中数据点不少于 4 个。为了计算 ε 邻域的取值,计算每个数据点与其他数据点的距离,并选取第四临近数据点所对应的距离 d_4;将 d_4 从大到小进行排序后,手动找出拐点,以拐点对应的 d_4 作为 ε。

（2）通过计算得到针对世界之窗所在交通小区的 ε 邻域为 0.075，并通过 DBSCAN 算法将数据点划分为四个簇，以数据点最多的簇的节点入度 k_{in} 的最大值作为节点入度阈值 k_c（与世界之窗所在交通小区对应的节点入度阈值 k_c 为 28）。在居民异常移动网络中，当世界之窗所在交通小区的节点入度 k_{in} 大于 28，即至少有 28 个其他交通小区到世界之窗所在交通小区的出行量异常度大于阈值时，可以认为世界之窗所在交通小区发生了人群聚集活动。

Z. Huang 等[13]构建了 2014 年 10 月 31 日全天的居民异常移动网络，发现世界之窗所在交通小区的节点入度 k_{in} 从 15:00 开始由 0 逐渐增加，在 19:30 达到峰值，此时，节点入度 k_{in} 已接近 100，远超节点入度阈值 k_c。在这个时间窗，几乎从所有的深圳市地铁站出发到达世界之窗站的客流量异常度都超过了阈值。随后，世界之窗所在交通小区的节点入度 k_{in} 逐渐下降，在 21:30，节点入度 k_{in} 趋于 0，世界之窗的人群聚集活动基本结束。该研究团队还计算了世界之窗所在交通小区在其他日期的节点入度 k_{in}，发现节点入度 k_{in} 在日常情况下仅在平均值上下波动（一般接近于 0）。Z. Huang 等[13]发现，通过监测交通小区的节点入度 k_{in}，可以在人群聚集达到峰值前的数小时做出预警。

7.4.3 人群聚集形成过程规律分析

Z. Huang 等[13]借助居民异常移动网络方法分析了深圳市 2014 年 10 月至 12 月发生的所有人群聚集活动。分析结果表明：居民异常移动网络仅占所有 OD 对的 3.7% 和所有出行量的 13.6%，但是，居民异常移动网络贡献了 69% 的群聚人群，这反映了居民异常移动网络在人群聚集形成过程中的主导作用。然而，居民异常移动网络中大部分链接的出行量都比较小，平均 89.75% 的链接的出行量小于 100 人。换言之，小流量的链接或许在大规模人群聚集的形成过程中起到相当重要的作用，这与我们的直觉可能不同。通常，我们可能认为人群聚集的过程中会有大量人群浩浩荡荡地前往聚集地点，事实上，人群到达活动聚集地点的途径相当分散，具有类似"涓涓细流汇成大海"的特点。这个研究发现进一步说明了小流量链接在形成居民异常出行网络中的重要作用。在传统的交通研究和实践中，我们经常会忽视小流量 OD 对，而将重心放在一些大流量 OD 对上，一个原因在于要抓重点，另一个原因在于小流量 OD 对数量巨大，难以被交通传感设备测量。Z. Huang 等[13]提出的人群聚集预警方法主要应用了小流量链接在发生人群聚集活动时所展现出来的集群行为，即小流量链接集体出现出行量异常。上述研究发现在人群聚集预警中起到了重要作用，为人群聚集管控治理提供了参考依据。

目前已有的研究很少将集群行为与人类动力学结合起来，Z. Huang 等[13]的研究则为这两个领域架起了一座桥梁，为人口密度研究开辟了新的途径。该研究团队借助信息论 Jensen-Shannon 散度方法计算异常链接筛选阈值 δ_{thr}，进而构建居民异常移动网络，这种网络能够直观地展示人群聚集的发生地点和演化阶段。同时，该研究团队进一步采用基于密度的空间聚类(DBSCAN)算法计算了每个交通小区的节点入度阈值 k_c，以用于对人群聚集进行预警。目前，出租车 GPS 数据可以每隔 1 min 上报至交通数据中心，地铁数据可以每隔 15 min 上报至地铁数据中心。未来随着相关大数据平台的建立，信息处理效率会越来越高，居民异常移动网络方法可用于对交通数据进行实时处理，从而更准确地提前感知人群聚集密度的实时变化情况。Z. Huang 等[13] 提出的人群聚集预警相关技术已在深圳投入实际应用，以辅助城市安全实时监管，及时疏散人流、车流，避免区域人群密度过高，保障人民生命安全。

7.5　小结

世界许多国家和地区的居民空间分布数据存在更新不及时的问题，对于一些欠发达国家和地区而言，甚至缺乏翔实、可信的人口分布信息。探索时效性更强、成本更低的居民空间分布感知方法已经成为一个重要的研究方向。移动通信数据具有采集成本低、分布广泛等优点，不仅成为研究居民空间移动行为的优秀数据源，还成为研究居民空间分布的新兴数据源。本章不仅介绍了基于 CDR 数据的居民空间分布感知方法和基于遥感数据与人口普查的居民空间分布感知方法，还介绍了一个基于 MS 数据和交通数据融合的居民空间分布感知方法，该方法通过数据融合互补，解决了 MS 数据比较匮乏的问题，并实现了居民空间分布的动态感知。

在居民空间分布感知领域，有一类情况特别需要城市相关管理部门注意，这种情况就是大规模人群聚集。当发现聚集活动地点的人群密度超标时，往往已经难以快速且安全地疏导聚集人群，安全风险增加。相比于发现人群聚集密度超标后才进行管控，提前预防则更为有效。本章介绍了基于复杂网络方法和 Jensen-Shannon 散度方法的居民异常移动网络模型。居民异常移动网络模型不仅可用于研究人群聚集的演化规律，还能在人群聚集达到峰值前数小时对其进行预警，从而为应对"大规模人群聚集"这种居民空间分布突变提供了方法和技术支撑。

本章和第 5 章的内容相互呼应，密不可分，居民的空间移动导致居民空间分布的动态变化，例如，5.3 节介绍的居民空间分布推演方法依靠的就是居民的空间移动信息；而居民的空间分布是预测居民空间移动的依据，例如，重力模型、辐射模型都是以居民空间分布信息为模型输入数据。本章和第 5 章介绍的内容既有共性问题(居民群体空间行为)，又有不同的针对方面：第 5 章聚焦在由居民群体空间行为所产生的居民空间移动(如交通需求)，而本章则聚焦在由居民群体空间行为所产生的居民空间驻留(如居民空间分布)。为了全面、深入地理解居民的空间行为规律，既需要研究居民在空间中的"动"，也需要研究居民在空间中的"静"，甚至还需要将"动""静"结合起来研究。

参考文献

［1］ PRETORIUS M, GWYNNE S, GALEA E R. Large crowd modelling: An analysis of the Duisburg Love Parade disaster［J］. Fire and Materials, 2013, 39(4): 301－322.

［2］ HELBING D, FARKAS I, VICSEK T. Simulating dynamical features of escape panic［J］. Nature, 2000, 407(6803): 487－490.

［3］ GALLUP A C, HALE J J, SUMPTER D J T, et al. Visual attention and the acquisition of information in human crowds［J］. Proceedings of the National Academy of Sciences of the United States of America, 2012, 109(19): 7245－7250.

［4］ SALOMA C, PEREZ G J, TAPANG G, et al. Self-organized queuing and scale-free behavior in real escape panic［J］. Proceedings of the National Academy of Sciences of the United States of America, 2003, 100(21): 11947－11952.

［5］ KIRCHNER A, NISHINARI K, SCHADSCHNEIDER A. Friction effects and clogging in a cellular automaton model for pedestrian dynamics［J］. Physical Review E, 2003, 67(5): 056122.

［6］ MOUSSAID M, HELBING D, THERAULAZ G. How simple rules determine pedestrian behavior and crowd disasters［J］. Proceedings of the National Academy of Sciences of the United States of America, 2011, 108(17): 6884－6888.

［7］ HELBING D, BUZNA L, JOHANSSON A, et al. Self-organized pedestrian crowd dynamics: Experiments, simulations, and design solutions［J］. Transportation science, 2005, 39(1): 1－24.

［8］ HELBING D, JOHANSSON A, AL-ABIDEEN H Z. Dynamics of crowd disasters: an empirical study［J］. Physical Review E, 2007, 75(4): 046109.

［9］ FAN Z, SONG X, SHIBASAKI R, et al. CityMomentum: an online approach for crowd behavior prediction at a citywide level［C］//Proceedings of the 2015 ACM International Joint Conference on Pervasive and Ubiquitous Computing. New York: ACM, 2015: 559－569.

［10］ HUANG Z, LING X, WANG P, et al. Modeling real-time human mobility based on mobile phone and transportation data fusion［J］. Transportation Research Part C: Emerging Technologies, 2018, 96: 251－269.

［11］ ZHOU J, PEI H, WU H. Early warning of human crowds based on query data from Baidu map: analysis based on Shanghai stampede［J］. Springer, 2018, Big Data Support of Urban Planning and Management: 19－41.

［12］ DEVILLE P, LINARD C, MARTIN S, et al. Dynamic population mapping using mobile phone data［J］. Proceedings of the National Academy of Sciences of the United States of America, 2014, 111(45): 15888－15893.

［13］ HUANG Z, WANG P, ZHANG F, et al. A mobility network approach to identify and anticipate large crowd gatherings［J］. Transportation Research Part B: Methodological, 2018, 114: 147－170.